# 计算机辅助三维检测技术

王万龙　王勇勤　编著

机械工业出版社

本书涉及三维测量的基本原理、行业发展现状，新一代高精度、高柔性、数字化的检测原理及工业应用领域。本书共有20章，分三个部分，分别叙述了计算机辅助检测技术的基础知识（第1~4章），论述了如何应用 MWorks-DMIS 手动版软件进行计算机辅助检测（第5~12章），如何应用 MWorks-DMIS 自动版软件进行计算机辅助检测的具体方法与步骤（第13~20章）。

本书适合相关领域工作人员参考，也可作为相关专业的普通本专科院校或职业技术院校师生的学习参考用书。

**图书在版编目（CIP）数据**

计算机辅助三维检测技术/王万龙，王勇勤编著. —北京：机械工业出版社，2010.2

ISBN 978-7-111-29666-9

Ⅰ. 计… Ⅱ. ①王…②王… Ⅲ. 三维—检测—计算机辅助技术 Ⅳ. TB22-39

中国版本图书馆 CIP 数据核字（2010）第 018420 号

机械工业出版社（北京市百万庄大街 22 号 邮政编码 100037）
策划编辑：孔 劲 责任编辑：高依楠 版式设计：张世琴
封面设计：姚 毅 责任校对：李 婷 责任印制：李 妍
北京外文印刷厂印刷
2010 年 4 月第 1 版第 1 次印刷
184mm×260mm·16.5 印张·409 千字
0001—4000 册
标准书号：ISBN 978-7-111-29666-9
         ISBN 978-7-89451-448-6（光盘）
定价：35.00 元（含 1CD）

凡购本书，如有缺页、倒页、脱页，由本社发行部调换
电话服务                  网络服务
社服务中心：(010) 88361066
销售一部：(010) 68326294   门户网：http://www.cmpbook.com
销售二部：(010) 88379649   教材网：http://www.cmpedu.com
读者服务部：(010) 68993821  **封面无防伪标均为盗版**

# 前　　言

机械设计、制造及检测是机械工程技术领域的三大环节和最重要的研究内容。随着计算机辅助技术的发展，计算机辅助设计、制造及分析的应用日益普及，机械产品对生产质量控制的要求也越来越高，逆向工程和新产品设计对三维测量技术的要求也日益提高，因此，计算机辅助检测技术的重要性越来越强。

随着我国机械工业的迅速发展和市场竞争的日益激烈，以及逆向工程技术的发展，计算机辅助检测技术作为提高产品质量的重要手段，也日渐形成为一门独立的学科并获得了迅速的发展。在工业应用上，各种计算机辅助检测工艺及系统推陈出新。除传统的三坐标测量机外，近几年还发展起来许多新的检测工艺如激光扫描测量、影像测量、照相测量等。检测设备除传统的台式外，还出现了关节臂式、手持式等形式。在目前的机械工程类图书中，虽然已有各种与检测相关的书籍，但其内容的技术基础还局限于传统的游标卡尺、千分尺、水平仪等简单检测工具的应用，对于三维测量的基本原理、行业发展现状、新一代高精度、高柔性、数字化的检测原理及工业应用领域几乎没有涉及。而这些正是未来三维检测技术的发展方向。

本书共有20章，分三个部分，第1～4章为计算机辅助检测技术的基础知识，第5～12章论述了如何应用MWorks-DMIS手动版软件进行计算机辅助检测，第13～20章则论述了应用MWorks-DMIS自动版软件进行计算机辅助检测的具体方法与步骤。

全书由王万龙博士、研究员和王勇勤教授负责统筹、组织、编写及定稿。作者十分感谢伍先杰、刘二标、赵静等人对本书稿编写的协助，以及陶瑞对调试本书使用软件所做的工作。感谢中国科技大学的沈连婠教授、合肥工业大学的董玉德教授、安徽大学的琚凡副教授，以及浙江大学的王文副教授等人的关心、指导和帮助；另外感谢中国机械工业出版社孔劲和高依楠编辑，他们在本书的编辑及出版过程中提供了许多中肯的指导和帮助。在本书的编写过程中，作者参阅了几十种相关的书籍及其他文章资料，谨在此予以致谢。

由于作者的水平所限，书中难免存在着缺点或疏漏，恳请广大读者批评指正。

编　者

# 目　录

# 第 2 篇 MWorks-DMIS 手动版软件

# 第3篇 MWorks-DMIS 自动版软件

# 第1篇　计算机辅助检测基础知识

## 第1章　计算机辅助检测技术概论

### 1.1　计算机辅助检测的基本概念

在传统的机械检测领域，游标卡尺、千分尺、螺旋测微仪等工具是手工检测机械零件或装配件的主要工具。这种检测方式的优点是成本低、检测方便、易学易用，但缺点是检测精度不高、检测效率低、对于复杂零件的检测无能为力。

自20世纪70年代以来，计算机辅助工程技术获得了迅猛的发展。在机械工程领域，计算机辅助工程在设计、加工、分析、检测以及制造过程管理方面都获得了广泛的应用，形成了一系列的新兴学科，如计算机辅助设计（CAD）、计算机辅助制造（CAM）、计算机辅助分析（CAE）、计算机辅助检测（CAI）、产品数据管理（PDM）等等。

计算机辅助检测是综合利用机电技术、计算机技术、控制及软件技术而发展起来的一项新技术，其特点是测量精度高、测量柔性好、测量效率较高，尤其是对复杂零件的检测，更是传统测量方法所无法比拟的。

经过近几十年的发展，计算机辅助检测系统已经发生了很大的变化。从测量原理上来看，计算机辅助检测技术已经由当初的接触式测量扩展到非接触式以及复合式测量。测量的设备也由当初唯一的三坐标测量机扩展到目前的激光测量仪、影像（视频）测量仪、照相（摄影）测量仪等检测工艺比较丰富的产品系列。

顾名思义，接触式测量仪就是指测量器具通过与被测工件的表面接触获取物体表面的坐标信息。接触式测量的典型产品是三坐标测量机。

非接触式测量是指利用工业CCD镜头或激光对物体表面进行测量从而获得物体三维坐标信息的测量工具。目前此类系统主要有激光测量仪、影像（视频）测量仪、照相（摄影）测量仪等。

复合式测量则是指在同一个测量工具上集成了两种以上的测量方式，如接触式的探针测头和影像测量或激光测量。

### 1.2　计算机辅助检测技术与系统

#### 1.2.1　接触式测量系统

接触式测量是指在测量过程中测量工具与被测工件表面直接接触而获得测点位置信息的

测量方法。目前常用的接触测量方法包括：三坐标测量机、关节臂式柔性三坐标测量机等。

不同的接触式测量方法具有不同的测量原理。三坐标测量机是由三个带有光栅尺的坐标轴组成，当测头在测量过程中移动时，附着在光栅尺上的读书头可以读出移动的光栅格数，由软件将走过的光栅格数根据光栅的分辨率记录，并转化为长度值，然后由数据处理软件进行相应的数学运算，求出被测点的位置以及被测几何元素的参数，如圆的半径、直径和圆心位置等。图1-1给出了工业用三坐标测量机示意图。

图1-1　工业用三坐标测量机

对于柔性关节臂三坐标测量机而言，机器的定位采用的是圆光栅，机器的任一关节旋转时，可以根据球坐标系计算出测针当前的空间位置。机器通过数据采集卡将空间位置信息传出，然后由数据处理软件进行处理。

## 1.2.2　非接触式测量系统

非接触式测量是指在测量过程中测量工具与被测工件表面不发生直接接触而获得测点信息的测量方法。目前常用的非接触测量方法包括：激光扫描、影像测量、照相测量和工业CT扫描等。下面简单介绍一下常用的几种工艺方法。

### 1. 激光扫描测量

激光扫描测量系统是近二十年来发展起来的一项新的测量工艺，它利用三角测量法的原理，可以迅速获取物体表面的三维几何信息。三角测量法有被动三角测量和主动三角测量两种，被动三角测量法假设物体自发光；相反，主动三角测量法则是用激光照亮目标。

三角测量的基本原理是由半导体激光器发出的激光通过聚光透镜在被测曲面上结成光点并反射，光敏元件（如PSD）接收其散射光，根据其在PSD上的位置，即可测出被测点的空间坐标。图1-2给出了被动三角法的测量原理。

根据激光光源的不同激光扫描可以分为点扫描和线扫描两种。一般点扫描获取点的速度在每秒几十点以上。而线扫描可根据线宽，得到从一万到几万的扫描采点速度。

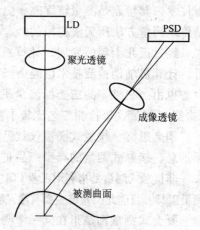

图1-2　被动三角法的测量原理

根据激光扫描系统的机械结构，激光扫描可分为台式、关节臂式以及手持式三种。台式激光扫描系统与三坐标测量的机械结构类似，有工作台、$XYZ$坐标轴、光栅尺、运动导轨等，有些测量系统还增加了旋转台，从而使系统的扫描功能获得进一步的增强。图1-3给出了一种台式和关节臂式激光扫描系统的示意图。

关节臂式激光扫描系统是在关节臂式测量系统的基础上增加激光扫描测头而形成的。关

台式激光扫描系统

关节臂式激光扫描系统

图 1-3　激光扫描系统示意图

节臂式测量机，又称柔性测量臂，由于机器操作比较灵活，目前在工程上已经广泛应用，如对汽车和飞机内部的测量，生产现场的测量等。

关节臂式激光扫描系统目前以 5、6、7 个自由度的设备为最多。

**2. 图像测量**

图像测量又称 CCD 测量、影像测量或视频测量。它通过工业 CCD 镜头对物体表面扫描和光电转换功能将空间的光强分布转换为时序的图像信号，并根据确定的时空参数间的相互关系获得物体空间分布的状态数据。图 1-4 为一个完整的 CCD 图像测量系统示意图。

**3. 照相（摄影）测量**

照相（摄影）测量是指利用相机对物

图 1-4　完整的 CCD 图像测量系统示意图

体多个角度测量得到图像信息，再根据空间物体投影的原理，利用物体表面的标志点信息对物体进行三维空间位置的反算，进而求出物体表面标志点的三维信息。图 1-5 为照相测量的原理图。

照相测量在大地、建筑、空间测量中比较普及，在机械测量行业中的应用尚不普遍。近几年来，基于照相测量的技术发展很快，除国际上一些知名的产品外，国内也已经发展起来。

### 1.2.3　复合式测量系统

复合式测量系统是指在同一个测量系统上集成两个以上的测量工艺或方法，常见的复合式测量机有三坐标测量机与激光扫描的集成、三坐标测量机与图像测量的集成，以及上述三种测量工艺的集成等。

复合式测量系统的优点是利用同一台测量机可以测量一个零件的不同特征，从而使测量

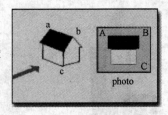

首先利用相机对物体
表面进行拍摄，从不同角度
拍出若干照片。

由软件计算出每张
照片中的摄像机的位置。

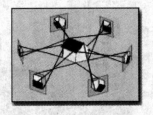

软件再由每个照片位置
计算出三维空间中的光线交叉。

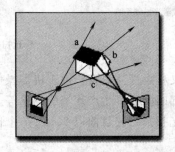

通过使用多个照片，可以
获得整个物体的全部情况。

图1-5  照相测量的原理图

的结果更准确，效率更高，并节约机器的购置成本。比如，对于既有复杂曲面又有典型几何元素形状的机械零件来说，利用三坐标的接触式测量方法和激光测量方法就可以取得较好的测量效果。而对于一些大量以平面特征为主的零部件来说，图像测量与三坐标测量的配合则效果会更好。

# 1.3  三坐标测量机

## 1.3.1  三坐标测量机的发展及工作原理

### 1. 三坐标测量机的产生

三坐标测量机（Coordinate Measurement Machine，简称CMM），又称三坐标测量仪，是20世纪60年代发展起来的一种新型高效的精密测量仪器。它的出现，一方面是由于自动机床、数控机床高效率加工以及越来越多复杂形状零件加工需要有快速可靠的测量设备与之配套；另一方面是由于计算机技术、数字控制技术以及精密加工技术的发展为三坐标测量机的产生提供了技术基础。1960 年，英国 FERRANTI 公司研制成功世界上第一台三坐标测量机，到 20 世纪 60 年代末，已有近十个国家的三十多家公司在生产三坐标测量机，不过这一时期的三坐标测量机尚处于技术的发展阶段。进入 20 世纪 80 年代后，以海克斯康、德国蔡氏、英国 LK、日本三丰等为代表的众多公司不断采用新的检测技术，推出新的产品，使得三坐标测量机的发展速度加快。现代三坐标测量机不仅能在计算机控制下完成各种复杂测量，而且可以通过与数控机床交换信息，实现对加工的控制，并且还可以根据测量数据，实现逆向工程。目前，三坐标测量机已广泛应用于机械制造业、汽车工业、电子工业、航空航天工业和国防工业等各部门，成为现代工业检测和质量控制不可缺少的精密测量设备。

**2. 三坐标测量机的组成及工作原理**

（1）三坐标测量机的组成　三坐标测量机是典型的机电一体化设备，它由机械系统、测头系统、电气系统、以及计算机和软件系统四大部分组成。

1）机械系统：一般由三个正交的直线运动轴构成。如图 1-6 所示结构中，$X$ 向导轨系统装在工作台上，移动桥架横梁是 $Y$ 向导轨系统，$Z$ 向导轨系统装在中央滑架内。三个方向轴上均装有光栅尺用以度量各轴位移值。

2）电气系统：除机械系统外，三坐标测量系统中的光栅尺、光栅读数头、数据采集卡、自动系统的运动控制卡、接口箱、电缆线、电动机等构成了三坐标测量机的电气系统。

3）测头系统：测头系统是三坐标测量机的数据采集器，其作用是获取当前坐标位置的信息。测头系统按其组成有两类：机械式测头和电气式测头两种。

4）计算机和软件系统：一般由计算机、数据处理软件系统组成，用于获得被测点的坐标数据，并对数据进行计算处理。

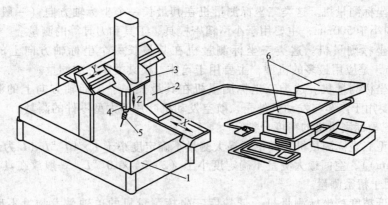

图 1-6　三坐标测量机的结构

1—工作平台　2—移动桥架　3—中央滑架

4—$Z$ 轴　5—测头　6—电气和软件系统

（2）三坐标测量机的工作原理　三坐标测量机是基于坐标测量的通用化数字测量设备。它首先将各被测几何元素的测量转化为对这些几何元素上一些点集坐标位置的测量，在测得这些点的坐标位置后，再根据这些点的空间坐标值，经过数学运算求出其尺寸和形位误差。如图 1-7 所示，要测量工件上一圆柱孔的直径，可以在垂直于孔轴线的截面 I 内，触测内孔壁上三个点（点 1、2、3），则根据这三点的坐标值就可计算出孔的直径及圆心坐标 $O_1$；如果在该截面内触测更多的点（点 1，2，…，$n$，$n$ 为测点数），则可根据最小二乘法或最小条件法计算出该截面圆的圆度误差；如果对多个垂直于孔轴线的截面圆（Ⅰ，Ⅱ，…，$m$，$m$ 为测量的截面圆数）进行测量，则根据测得点的坐标值可计算出孔的圆柱度误差以及各截面圆的圆心坐标，再根据各圆心坐标值又可计算出孔轴线位置；如果再在孔端面 $A$ 上触测三点，则可计算出孔轴线对端面的位置度误差。由此可见，三坐标测量机的这一工作原理使得其具有很大的通用性与柔

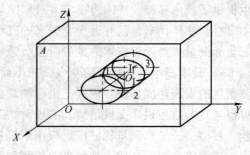

图 1-7　坐标测量原理

性。从原理上说，它可以测量任何工件的任何几何元素的任何参数。

### 3. 三坐标测量机的分类

（1）按三坐标测量机的技术水平分类

1）数字显示及打印型。这类三坐标测量机主要用于几何尺寸测量，可显示并打印出测得点的坐标数据，但要获得所需的几何尺寸形位误差，还需进行人工运算，其技术水平较低，目前已基本被淘汰。

2）带有计算机进行数据处理型。这类三坐标测量机技术水平略高，目前应用较多。其测量仍为手动或机动，但用计算机处理测量数据，可完成诸如工件安装倾斜的自动校正计算、坐标变换、孔心距计算、偏差值计算等数据处理工作。

3）计算机数字控制型。这类三坐标测量机技术水平较高，可像数控机床一样，按照编制好的程序自动测量。

（2）按三坐标测量机的测量范围分类

1）小型坐标测量机。这类三坐标测量机在其最长一个坐标轴方向（一般为 $X$ 轴方向）上的测量范围小于 500mm，主要用于小型精密模具、工具和刀具等的测量。

2）中型坐标测量机。这类三坐标测量机在其最长一个坐标轴方向上的测量范围为 500～2000mm，是应用最多的机型，主要用于箱体、模具类零件的测量。

3）大型坐标测量机。这类三坐标测量机在其最长一个坐标轴方向上的测量范围大于 2000mm，主要用于汽车与发动机外壳、航空发动机叶片等大型零件的测量。

（3）按三坐标测量机的精度分类

1）精密型三坐标测量机。其单轴最大测量不确定度小于 $1 \times 10^{-6}L$（$L$ 为最大量程，单位为毫米（mm）），空间最大测量不确定度小于 $(2 \sim 3) \times 10^{-6}L$，一般放在具有恒温条件的计量室内，用于精密测量。

2）中、低精度三坐标测量机　低精度三坐标测量机的单轴最大测量不确定度大体在 $1 \times 10^{-4}L$ 左右，空间最大测量不确定度为 $(2 \sim 3) \times 10^{-4}L$；中等精度三坐标测量机的单轴最大测量不确定度约为 $1 \times 10^{-5}L$，空间最大测量不确定度为 $(2 \sim 3) \times 10^{-5}L$。这类三坐标测量机一般放在生产车间内，用于生产过程检测。

（4）按三坐标测量机的结构形式分类　按照结构形式，三坐标测量机可分为移动桥式、固定桥式、龙门式、悬臂式、立柱式等，见下节。

## 1.3.2　三坐标测量机的机械结构

### 1. 结构形式

三坐标测量机是由三个正交的直线运动轴构成的，这三个坐标轴的相互配置位置（即

总体结构形式）对测量机的精度以及对被测工件的适用性影响较大。图 1-8 是目前常见的几种三坐标测量机结构形式，下面对其结构特点和应用范围作简要介绍。

图 1-8a 为移动桥式结构，它是目前应用最广泛的一种结构形式，其结构简单，敞开性好，工件安装在固定工作台上，承载能力强。但这种结构的 X 向驱动位于桥框一侧，桥框移动时易产生绕 Z 轴偏摆，而该结构的 X 向标尺也位于桥框一侧，在 Y 向存在较大的阿贝臂，这种偏摆会引起较大的阿贝误差，因而该结构主要用于中等精度的中小机型。

图 1-8b 为固定桥式结构，其桥框固定不动，X 向标尺和驱动机构可安装在工作台下方中部，阿贝臂及工作台绕 Z 轴偏摆小，其主要部件的运动稳定性好，运动误差小，适用于高精度测量，但工作台负载能力小，结构敞开性不好，主要用于高精度的中小机型。

图 1-8c 为中心门移动式结构，结构比较复杂，敞开性一般，兼具移动桥式结构承载能力强和固定桥式结构精度高的优点，适用于高精度、中型尺寸以下机型。

图 1-8d 为龙门式结构，它与移动桥式结构的主要区别是它的移动部分只是横梁，移动部分质量小，整个结构刚性好，三个坐标测量范围较大时也可保证测量精度，适用于大机型，缺点是立柱限制了工件装卸，单侧驱动时仍会带来较大的阿贝误差，而双侧驱动方式在技术上较为复杂，只有 Y 向跨距很大、对精度要求较高的大型测量机才采用。

图 1-8e 为悬臂式结构，结构简单，具有很好的敞开性，但当滑架在悬臂上作 Y 向运动时，会使悬臂的变形发生变化，故测量精度不高，一般用于测量精度要求不太高的小型测量机。

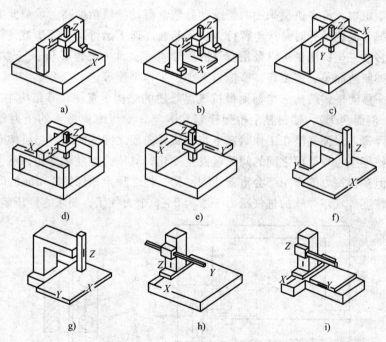

图 1-8　几种三坐标测量机结构形式

a) 移动桥式　b) 固定桥式　c) 中心门移动式　d) 龙门式　e) 悬臂式
f) 单柱移动式　g) 单柱固定式　h) 横臂立柱式　i) 横臂工作台移动式

图 1-8f 为单柱移动式结构，也称为仪器台式结构，它是在工具显微镜的结构基础上发展起来的。其优点是操作方便、测量精度高，但结构复杂，测量范围小，适用于高精度的小

型数控机型。

图 1-8g 为单柱固定式结构，它是在坐标镗的基础上发展起来的。其结构牢靠、敞开性较好，但工件的重量对工作台运动有影响，同时两维平动工作台行程不可能太大，因此仅用于测量精度中等的中小型测量机。

图 1-8h 为横臂立柱式结构，也称为水平臂式结构，在汽车工业中有广泛应用。其结构简单、敞开性好，尺寸也可以较大，但因横臂前后伸出时会产生较大变形，故测量精度不高，用于中、大型机型。

图 1-8i 为横臂工作台移动式结构，其敞开性较好，横臂部件质量较小，但工作台承载有限，在两个方向上运动范围较小，适用于中等精度的中小机型。

**2. 工作台**

早期的三坐标测量机的工作台一般是由铸铁或铸钢制成的，但近年来，各生产厂家已广泛采用花岗岩来制造工作台，这是因为花岗岩变形小、稳定性好、耐磨损、不生锈，且价格低廉、易于加工。有些测量机装有可升降的工作台，以扩大 Z 轴的测量范围，还有些测量机备有旋转工作台，以扩大测量功能。

**3. 导轨**

导轨是测量机的导向装置，直接影响测量机的精度，因而要求其具有较高的直线性精度。在三坐标测量机上使用的导轨有滑动导轨、滚动导轨和气浮导轨，但常用的为滑动导轨和气浮导轨，滚动导轨应用较少，因为滚动导轨的耐磨性较差，刚度也较滑动导轨低。在早期的三坐标测量机中，许多机型采用的是滑动导轨。滑动导轨精度高，承载能力强，但摩擦阻力大，易磨损，低速运行时易产生爬行，也不易在高速下运行，有逐步被气浮导轨取代的趋势。目前，多数三坐标测量机已采用空气静压导轨（又称为气浮导轨、气垫导轨），它具有许多优点，如制造简单、精度高、摩擦力极小、工作平稳等。

图 1-9 是一移动桥式结构三坐标测量机气浮导轨的结构示意图，其结构中有六个气垫 2（水平面四个，侧面两个），使得整个桥架浮起。滚轮 3 受压缩弹簧 4 的压力作用而与导向块 5 紧贴，由弹簧力保证气垫在工作状态下与导轨导向面之间的间隙。当桥架 6 移动时，若产生扭动，则使气垫与导轨面之间的间隙量发生变化，其压力也随之变化，从而造成瞬时的不平衡状态，但在弹簧力的作用下会重新达到平衡，使之稳定地保持 $10\mu m$ 的间隙量，以保证桥架的运动精度。气浮导轨的进气压力一般为 3 ~ 6 个大气压，要求有稳压装置。

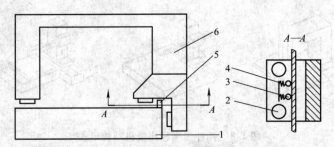

图 1-9　移动桥式结构三坐标测量机气浮导轨的结构示意图
1—工作台　2—气垫　3—滚轮　4—压缩弹簧　5—导向块　6—桥架

气浮技术的发展使三坐标测量机在加工周期和精度方面均有很大的突破。目前不少生产厂家在寻找高强度轻型材料作为导轨材料，有些生产厂已选用陶瓷或高膜量型的碳素纤维作为移动桥架和横梁上运动部件的材料。另外，为了加速热传导，减少热变形，ZEISS 公司采用带涂层的抗时效合金来制造导轨，使其时效变形极小，且使其各部分的温度更加趋于均匀一致，从而使整机的测量精度得到了提高，而对环境温度的要求却又可以放宽些。

### 1.3.3　三坐标测量机的测量系统

三坐标测量机的测量系统由标尺系统和测头系统构成，它们是三坐标测量机的关键组成部分，决定着三坐标测量机测量精度的高低。

**1. 标尺系统**

标尺系统是用来度量各轴的坐标数值的，目前三坐标测量机上使用的标尺系统种类很多，它们与在各种机床和仪器上使用的标尺系统大致相同，按其性质可以分为机械式标尺系统（如精密丝杠加微分鼓轮，精密齿条及齿轮，滚动直尺）、光学式标尺系统（如光学读数刻线尺，光学编码器，光栅，激光干涉仪）和电气式标尺系统（如感应同步器，磁栅）。根据对国内外生产三坐标测量机所使用的标尺系统的统计分析可知，使用最多的是光栅，其次是感应同步器和光学编码器。有些高精度三坐标测量机的标尺系统采用了激光干涉仪。

**2. 测头系统**

（1）测头　三坐标测量机是用测头来拾取信号的，因而测头的性能直接影响测量精度和测量效率，没有先进的测头就无法充分发挥测量机的功能。在三坐标测量机上使用的测头，按结构原理可分为机械式、光学式和电气式等，而按测量方法又可分为接触式和非接触式两类。

1）机械接触式测头　机械接触式测头为刚性测头，根据其触测部位的形状，可以分为圆锥形测头、圆柱形测头、球形测头、半圆形测头、点测头、V 形块测头等（见图 1-10）。这类测头的形状简单，制造容易，但是测量力的大小取决于操作者的经验和技能，因此测量精度差、效率低。目前除少数手动测量机还采用此种测头外，绝大多数测量机已不再使用这类测头。

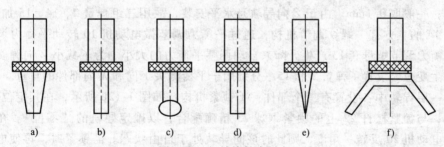

图 1-10　机械接触式测头

a）圆锥形测头　b）圆柱形测头　c）球形测头　d）半圆形测头　e）点测头　f）V 形块测头

2）电气接触式测头。电气接触式测头目前已为绝大部分坐标测量机所采用，按其工作原理可分为动态测头和静态测头。

① 动态测头。常用动态测头的结构如图 1-11 所示。测杆安装在芯体上，而芯体则通过三个沿圆周 120°分布的钢球安放在三对触点上，当测杆没有受到测量力时，芯体上的钢球与三对触点均保持接触，当测杆的球状端部与工件接触时，不论受到 $X$、$Y$、$Z$ 哪个方向的接触力，至少会引起一个钢球与触点脱离接触，从而引起电路的断开，产生阶跃信号，直接

或通过计算机控制采样电路，将沿三个轴方向的坐标数据送至存储器，供数据处理用。

可见，测头是在触测工件表面的运动过程中瞬间进行测量采样的，故称为动态测头，也称为触发式测头。动态测头结构简单、成本低，可用于高速测量，但精度稍低，而且动态测头不能以接触状态停留在工件表面，因而只能对工件表面作离散的逐点测量，不能作连续的扫描测量。目前，绝大多数生产厂选用英国 RENISHAW 公司生产的触发式测头。

② 静态测头。静态测头除具备触发式测头的触发采样功能外，还相当于一台超小型三坐标测量机。测头中有三维几何量传感器，在测头与工件表面接触时，在 $X$、$Y$、$Z$ 三个方向均有相应的位移量输出，从而驱动伺服系统进行自动调整，使测头停在规定的位移量上，在测头接近静止的状态下采集三维坐标数据，故称为静态测头。静态测头沿工件表面移动时，可始终保持接触状态，进行扫描测量，因而也称为扫描测头。其主要特点是精度高，可以作连

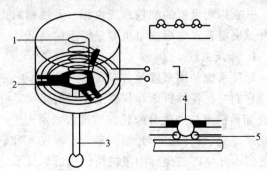

图 1-11  电气式动态测头的结构
1—弹簧  2—芯体  3—测杆  4—钢球  5—触点

续扫描，但制造技术难度大，采样速度慢，价格昂贵，适合于高精度测量机使用。目前由 LEITZ、ZEISS 和 KERRY 等厂家生产的静态测头均采用电感式位移传感器，此时也将静态测头称为三向电感测头。图 1-12 为 ZEISS 公司生产的双片簧层叠式三维电感测头的结构。

测头采用三层片簧导轨形式，三个方向共有三层，每层由两个片簧悬吊。转接座 17 借助两个 $X$ 向片簧 16 构成的平行四边形机构可作 $X$ 向运动。该平行四边形机构固定在由 $Y$ 向片簧 1 构成的平行四边形机构的下方，借助片簧 1，转接座可作 $Y$ 向运动。$Y$ 向平行四边形机构固定在由 $Z$ 向片簧 3 构成的平行四边形机构的下方，依靠它的片簧，转接座可作 $Z$ 向运动。为了增强片簧的刚度和稳定性，片簧中间为金属夹板。为保证测量灵敏、精确，片簧不能太厚，一般取 0.1mm。由于 $Z$ 向导轨是水平安装，故用三组弹簧 2、14、15 加以平衡。平衡弹簧 14 的上方有一螺纹调节机构，通过平衡力调节微电动机 10 转动平衡力调节螺杆 11，使平衡力调节螺母套 13 产生升降来自动调整平衡力的大小。为了减小 $Z$ 向弹簧片受剪切力而产生变位，设置了弹簧 2 和 15，分别用于平衡测头 $Y$ 向和 $X$ 向部件的自重。

在每一层导轨中各设置有三个部件：① 锁紧机构：如图 1-12b 所示，在其定位块 24 上有一凹槽，与锁紧杠杆 22 上的锁紧钢球 23 精确配合，以确定导轨的"零位"。在需打开时，可让电动机 20 反转一角度，则此时该向导轨处于自由状态。需锁紧时，再使电动机正转一角度即可。② 位移传感器：用以测量位移量的大小，如图 1-12c 所示，在两层导轨上，一面固定磁心 27，另一面固定线圈 26 和线圈支架 25。③ 阻尼机构：用以减小高分辨率测量时外界振动的影响。如图 1-12d 所示，在作相对运动的上阻尼支架 28 和下阻尼支架 31 上各固定阻尼片 29 和 30，在两阻尼片间形成毛细间隙，中间放入粘性硅油，使两层导轨在运动时，产生阻尼力，避免由于片簧机构过于灵敏而产生振荡。

该测头加力机构工作原理如图 1-12a 所示，其中 $X$ 向加力机构和 $Y$ 向加力机构相同（图中只表示出了 $X$ 向）。$X$ 向加力机构是利用电磁铁 6 推动杠杆 5，使其绕十字片簧 8 的回转中心转动而推动中间传力杆 7 围绕波纹管 4 组成的多向回转中心旋转，由于中间传力杆与

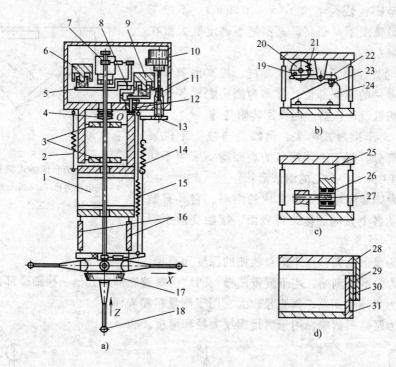

图 1-12　双片簧层叠式三维电感测头的结构

a）测头加力机构工作原理　b）锁紧机构　c）位移传感器　d）阻尼机构

1—Y 向片簧　2、14、15—平衡弹簧　3—Z 向片簧　4—波纹管　5—杠杆　6、9—电磁铁　7—中间传力杆
8—十字片簧　10—平衡力调节微电动机　11—平衡力调节螺杆　12—顶杆　13—平衡力调节螺母套　16—X 向
片簧　17—转接座　18—测杆　19—拔销　20—电动机　21—弹簧　22—锁紧杠杆　23—锁紧钢球　24—定
位块　25—线圈支架　26—线圈　27—磁心　28—上阻尼支架　29、30—阻尼片　31—下阻尼支架

转接座 17 用片簧相连，因而推动测头在 X 方向"预偏置"。Z 向加力机构是利用电磁铁 9 产生的，当电磁铁作用时，在 Z 向产生的上升或下降会通过顶杆 12 推动被悬挂的 Z 向的活动导轨板，从而推动测头在 Z 方向"预偏置"。

③ 光学测头。在多数情况下，光学测头与被测物体没有机械接触，这种非接触式测量具有一些突出优点，主要体现在：a. 由于不存在测量力，因而适合于测量各种软的和薄的工件；b. 由于是非接触测量，可以对工件表面进行快速扫描测量；c. 多数光学测头具有比较大的量程，这是一般接触式测头难以达到的；d. 可以探测工件上一般机械测头难以探测到的部位。近年来，光学测头发展较快，目前在坐标测量机上应用的光学测头的种类也较多，如三角法测头、激光聚集测头、光纤测头、体视式三维测头、接触式光栅测头等。下面简要介绍一下三角法测头的工作原理。

如图 1-13 所示，由激光器 2 发出的光，经聚光镜 3 形成很细的平行光束，照射到被测工件 4 上（工件表面反射回来的光可能是镜面反射光，也可能是漫反射光，三角法测头是利用漫反射光进行探测的），其漫反射回来的光经成像镜 5 在光电检测器 1 上成像。照明光轴与成像光轴间有一夹角，称为三角成像角。当被测表面处于不同位置时，漫反射光斑按照一定三角关系成像于光电检测器件的不同位置，从而探测出被测表面的位置。这种测头的突出优点是工作距离大，在离工件表面很远的地方（如 40 ~ 100mm）也可对工件进行测量，且测头的测量范围也较大（如 ±(5~10)mm）。不过三角法测头的测量精度不是很高，其测量不确定度大致在几十至几百微米左右。

（2）测头附件　为了扩大测头功能、提高测量效率以及探测各种零件的不同部位，常需为测头配置各种附件，如测端、探针、连接器、测头回转附件等。

1）测端。对于接触式测头，测端是与被测工件表面直接接触的部分。对于不同形状的表面需要采用不同的测端。图1-14为一些常见的测端形状。

图1-14a为球形测端，是最常用的测端。它具有制造简单、便于从各个方向触测工件表面、接触变形小等优点。

图1-14b为盘形测端，用于测量狭槽的深度和直径。

图1-14c为尖锥形测端，用于测量凹槽、凹坑、螺纹底部和其他一些细微部位。

图1-14d为半球形测端，其直径较大，用于测量粗糙表面。

图1-14e为圆柱形测端，用于测量螺纹大径和薄板。

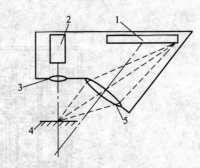

图 1-13　激光非接触式测头工作原理
1—光电检测器　2—激光器　3—聚光镜　4—被测工件　5—成像镜

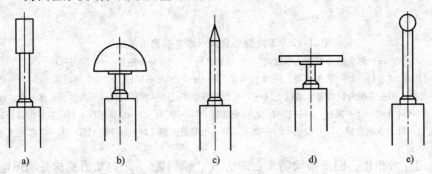

图 1-14　一些常见的测端的形状
a) 球形测端　b) 盘形测端　c) 尖锥形测端　d) 半球形测端　e) 圆柱形测端

2）探针。探针是指可更换的测杆。在有些情况下，为了便于测量，需选用不同的探针。探针对测量能力和测量精度有较大影响，在选用时应注意：①在满足测量要求的前提下，探针应尽量短；②探针直径必须小于测端直径，在不发生干涉条件下，应尽量选大直径探针；③在需要长探针时，可选用硬质合金探针，以提高刚度。若需要特别长的探针，可选用质量较轻的陶瓷探针。

3）连接器。为了将探针连接到测头上、测头连接到回转体上或测量机主轴上，需采用各种连接器。常用的有星形探针连接器、连接轴、星形测头座等。

图1-15为星形测头座示意图，其上可以安装若干不同的测头，并通过测头座连接到测量机主轴上。测量时，根据需要可

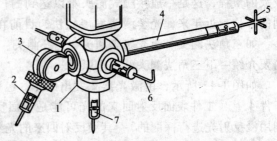

图 1-15　星形测头座示意图
1—星形测头座　2,4,6,7—测头　3—回转接头座　5—星形探针连接器

由不同的测头交替工作。

4）回转附件。对于有些工件表面的检测，比如一些倾斜表面、整体叶轮叶片表面等，仅用与工作台垂直的探针探测将无法完成要求的测量，这时就需要借助一定的回转附件，使探针或整个测头回转一定角度再进行测量，从而扩大测头的功能。

常用的回转附件为如图 1-16a 所示的 PH10M 测头回转体。它可以绕水平轴 A 和垂直轴 B 回转，在它的回转机构中有精密的分度机构，其分度原理类似于多齿分度盘。在静盘中有 48

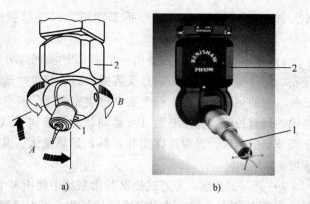

图 1-16　可分度测头回转体
a）PH10M 测头回转体示意图　b）PH10M 测头回转体实物照片
1—测头　2—测头回转体

根沿圆周均匀分布的圆柱，而在动盘中有与之相应的 48 个钢球，从而可实现以 7.5°为步距的转位。它绕垂直轴的转动范围为 360°，共 48 个位置，绕水平轴的转动范围为 0°~105°，共 15 个位置。由于在绕水平轴转角为 0°（即测头垂直向下）时，绕垂直轴转动不改变测端位置，这样测端在空间一共可有 48×14+1=673 个位置。能使测头改变姿态，以扩展从各个方向接近工件的能力。目前在测量机上使用较多的测头回转体为 RENISHAW 公司生产的各种测头回转体，图 1-16b 为其实物照片。

## 1.3.4　三坐标测量机的控制系统

### 1. 控制系统的功能

控制系统是三坐标测量机的关键组成部分之一。其主要功能是读取空间坐标值，控制测量瞄准系统对测头信号进行实时响应与处理，控制机械系统实现测量所必须的运动，实时监控坐标测量机的状态以保障整个系统的安全性与可靠性等。

### 2. 控制系统的结构

按自动化程度分类，坐标测量机分为手动型、机动型和 CNC 型。早期的坐标测量机以手动型和机动型为主，其测量是由操作者直接手动或通过操纵杆完成各个点的采样，然后在计算机中进行数据处理。随着计算机技术及数控技术的发展，CNC 型控制系统变得日益普及，它是通过程序来控制坐标测量机自动进给和进行数据采样，同时在计算机中完成数据处理。

（1）手动型与机动型控制系统。这类控制系统结构简单，操作方便，价格低廉，在车间中应用较广。这两类坐标测量机的标尺系统通常为光栅，测头一般采用触发式测头。其工作过程是：每当触发式测头接触工件时，测头发出触发信号，通过测头控制接口向 CPU 发出一个中断信号，CPU 则执行相应的中断服务程序，实时地读出计数接口单元的数值，计算出相应的空间长度，形成采样坐标值 $X$、$Y$ 和 $Z$，并将其送入采样数据缓冲区，供后续的数据处理使用。

（2）CNC 型控制系统　CNC 型控制系统的测量进给是计算机控制的。它可以通过程序对测量机各轴的运动进行控制以及对测量机运行状态进行实时监测，从而实现自动测量。另外，它也可以通过操纵杆进行手工测量。CNC 型控制系统又可分为集中控制与分布控制两类。

1）集中控制。集中控制由一个主 CPU 实现监测与坐标值的采样，完成主计算机命令的接收、解释与执行、状态信息及数据的回送与实时显示、控制命令的键盘输入及安全监测等任务。它的运动控制是由一个独立模块完成的，该模块是一个相对独立的计算机系统，完成单轴的伺服控制、三轴联动以及运动状态的监测。从功能上看，运动控制 CPU 既要完成数字调节器的运算，又要进行插补运算，运算量大，其实时性与测量进给速度取决于 CPU 的速度。

2）分布式控制。分布式控制是指系统中使用多个 CPU，每个 CPU 完成特定的控制，同时这些 CPU 协调工作，共同完成测量任务，因而速度快，提高了控制系统的实时性。另外，分布式控制的特点是多 CPU 并行处理，由于它是单元式的，故维修方便、便于扩充。如要增加一个转台只需在系统中再扩充一个单轴控制单元，并定义它在总线上的地址和增加相应的软件就可以了。

**3. 测量进给控制**

手动型以外的坐标测量机是通过操纵杆或 CNC 程序对伺服电动机进行速度控制，以此来控制测头和测量工作台按设定的轨迹作相对运动，从而实现对工件的测量。三坐标测量机的测量进给与数控机床的加工进给基本相同，但其对运动精度、运动平稳性及响应速度的要求更高。三坐标测量机的运动控制包括单轴伺服控制和多轴联动控制。单轴伺服控制较为简单，各轴的运动控制由各自的单轴伺服控制器完成。但当要求测头在三维空间按预定的轨迹相对于工件运动时，则需要 CPU 控制三轴按一定的算法联动来实现测头的空间运动，这样的控制由上述单轴伺服控制及插补器共同完成。在三坐标测量机控制系统中，插补器由 CPU 程序控制来实现。根据设定的轨迹，CPU 不断地向三轴伺服控制系统提供坐标轴的位置命令，单轴伺服控制系统则不断地跟踪，从而使测头一步一步地从起始点向终点运动。

**4. 控制系统的通信**

控制系统的通信包括内通信和外通信。内通信是指主计算机与控制系统两者之间相互传送命令、参数、状态与数据等，这些是通过联接主计算机与控制系统的通信总线实现的。外通信则是指当三坐标测量机作为 FMS 系统或 CIMS 系统中的组成部分时，控制系统与其他设备间的通信。目前用于坐标测量机通信的主要有串行 RS-232 标准与并行 IEEE-488 标准。

## 1.3.5 三坐标测量机的软件系统

现代三坐标测量机都配备有计算机，由计算机进行数据采集，通过运算输出所需的测量结果。其软件系统功能的强弱直接影响到测量机的功能。因此各坐标测量机生产厂家都非常重视软件系统的研究与开发，在这方面投入的人力和财力的比例在不断增加。下面对在三坐标测量机中使用的软件作简要介绍。

**1. 通用测量软件**

为了使三坐标测量机能实现自动测量，需要事前编制好相应的测量程序。而这些测量程序的编制有以下几种方式。

（1）图形及窗口编程方式　图形及窗口编程是最简单的方式，它是通过图形菜单选择被测元素，建立坐标系，并通过"窗口"提示选择操作过程及输入参数，编制测量程序。

该方式仅适用于比较简单的单项几何元素测量的程序编制。

（2）自学习编程方式　这种编程方式是在 CNC 测量机上，由操作者引导测量过程，并键入相应指令，直到完成测量，而由计算机自动记录下操作者手动操作的过程及相关信息，并自动生成相应的测量程序，若要重复测量同种零件，只需调用该测量程序，便可自动完成以前记录的全部测量过程。该方式适合于批量检测，也属于比较简单的编程方式。

（3）脱机编程　这种方式是采用三坐标测量机生产厂家提供的专用测量机语言在其他通用计算机上预先编制好测量程序，它与坐标测量机的开启无关。编制好程序后再到测量机上试运行，若发现错误则进行修改。其优点是能解决很复杂的测量工作，缺点是容易出错。

（4）自动编程　在计算机集成制造系统中，通常由 CAD/CAM 系统自动生成测量程序。三坐标测量机一方面读取由 CAD 系统生成的设计图样数据文件，自动构造虚拟工件，另一方面接收由 CAM 加工出的实际工件，并根据虚拟工件自动生成测量路径，实现无人自动测量。这一过程中的测量程序是完全由系统自动生成的。

**2. 专用测量软件**

专用测量软件包可含有许多种类的数据处理程序，以满足各种工程需要。一般将三坐标测量机的测量软件包分为通用测量软件包和专用测量软件包。通用测量软件包主要是指针对点、线、面、圆、圆柱、圆锥、球等基本几何元素及其形位误差、相互关系进行测量的软件包。通常各三坐标测量机都配置有这类软件包。专用测量软件包是指坐标测量机生产厂家为了提高对一些特定测量对象进行测量的测量效率和测量精度而开发的各类测量软件包。如有不少三坐标测量机配备有针对齿轮、凸轮与凸轮轴、螺纹、曲线、曲面等常见零件和表面测量的专用测量软件包。在有的测量机中，还配备有测量汽车车身、发动机叶片等零件的专用测量软件包。

**3. 系统调试软件**

用于调试测量机及其控制系统，一般具有以下软件：

1）自检及故障分析软件包：用于检查系统故障并自动显示故障类别。

2）误差补偿软件包：用于对三坐标测量机的几何误差进行检测，在三坐标测量机工作时，按检测结果对测量机误差进行修正。

3）系统参数识别及控制参数优化软件包：用于三坐标测量机控制系统的总调试，并生成具有优化参数的用户运行文件。

4）精度测试及验收测量软件包：用于按验收标准测量检具。

# 1.4　计算机辅助检测技术的应用

计算机辅助检测技术的应用十分普遍。从应用领域来讲，主要有质量控制和逆向工程两个方面。

## 1.4.1　质量控制

计算机辅助检测技术最早是随着产品质量控制的要求逐步发展起来的。因此，它的自然应用领域首先是在产品的质量控制上。

在早期的机械零部件生产中，一般使用简易的测量仪器进行产品质量的检验，比如游标卡尺、千分尺等。但随着机械零件的复杂化，尤其是汽车和航空工业的发展，传统的机械检测手段已经难以满足检测要求，三坐标测量机应运而生。

在现代制造行业中，大多数产品都是按照 CAD 数学模型在数控加工机床上制造出来的。要了解它与原 CAD 数学模型相比，确定其在加工制造过程中产生的误差，就需要使用三坐标测量机进行测量。在三坐标测量机的软件系统中可以用图形方式显示原 CAD 数学模型，再按照可视化方式从图形上确定被测点，得到被测点的 X、Y、Z 坐标值及法向矢量，便可生成自动测量程序。三坐标测量机可按法线方向对工件进行精确测量，获得准确的坐标测量结果，也可与原 CAD 数学模型进行比较并以图形方式显示，生成坐标检测报告（包括文本报告和图表报告），全过程直观快捷，而用传统的检测方法则无法完成。

通过三坐标测量机可实现对基本几何元素的测量以及复杂曲线、曲面等的测量：产品基本几何元素（例如：点、线、面、圆、椭圆、圆柱、圆锥、孔系等）、形位误差（平面度、平行度、垂直度、跳动等）、复杂产品轮廓曲面等测量与评定（曲线、曲面等）、特殊测量要求（齿轮测量等）。

三坐标测量机的使用在早期主要是在工厂的计量室，一般是在产品加工完成后，在计量室内对产品的尺寸进行检验。

为了保证机器的精度，一般三坐标测量机都会放置在恒温环境下的洁净房间内，由专门的技术人员进行操作和维护。

随着在线检测的需要，目前已经有相当数量的三坐标在生产现场使用。在线检测可以大大提高检测的效率，缩短产品的生产和检验周期，因此获得了广泛的应用，尤其是需要进行大量检验的产品。

## 1.4.2 逆向工程

### 1. 逆向工程产生的背景

逆向工程的产生最早起源于汽车油泥模型的数字化。由于汽车外形的复杂性，汽车设计人员一般在产品的概念设计阶段采用油泥模型设计。在产品的外观设计定型后，再使用三坐标测量机器将油泥模型数字化。然后再利用 CAD 软件设计出汽车外形的 CAD 模型。

由于逆向工程技术在新产品开发中起着十分重要的作用，自 20 世纪 90 年代以来，有关逆向工程的研究越来越受到政府、企业和个人的关注。目前逆向工程技术已经形成为一个相对独立的研究领域，并与 CAD/CAM/CAE/CAI/RP 等技术紧密联系起来，成为现代机械设计和加工检测的一个不可分割的组成部分。

### 2. 逆向工程技术概念及实现的手段

（1）逆向工程的概念　逆向工程（Reverse Engineering，RE）是从实物样本获取产品数学模型并制造得到新产品的相关技术，已经成为 CAD/CAM 系统中一个研究和应用热点，并发展成为一个相对独立的领域。在这一意义下，"实物逆向工程"（简称逆向工程）可定义为：将实物转变为 CAD 模型的数字化技术、几何模型重建技术和产品制造技术的总称。

（2）逆向工程体现了产品的再设计过程　仿制、仿造已经成为我国一部分企业的固定生产方式，针对市场热门产品的仿造品屡见不鲜，逆向工程的广泛应用在其中起到了不可忽视的作用。于是，经常有人将逆向工程和非法仿制联系在一起，甚至提出了知识产权保护等法律层面的问题。实际上，逆向工程代表了一种非常高效的产品设计思路和方法。在国外，逆向工程已经作为一种先进的设计方法被引入到新产品的设计开发工作中。我国也有大量企业应用逆向工程技术，对竞争对手的产品进行改进，以避开艰苦的原型设计阶段，这是一种产品的再设计过程。所谓产品再设计，就是通过观察和测试某一种产品，对其进行初始化，然后拆开产品，逐一分析单个零件的组成、功能、装配公差和制造过程。这些工作的目的就是要充分理解产品的制造过程，并以此为基础在子系统和零件层面上，优化设计出一种更好的产品。美国的许多职业院校开设了逆向工程课程，教授学生用再设计代替原型设计，作为解决设计问题的一种方法。近年来，在汽车、电子产品等领域人们越来越多地采用逆向工程技术，来部分替代使用多年的原型设计方法。三坐标扫描测量机机作为数字化的测量设备，通过曲线和曲面的测量可获取工件表面的三维坐标数据，再利用逆向工程 CAD 技术获得产品的 CAD 数学模型，进而利用 CAM 系统完成产品的制造。逆向工程技术用先进的计算机数字图形技术表达复杂的工件形状，可取代以实物为基础的传统的外形传递方法，缩短产品的开发试制周期，降低成本。逆向工程技术是根据已经存在的产品模型或样品，经过三坐标扫描测量机对各项几何尺寸和曲面的测量，反向推出产品设计数据（数字模型或设计图样）的过程。因此利用逆向工程技术，就可以根据客户提供的样件很方便地制造出模具或直接加工出产品，这在模具制造、汽车、摩托车等行业中有广泛的应用。

（3）逆向工程技术已贯穿于产品整个开发过程　即使在产品的原创开发中，也始终贯穿着逆向（反求）工程技术。一个产品的设计制造，不会将图样上的设计直接转化为产品，而是先做出样品或模形，再对所做的样品或模形进行直接的修改至符合要求，修改后的结果数据与原创的 CAD 数据产生了一定变化，要重新获取变化的复杂数据很难通过人为测量手段得到，此时就通过三坐标扫描机、测量机应用逆向（反求）工程技术来获得最新的信息，而产品的开发过程需要一个反复的验证过程，这就使逆向（反求）工程技术不断被应用于产品开发过程中。

（4）运用逆向工程技术进行产品的自动质量检测　针对已获得的 CAD 生产制造出产品，利用逆向（反求）工程技术获取的数据与原始设计提供的 CAD 数据进行比较，来求证产品的精度、技术指标是否符合原始设计要求。

### 3. 逆向工程技术流程

逆向工程技术的流程就是针对现有工件，利用 3D 数字化测量仪器，准确快速地测量工件的表面点数据或轮廓曲线，并加以创建曲面、分模、加工，制作所需模具；或由 CAD 系统生成的 STL 模型文件传至快速成型机，将样品模型制作出来，直至达到满意效果。在许多逆向工程应用实例中，并不是要完全仿制原有的产品，而只是要掌握原有的设计理念，经过调整来建立一个类似的设计模型，因此逆向工程所涵盖的意义不只是模仿，也包括了再设计的概念，其过程如图 1-17 所示。

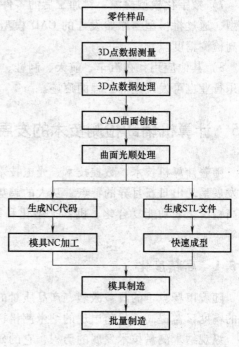

图 1-17　逆向工程流程图

**4. 逆向工程技术的应用**

1）由于某些原因，在只有产品或产品的工装，没有图样和 CAD 模型的情况下，却需要对产品进行有限元分析、加工、模具制造或者需要对产品进行修改等等，这时就需要利用逆向工程手段将实物转化为 CAD 模型。

2）逆向工程的另一类重要应用是对外形美学要求较高的零部件设计，例如在汽车的外形设计阶段是很难用现有的 CAD 软件完成的。通常都需要制作外形的油泥模型，再用逆向工程的方法生成 CAD 模型。

3）将逆向工程和快速原型制造（RPM）相结合，组成产品设计、制造、检测、修改的闭环系统，实现快速的测量、设计、制造、再测量修改的反复迭代，高效率完成产品的初始设计。

4）逆向工程的另一个重要应用就是计算机辅助检测。企业在进行质量控制时，对于外形复杂的产品检测往往非常困难，这时使用逆向工程的方法对产品进行测量，并把测量到的大量数据点与理论模型进行比较，从而分析产品制造误差。

5）逆向工程在医学、地理信息和影视业等领域都有很广泛的应用。比如：影视特技制作需要将演员、道具等的立体模型输入计算机，才能用动画软件对其进行三维动画特技处理。在医学领域逆向工程也有其应用价值，如人工关节模型的建立；医学假体的设计、制造；牙齿的修改、校正等。

6）损坏或磨损零件的还原：当零件损坏或磨损时，可以直接采用逆向工程的方法重构出 CAD 模型，对损坏的零件表面进行还原和补修。由于被检测零件表面磨损、损坏等原因，会造成测量误差，这就要求逆向工程系统具有推理和判断能力，例如对称性、标准尺寸、平面间的平行和垂直等特性。最后加工出零件。

7）数字化模型检测：对加工后的零件，进行扫描测量，再利用逆向工程法构造出 CAD 模型，通过将模型与原始设计的 CAD 模型在计算机上进行数据比较，可以检测制造误差，提高检测精度。

8）其他应用：在汽车、航天、制鞋、模具和消费性电子产品等制造行业，甚至在休闲娱乐行业也可发现逆向工程的痕迹。

## 1.5　计算机辅助检测技术的发展趋势

随着计算机技术、数控技术、光电技术以及检测传感技术的发展，计算机辅助检测技术的发展呈现出日新月异的特点。从大的趋势上来说，计算机辅助检测技术的发展日益走向精度高精密化、功能复合化、机器大型化和微型化、检测速度快、以及与加工机床日益融合化等。

### 1.5.1　高精度化

随着市场竞争的日益激烈，产品质量的要求越来越高，这就要求机械加工精度和检测设备的精度日益提高，目前出现的纳米测量机就是这一发展的体现。

纵观纳米测量技术发展的历程，它的研究主要向两个方向发展：①在传统的测量方法基础上，应用先进的测试仪器解决应用物理和微细加工中的纳米测量问题，分析各种测试技术，提出改进的措施或新的测试方法。②发展建立在新概念基础上的测量技术，利用微观物理、量子物理中最新的研究成果，将其应用于测量系统中，它将成为未来纳米测量的发展趋向。

## 1.5.2　功能复合化

计算机辅助检测技术发展的第二个特点是功能复合化。目前的三坐标测量机越来越多的具有两种以上的复合测量功能，如接触式测量与激光测量的复合，或接触式测量与影像测量的复合，甚至还有这三种功能的复合等。

功能复合化是为了满足多种测量需要而产生的。在实际检测或逆向工作中，根据零件几何形状的复杂程度和特点，有时需要采用不同的测量手段进行测量，以获得较好的测量结果。比如，对于普通曲面形状来说，激光扫描的点采集速度就很快，效率很高。而对于需要进行精确定位的检测来说，接触式测量则有其高精度、准确性好的特点。

## 1.5.3　机器巨型化和微型化

计算机辅助检测技术发展的第三个特点是机器的测量范围向巨型化和微型化两个方向发展。随着大尺寸零件和装配件的检测要求，如汽车整车检测、工程机械检测等，都对计算机辅助检测技术提出了新的要求，因此检测系统的尺寸也是越来越大，如目前的大三坐标测量机可以做到十几米以上。

对于电子类产品的检测来说，由于一般的集成电路芯片都较小，因此在微型测量仪器方面也获得了迅速的发展。影像测量的发展，明显得益于近几年电子产业的迅速发展。

## 1.5.4　与加工机床的集成

在不久的将来，切削加工的质量控制检测可能会以如下方式进行：当机床对工件进行切削加工后，一束激光将对工件进行高速扫描检测，并将测得的尺寸信息下载到机床的 CNC 数控系统，CNC 系统中联接有一个统计过程控制（SPC）软件程序，工件尺寸信息即下载到该程序中。如果任何一个工件尺寸呈现偏离预设公差的趋势，SPC 程序将对切削程序作出必要的偏移补偿或向操作者报警。然后 SPC 程序将向机床的 CNC 数控程序发出检查刀具的指令，以确定刀具是否已发生崩损或过度磨损。此外，如有必要，机床加工的 SPC 数据将与一台中心计算机共享，并可传送至整个工厂甚至几千英里以外的某地。以上过程在几秒钟之内即可完成。这种在机质量控制检测方法将成为一种效率最高的工件检测方式。

随着在机床上引入测头用于工件位置的检测，在机质量控制技术即已发端。既然用一个测头能够精确地确定工件在夹具中的安装位置，那么为什么不能用它来检测工件尺寸和完成一台坐标测量机（CMM）的功能呢？显然这一过程正是下一个可以预见的发展。

# 第2章　计算机辅助检测的数学基础

## 2.1　测量的数学基础

### 2.1.1　向量的基本概念与计算

#### 1. 向量的基本概念

在日常生活中常常可以遇到许多不同的物理量，有的量仅有一些数值就可以完全确定，如温度、质量、时间、长度、面积等，而有的量则比较复杂，除大小外，还需要有方向，这种量就是向量，如位移、力、速度、加速度等。

在数学上，这种既有大小又有方向的量被定义为向量，也称矢量。

用有向线段来表示向量，有向线段的始点与终点分别叫做向量的始点和终点，有向线段的方向表示向量的方向，而有向线段的长度代表向量的大小。始点是 $A$，终点是 $B$ 的向量记作 $\overrightarrow{AB}$。在手写时常用带箭头的小写字母如 $\vec{a}$，$\vec{b}$，$\vec{c}\cdots$，而在印刷时常用黑体字母 **a**，**b**，**c**$\cdots$ 来记向量。

向量的大小叫做向量的模，也称为向量的长度。向量的模一般用绝对符号表示，如向量 $\overrightarrow{AB}$ 和 $\vec{a}$ 的模记做 $|\overrightarrow{AB}|$ 和 $|\vec{a}|$。

模等于1的向量叫做单位向量，与向量 **a** 具有同一方向的单位向量叫做向量 **a** 的单位向量，常用 **a**° 来表示。

模等于0的向量叫做零向量，记作 **0**，它是起点与终点重合的向量。零向量的方向不定，不是零向量的向量叫非零向量。

在解析几何中，向量被看成是有向线段，因此像对待线段一样，说向量 **a** 和 **b** 平行，意思就是他们所在的直线段平行，并记作 **a**∥**b**。类似地，也可以说一个向量与一条直线或一个平面平行。

#### 2. 向量的计算

（1）向量的内积 $\vec{a} \cdot \vec{b}$

1)
$$\vec{a} \cdot \vec{b} = |\vec{a}| \cdot |\vec{b}| \cdot \cos <\vec{a}, \vec{b}> \tag{2-1}$$

2)
$$\vec{a} \cdot \vec{b} = a_1 b_1 + a_2 b_2 + a_3 b_3 \tag{2-2}$$

其中 $<\vec{a}, \vec{b}>$ 为向量 $\vec{a}$，$\vec{b}$ 的夹角，且 $0 \leqslant <\vec{a}, \vec{b}> \leqslant \pi$

注意：利用向量的内积可求直线与直线的夹角、直线与平面的夹角、平面与平面的夹角。

（2）向量的外积 $\vec{a} \times \vec{b}$（遵循右手原则，且 $\vec{a} \times \vec{b} \perp \vec{a}$、$\vec{a} \times \vec{b} \perp \vec{b}$）

$$\vec{a} \times \vec{b} = \begin{vmatrix} \vec{i} & \vec{j} & \vec{k} \\ a_1 & a_2 & a_3 \\ b_1 & b_2 & b_3 \end{vmatrix} \tag{2-3}$$

（3）向量的平行及垂直

1)
$$\vec{a} /\!/ \vec{b} \Leftrightarrow \vec{a} = \lambda \vec{b} \Leftrightarrow \frac{a_1}{b_1} = \frac{a_2}{b_2} = \frac{a_3}{b_3} \tag{2-4}$$

2)
$$\vec{a} \perp \vec{b} \Leftrightarrow \vec{a} \cdot \vec{b} = 0 \Leftrightarrow a_1 b_1 + a_2 b_2 + a_3 b_3 = 0 \tag{2-5}$$

### 2.1.2　坐标系及工作平面

三坐标测量的根本原理就是利用三坐标测量机测出其测量范围内的空间任意一点的坐标值。而所有的坐标值都是相对于某个坐标系而言的。为了测量出零件在空间位置的坐标值，常建立一个坐标系作为参考。坐标系由以下三个因素构成：坐标系的类型、方向矢量、工作平面，下面对这三个要素分别加以介绍。

**1. 坐标系的类型**

在机械测量领域，常见的坐标系有三种类型，它们分别是：笛卡儿坐标系、极坐标系和球坐标系。

（1）笛卡儿坐标系　笛卡儿坐标系又称直角坐标系，它是由法国哲学家、数学家、解析几何学奠基人笛卡儿（Descartes，Rene）提出的。笛卡儿坐标系由三个正交的坐标轴构成，分别称之为 $X$ 轴，$Y$ 轴和 $Z$ 轴，而它们的交点就叫坐标原点。在该坐标系中任意一个点的位置都可以由 $X$ 轴，$Y$ 轴和 $Z$ 轴三个坐标值确定。如果零件形状是方形或近似方形的，就可以采用笛卡儿坐标系。

右手法则可以用来判断各轴的方向和两轴中的哪一轴为第一坐标轴。

伸出右手，使拇指、食指和中指两两相互垂直，如果食指的方向为第一坐标轴的方向，中指为第二坐标轴的方向，那么拇指所知的方向就为第三坐标轴的方向。

食指：第一坐标轴 $X$ 轴

中指：第二坐标轴 $Y$ 轴

拇指：第三坐标轴 $Z$ 轴（拇指所指的方向为 $Z$ 轴正方向。）

（2）极坐标系　在平面内取一个插入点 $O$，叫做极点，引一条射线 $Ox$，叫做极轴，再选定一个长度单位和角度的正方向（通常取逆时针方向），对平面内任意一点 $M$，用 $\rho$ 表示线段 $OM$ 的长度，$\theta$ 表示从 $Ox$ 到 $OM$ 的角度，$\rho$ 叫做点 $M$ 的极径，$\theta$ 叫做点 $M$ 的极角，有序数对（$\rho$，$\theta$）就叫做点 $M$ 的极坐标，这样建立的坐标系叫做极坐标系。

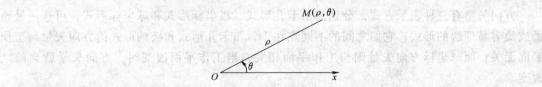

说明：

1）平面内一个点的极坐标可以有无数种表示法，例如（$\rho$，$\theta$）和（$\rho$，$2k\pi + \theta$）（$k \in Z$）表示同一点。

2）$\rho < 0$ 时，$M(\rho$，$\theta)$ 与 $M(|\rho|$，$\theta)$ 关于极点对称。

在极坐标系（也称为圆柱坐标系）下，点是由径向距离、极角和 $Z$ 轴上的距离表示，如果零件为圆柱形，那么用这种坐标系表示就很方便。

径向距离 $R$：径向距离指的是在原点到被测点在工作平面上的投影点的距离，它由变量 $R$ 表示。

极角 $A$：极角指的是第一坐标轴（通常为 X 轴）与原点到被测点在工作平面上的投影点的连线之间的夹角，它由变量 $A$ 表示。

第三坐标轴 $H$：极轴坐标系的第三个变量为原点到被测点在第三坐标轴（通常为 Z 轴）上投影点的距离，它由变量 $H$ 表示。

（3）球坐标系　球坐标也是一种三维坐标。设 $M(x, y, z)$ 为空间内一点，则点 $M$ 也可用这样三个有次序的数 $r$，$\phi$，$\theta$ 来确定，其中 $r$ 为原点 $O$ 与点 $M$ 间的距离，$\phi$ 为有向线段与 $z$ 轴正向所夹的角，$\theta$ 为从正 $z$ 轴来看自 $x$ 轴按逆时针方向转到有向线段的角，这里 $P$ 为点 $M$ 在 $xOy$ 面上的投影。这样的三个数 $r$，$\phi$，$\theta$ 叫做点 $M$ 的球面坐标，这里 $r$，$\phi$，$\theta$ 的变化范围为 $0 \leqslant r < +\infty$，$0 \leqslant \phi \leqslant \pi$，$0 \leqslant \theta \leqslant 2\pi$。

$r =$ 常数，即以原点为心的球面；

$\phi =$ 常数，即以原点为顶点、Z 轴为轴的圆锥面；

$\theta =$ 常数，即过 Z 轴的半平面。

上面两个有向线段分别是 $\overrightarrow{OM}$ 和 $\overrightarrow{OP}$，则

$$x = \overrightarrow{OP}\cos\theta = r\sin\phi\cos\theta$$
$$y = \overrightarrow{OP}\sin\theta = r\sin\phi\sin\theta$$
$$z = r\cos\phi$$

在球坐标系中，点的坐标是由径向距离、方位角和极角表示，球形状类的零件使用这种坐标系比较方便。

径向距离：径向距离指的是从原点到被测点的距离，它由变量 $R$ 表示。

方位角：方位角由变量 $T$ 表示，是第三坐标轴的正方向（通常为 Z 轴）与原点和被测点之间的连线的夹角。

极角：极角指第一坐标轴的正方向（通常为 X 轴）与原点和被测点在工作平面上投影点的连线之间的夹角。

**2. 方向向量**

方向向量，又称方向矢量，是描述几何特征的方位的变量。MWorks-DMIS 软件在自动测量时采用方向矢量使探头逼近被测面。同时，当构造互成一定角度的特征时，也可以用方向矢量表示。

方向矢量有三种表示方式，分别为笛卡儿形式，极坐标形式和球坐标形式，可选用最熟悉或最容易理解的形式。它们之间的不同点在于，笛卡儿形式和极轴形式的方向矢量与工作平面无关；而球坐标方向矢量则与工作平面相关，当工作平面改变时，方向矢量就会随之改变。

（1）笛卡儿形式　笛卡儿形式（或称余弦形式）其方向矢量由三个变量表示：$I$，$J$，$K$。在直线或轴的方向上取长度为 $l$（单位长度）的直线，分别向 X、Y 和 Z 轴投影，取得在各轴上的方向余弦，以 $I$，$J$ 和 $K$ 三变量表示。

$I$：方向矢量在 X 轴上投影的长度。

$J$：方向矢量在 Y 轴上投影的长度。

$K$：方向矢量在 Z 轴上投影的长度。

（2）极坐标形式 在空间形式中，方向矢量由三个角度 $L$, $M$, $N$ 表示。

$L$：矢量与 $X$ 轴正方向的夹角。

$M$：矢量与 $Y$ 轴正方向的夹角。

$N$：矢量与 $Z$ 轴正方向的夹角。

（3）球坐标形式 在球坐标形式中，方向矢量由两个角度：极角和方位角表示。

$T$：第三坐标轴（通常为 $Z$ 轴）的正方向与矢量的夹角，称为方位角。

$P$：第一坐标轴（通常 $X$ 为轴）的正方向与矢量在工作平面的投影的夹角，称为极角。

### 3. 工作平面

在 MWorks-DMIS 软件中，工作平面可以是 $XY$ 平面、$YZ$ 平面或 $ZX$ 平面中的任何一个，用户可以自行定义坐标系的工作平面。测量过程中所有数值都是相对工作平面而言。同一元素相对不同的工作平面，测量的结果也会有所区别。从"坐标系"下拉菜单中选择"工作平面"项，弹出如图 2-1 所示对话框，可以设置 $XY$、$YZ$、$ZX$ 三个平面中任何一个为工作平面，设置完成后点"确定"退出该对话框，那么此时各种元素的测量都是相对刚才所设置工作平面而言。值得注意的是，测量某些特殊位置的直线或者圆时，在当前工作平面下也许不能够得出，那么此时就应该变换坐标系的工作平面，使得测量过程得以完成，这些操作都必须根据实际测量过程中的需要灵活应用。

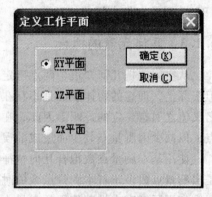

图 2-1 工作平面定义

$XY$ 工作面

如果选择 $XY$ 面作为工作平面，对于极坐标系来说，极角在 $XY$ 平面中定义，给定的高度是沿 $Z$ 轴的。对于球坐标系来说，极角位于 $XY$ 面内，方位角则是与 $Z$ 轴正方向的夹角。

$YZ$ 工作面

如果选择 $YZ$ 作为工作平面，$Y$ 成为第一轴线，$Z$ 成为第二轴线，$X$ 成为第三轴线。因此，极坐标系的极角在 $YZ$ 面内，高度则沿 $X$ 轴正方向测量。对于球面坐标系来说，极角位于 $YZ$ 面内，方位角则为与 $X$ 轴正方向的夹角。

$ZX$ 工作面

在极坐标系中，在 $ZX$ 面内定义了极角，高度则沿 $Y$ 轴的正方向。在球面坐标系中方位角则为离去 $Y$ 轴的正方向。

### 4. 定义基准

"定义基准"功能是定义一个已知的特征（名义的或实际的）为一个基准或标签使用。已知的特征可以在列表中选择进入编辑框。"标签过滤"可用于筛选那些显示的基准，字符串最后的星号"＊"代表零或更多的字符。"定义基准"对话框如图 2-2 所示。

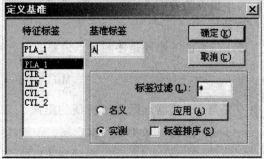

图 2-2 "定义基准"对话框

MWorks-DMIS 软件有三种坐标系：机器坐标系（MCS）、用户坐标系（PCS）和 CAD 模型世界坐标系（WCS）。机器坐标系是由安装在三坐标测量机（CMM）上的沿 $X$、$Y$ 和 $Z$ 轴方向的线性比例尺（传感器）所决定，所以机器坐标系任意一轴的方向都不能改变。也就是说在 MWorks-DMIS 软件图形界面中，机器坐标系（MCS）的位置是固定不变的。用户坐标系（PCS）是用户为了方便测量，提高工作效率而建立的坐标系。用户坐标系与机器坐标系无关，可以在机器测量范围内的任意位置建立用户坐标系。而 CAD 模型世界坐标系（WCS）是用户在设计绘制 CAD 模型时软件中默认的坐标系，它的位置与机器坐标系和用户坐标系均无关。MWorks-DMIS 软件中的机器坐标系默认显示为绿色，用户坐标系为红色，CAD 模型世界坐标系为黄色。在后面的第 7 章和第 15 章将详细介绍如何建立用户坐标系（PCS）以及它们之间的相互转换。

## 2.1.3　几何元素的拟合

从空间解析几何知道，两点确定一条直线，三点确定一个平面，四点可以确定一个球。但实际上，理想的物体表面是不存在的。一个零件或物体在其加工过程中，总会与其设计的名义值之间有一定的差距。因此，在测量过程中，为了提高测量的精度，一般会多测量一些点，以减少因测量点数少而造成的误差。

使用基本测量点数拟合几何特征的结果是唯一的，这就是空间解析几何研究的内容。但是当测量点数多于基本测量点数的时候，拟合几何特征的情形就变得比较复杂了。目前国家标准和国际标准中推荐使用的有最小二乘法、最小区域法、最大内接圆法和最小外接圆法。

最小二乘法拟向几何特征的基本原理是：假定一理想的几何特征使得被测元素的各点到该理想几何特征的距离的平方和为最小。用最小二乘法确定的被测几何特征具有"唯一性"，并且具有明确的数学方程，适合计算机求解。因此在工程中常用的方法是最小二乘法。

根据被测量几何特征的不同，用最小二乘法导出的数学方程的复杂程度也不同。如被测几何特征是直线或平面，则最小二乘法导出的方程是线性的。如被测几何特征是圆或球，则数学方程是非线性的，计算时需要将其线性化以适合计算机求解。下面以几个基本几何特征为例，说明最小二乘法的实际处理方法。

### 1. 直线的拟合算法

根据平面几何原理，两点可以确定一条直线，因此只要测出被测直线上的两点，就可以通过数学拟合的办法求出被测直线的法向和一个起始点。

关于拟合的方法，MWorks-DMIS 软件支持最小二乘法和最小最大法（又称契比晓夫方法）两种。

最小二乘法的原理是使测量点偏差的平方和最小，即

$$\text{Minimize} S = \sum_{i=0}^{n-1} (D_i)^2 \tag{2-6}$$

其中 $D_i$ 是第 $i$ 个检测点到几何特征的距离。采用拉格朗日乘子法求解有条件下的最优约束解。$v = (v_x, v_y, v_z)$ 是单位向量，则

$$\|v\| = 1, \text{或 } v_x^2 + v_y^2 + v_z^2 = 1 \tag{2-7}$$

根据拉格朗日求解法，有

$$S + L(v_x^2 + v_y^2 + v_z^2 - 1) = 0 \tag{2-8}$$

其中 $L$ 是拉格朗日常数，对各方向矢量求导，并消去拉格朗日常数，则方程可以利用牛顿法求解。

契比晓夫方法是用来求出满足下述要求的几何特征：

$$\text{Minimize}(\text{Maximum}(D_i)) \tag{2-9}$$

其中 $D_i$ 是第 $i$ 个检测点到几何特征的距离。在所有最大偏差中寻找最小偏差值所对应的几何特征值，也称最小区域法。

下面列出采用最小二乘法拟合直线的数学算法。

（1）仅有两个测量点的情况　假设已知两空间点 $P_1(x_1, y_1, z_1)$，$P_2(x_2, y_2, z_2)$，则过 $P_1$ 和 $P_2$ 的直线方程为

$$\frac{x - x_1}{x_2 - x_1} = \frac{y - y_1}{y_2 - y_1} = \frac{z - z_1}{z_2 - z_1} \tag{2-10}$$

直线的单位向量 $(l, m, n)$ 为

$$l = \frac{x_2 - x_1}{\sqrt{(x_2 - x_1)^2 + (y_2 - y_1)^2 + (z_2 - z_1)^2}} \tag{2-11}$$

$$m = \frac{y_2 - y_1}{\sqrt{(x_2 - x_1)^2 + (y_2 - y_1)^2 + (z_2 - z_1)^2}} \tag{2-12}$$

$$n = \frac{z_2 - z_1}{\sqrt{(x_2 - x_1)^2 + (y_2 - y_1)^2 + (z_2 - z_1)^2}} \tag{2-13}$$

（2）多于两个测量点的情况　对于多于两个的情况，设直线所在的工作平面为 $XY$，$P_i(x_i, y_i)$（$i = 1, n$）为测点的集合，设理想拟合直线方程为

$$y = ax + b \tag{2-14}$$

由最小二乘原理知，目标函数为

$$F(a, b) = \sum_{i=1}^{N}(y_i - ax_i - b)^2 \tag{2-15}$$

根据极值原理，要使目标函数最小，则函数对 $a$ 和 $b$ 的偏导数为零，即

$$\frac{\partial F}{\partial a} = 0, \frac{\partial F}{\partial b} = 0 \tag{2-16}$$

解上述二元一次方程组，则直线的参数值为

$$a = \frac{N\sum\limits_{i=1}^{N} x_i y_i - \sum\limits_{i=1}^{N} x_i \sum\limits_{i=1}^{N} y_i}{N\sum\limits_{i=1}^{N} x_i^2 - (\sum\limits_{i=1}^{N} x_i)^2} \tag{2-17}$$

$$b = \frac{\sum\limits_{i=1}^{N} x_i^2 \sum\limits_{i=1}^{N} y_i - \sum\limits_{i=1}^{N} x_i \sum\limits_{i=1}^{N} x_i y_i}{N\sum\limits_{i=1}^{N} x_i^2 - (\sum\limits_{i=1}^{N} x_i)^2} \tag{2-18}$$

该直线通过 $(0, b, 0)$，其单位方向向量为

$$\left. \begin{array}{l} l = \dfrac{1}{\sqrt{1 + a^2}} \\[3mm] m = \dfrac{a}{\sqrt{1 + a^2}} \\[3mm] n = 0 \end{array} \right\} \qquad (2\text{-}19)$$

**2. 平面的拟合算法**

三点可以确定一个平面，在只有三个测量点时，所拟合的平面是唯一的。但当测量点数超过三个时，则需要利用最小二乘法或其他方法进行拟合。

(1) 仅有三个测量点的情况　设 $P_i(x_i, y_i, z_i)$ $(i = 1, 3)$ 是一平面上不在一直线上的 3 个测量点，则平面方程为

$$\begin{vmatrix} x - x_1 & y - y_1 & z - z_1 \\ x_2 - x_1 & y_2 - y_1 & z_2 - z_1 \\ x_3 - x_1 & y_3 - y_1 & z_3 - z_1 \end{vmatrix} = 0 \qquad (2\text{-}20)$$

则平面的法向量 $(A, B, C)$ 为

$$\left. \begin{array}{l} A = (y_2 - y_1)(z_3 - z_1) - (y_3 - y_1)(z_2 - z_1) \\ B = (z_2 - z_1)(x_3 - x_1) - (z_3 - z_1)(x_2 - x_1) \\ C = (x_2 - x_1)(y_3 - y_1) - (x_3 - x_1)(y_2 - y_1) \end{array} \right\} \qquad (2\text{-}21)$$

单位法向量为 $(l, m, n)$ 为

$$\left. \begin{array}{l} l = \dfrac{A}{\sqrt{1 + A^2 + B^2}} \\[3mm] m = \dfrac{B}{\sqrt{1 + A^2 + B^2}} \\[3mm] n = \dfrac{-1}{\sqrt{1 + A^2 + B^2}} \end{array} \right\} \qquad (2\text{-}22)$$

(2) 测量点大于三个的情况　当测量点数大于三个时，设 $N$ 个测量点为 $P_i(x_i, y_i, z_i)$ $(i = 1, 2, \cdots, N)$，则理想的平面方程为

$$z = Ax + By + C \qquad (2\text{-}23)$$

由最小二乘法原理可知，目标函数为

$$F(A, B, C) = \sum_{i=1}^{N} (Ax_i + By_i + C - z_i)^2 \qquad (2\text{-}24)$$

根据极值原理，要使目标函数最小，则函数对 $A$, $B$ 和 $C$ 的偏导数为零，即

$$\dfrac{\partial F}{\partial A} = 0, \quad \dfrac{\partial F}{\partial B} = 0, \quad \dfrac{\partial F}{\partial C} = 0 \qquad (2\text{-}25)$$

解上述三元一次方程组，则平面的三个参数值为

$$A = \frac{S_{12}S_{23} - S_{13}S_{22}}{S_{12}^2 - S_{11}S_{22}}$$

$$B = \frac{S_{12}S_{13} - S_{11}S_{23}}{S_{12}^2 - S_{11}S_{22}}$$

$$C = \frac{\sum_{i=1}^{N} z_i - A\sum_{i=1}^{N} x_i - B\sum_{i=1}^{N} y_i}{N}$$

(2-26)

其中

$$S_{11} = \sum_{i=1}^{N} x_i^2 - \frac{1}{N}\left(\sum_{i=1}^{N} x_i\right)^2$$

$$S_{12} = \sum_{i=1}^{N} x_i y_i - \frac{1}{N}\sum_{i=1}^{N} x_i \sum_{i=1}^{N} y_i$$

$$S_{13} = \sum_{i=1}^{N} x_i z_i - \frac{1}{N}\sum_{i=1}^{N} x_i \sum_{i=1}^{N} z_i$$

$$S_{22} = \sum_{i=1}^{N} y_i^2 - \frac{1}{N}\left(\sum_{i=1}^{N} y_i\right)^2$$

$$S_{23} = \sum_{i=1}^{N} y_i z_i - \frac{1}{N}\sum_{i=1}^{N} y_i \sum_{i=1}^{N} z_i$$

平面的单位向量 $(l, m, n)$ 为

$$l = \frac{A}{\sqrt{1 + A^2 + B^2}}$$

$$m = \frac{B}{\sqrt{1 + A^2 + B^2}}$$

$$n = \frac{-1}{\sqrt{1 + A^2 + B^2}}$$

(2-27)

### 3. 圆的拟合算法

三点可以确定一个圆，在只有三个测量点时，所拟合的圆是唯一的。但当测量点数超过三个时，则需要利用最小二乘法或其他方法进行拟合。

（1）仅有三个测量点的情况　设圆所在的测量工作平面为 $XY$，$P_i(x_i, y_i)$ $(i=1, 2, 3)$ 是一平面上不在同一直线上的 3 个测量点，则圆的方程为

$$(x - x_0)^2 + (y - y_0)^2 = R^2$$

(2-28)

其中

$$x_0 = \frac{(y_1 - y_3)(y_1^2 - y_2^2 + x_1^2 - x_2^2) - (y_1 - y_2)(y_1^2 - y_3^2 + x_1^2 - x_3^2)}{2[(y_1 - y_3)(x_1 - x_2) - (y_1 - y_2)(x_1 - x_3)]}$$

$$y_0 = \frac{(x_1 - x_3)(x_1^2 - x_2^2 + y_1^2 - y_2^2) - (x_1 - x_2)(x_1^2 - x_3^2 + y_1^2 - y_3^2)}{2[(x_1 - x_3)(y_1 - y_2) - (x_1 - x_2)(y_1 - y_3)]}$$

$$R = \sqrt{(x_1 - x_0)^2 + (y_1 - y_0)^2}$$

(2-29)

（2）测量点多于三个的情况　当测量点数大于三个时，设测量工作平面为 $XY$，$N$ 个测

量点为 $P_i(x_i, y_i, z_i)$ $(i = 1, 2, \cdots, N)$，则理想的圆方程为

$$(x - x_0)^2 + (y - y_0)^2 = R^2 \tag{2-30}$$

由最小二乘法原理，目标函数为

$$F(x_0, y_0, R) = (\sqrt{(x_i - x_0)^2 + (y_i - y_0)^2} - R)^2 \tag{2-31}$$

根据极值原理，要使目标函数最小，则函数对 $x_0$，$y_0$ 和 $R$ 的偏导数为零。由于本函数的偏导数为非线性方程组，为了求解方便，可按下述方式进行线性化处理：

$$x^2 + y^2 - 2x_0 x - 2y_0 y + (x_0^2 + y_0^2 - R^2) = 0 \tag{2-32}$$

当圆心 $(x_0, y_0)$ 在坐标原点附近时，可以认为 $x_0^2$ 和 $y_0^2$ 是高阶微量，令

$$C = x_0^2 + y_0^2 - R^2 \tag{2-33}$$

于是式（2-32）可写成

$$x^2 + y^2 - 2x_0 x - 2y_0 y + C = 0 \tag{2-34}$$

根据最小二乘法原理，目标函数为

$$F(x_0, y_0, R) = \sum_{i=1}^{N} (x_i^2 + y_i^2 - 2x_0 x_i - 2y_0 y_i + C) \tag{2-35}$$

根据极值条件，令对 $x_0$，$y_0$，$C$ 的偏导数为零：

$$\frac{\partial F}{\partial x_0} = 0, \quad \frac{\partial F}{\partial y_0} = 0, \quad \frac{\partial F}{\partial C} = 0 \tag{2-36}$$

求解方程组，得

$$\left. \begin{aligned} x_0 &= \frac{S_{12} S_{23} - S_{13} S_{22}}{S_{12}^2 - S_{11} S_{22}} \\ y_0 &= \frac{S_{12} S_{13} - S_{11} S_{23}}{S_{12}^2 - S_{11} S_{22}} \\ C &= \frac{1}{N} \Big[ 2x_0 \sum_{i=1}^{N} x_i + 2y_0 \sum_{i=1}^{N} y_i - \sum_{i=1}^{N} (x_i^2 + y_i^2) \Big] \end{aligned} \right\} \tag{2-37}$$

其中：

$$S_{11} = 2 \Big[ \sum_{i=1}^{N} x_i^2 - \frac{1}{N} \Big( \sum_{i=1}^{N} x_i \Big)^2 \Big]$$

$$S_{12} = 2 \Big[ \sum_{i=1}^{N} x_i y_i - \frac{1}{N} \sum_{i=1}^{N} x_i \sum_{i=1}^{N} y_i \Big]$$

$$S_{13} = \sum_{i=1}^{N} (x_i^3 + x_i^2 y_i) - \frac{1}{N} \sum_{i=1}^{N} x_i \sum_{i=1}^{N} (x_i^2 + y_i^2)$$

$$S_{22} = 2 \Big[ \sum_{i=1}^{N} y_i^2 - \frac{1}{N} \Big( \sum_{i=1}^{N} y_i \Big)^2 \Big]$$

$$S_{23} = \sum_{i=1}^{N} y_i z_i - \frac{1}{N} \sum_{i=1}^{N} y_i \sum_{i=1}^{N} z_i$$

$$S_{23} = \sum_{i=1}^{N} (x_i^2 y_i + y_i^3) - \frac{1}{N} \sum_{i=1}^{N} y_i \sum_{i=1}^{N} (x_i^2 + y_i^2)$$

$$R = \sqrt{x_0^2 + y_0^2 - C}$$

从上面的计算可以看出，只有当圆心坐标 $(x_0, y_0)$ 足够小时，才能做线性变换。如果圆心 $(x_0, y_0)$ 不是足够小，会带来线性变换误差，这时需要以求得的圆心坐标为新坐标原点，对测量数据进行坐标平移后再进行最小二乘拟合，直到求出的圆心坐标 $(x_0, y_0)$ 足够小。

## 2.2　标准球定义与检验

### 2.2.1　测量方法

测量方法是根据给定的测量原理获得测量结果的方法。测量方法可以根据不同的测量原理或测量方式分成不同的类别。下面介绍几种常见的分类方法。

**1. 直接测量法与间接测量法**

直接测量法就是可以直接获得被测量量值的方法，例如游标卡尺对零件长度的测量以及千分尺对轴直径的测量。而间接测量法则是通过测量与被测量有函数关系的其他量，才能得到被测量值的一种方法。例如三坐标测量、影像测量以及激光测量都是一种间接测量方法。

**2. 接触测量法与非接触式测量法**

接触测量法是测量器具的传感器与被测零件表面直接接触的测量方法。常见的接触测量方法有游标卡尺、千分尺、测针式和关节臂式三坐标测量机等等。

接触式测量法在目前的工业应用中十分普遍。其特点是测量的可靠性高、测量精度高、重复性好。但接触式测量的缺点是测量的接触力可能会对测量器具和零件表面（如软性表面）造成变形，从而影响到测量的不确定度。

非接触测量法是测量器具的传感器与被测零件的表面不直接接触的测量方法。常见的非接触测量方法有影像测量、激光测量、工具显微测量等。非接触测量的优点是测量传感器不与被测物体表面接触，对被测零件表面不会构成任何损伤，比较适合于复杂曲面以及软性表面零件的测量。

三坐标测量是典型的接触式测量和间接测量的例子。三坐标测量是在给定的测量空间内获取零件表面坐标信息的一种方法，即将物体表面形状信息数字化，也称"采样"。这些采样值都是离散的空间点坐标信息，而不是具体的几何特征的尺寸、位置等信息。而测量程序则通过对一系列的测量点进行处理，提取相应的几何特征量值，从而获得所需的测量结果。

### 2.2.2　测头校验的原理

三坐标测量机在开始工作以前，需要对测头系统进行标定。测头系统的标定包括了标准球（又称基准球）的定义与检验、测针的定义与校验两部分。

标准球一般是精确度很高的合金球，其主要作用是作为标定测针时的尺寸参考。

三坐标测量机在进行测量工作前要进行测头校正，这是进行测量前必须要做的一个非常重要的工作步骤，因为测头校正中的误差将加入到以后的零件测量中。

**1. 校正测头的原因**

校正测头主要有两个原因：为了得到测针的红宝石球的补偿直径和不同测针位置与第一个测针位置之间的关系。

　　坐标测量机在进行测量时，是用测针的宝石球接触被测零件的测量部位，此时测头（传感器）发出触测信号，该信号进入计数系统后，将此刻的光栅计数器锁存并送往计算机，工作中的测量软件就收到一个由 $X$、$Y$、$Z$ 坐标表示的点。这个坐标点可以理解为是测针宝石球中心的坐标，它与真正需要的测针宝石球与工件接触点相差一个宝石球半径。为了准确计算出所要的接触点坐标，必须通过测头校正得到测针宝石球的半/直径。

　　在实际测量工作中，零件是不能随意搬动和翻转的，为了便于测量，需要根据实际情况选择测头位置和长度、形状不同的测针（星形、柱形、针形）。为了使这些不同的测头位置、不同的测针所测量的元素能够直接进行计算，要把它们之间的关系测量出来，在计算时进行换算，所以需要进行测头校正。

**2. 测头校正的原理**

　　测头校正主要使用标准球进行。标准球的直径在 $10 \sim 50\text{mm}$，其直径和形状误差经过校准（厂家配置的标准球均有校准证书）。

　　测头校正前需要对测头进行定义，根据测量软件要求，选择（输入）测座、测头、加长杆、测针、标准球直径（是标准球校准后的实际直径值）等（有的软件要输入测针到测座中心距离），同时要分别定义能够区别其不同角度、位置或长度的测头编号。

　　用手动、操纵杆或自动方式在标准球的最大范围内触测 5 点以上（一般推荐在 $7 \sim 11$ 点），点的分布要均匀。

　　计算机软件在收到这些点后（宝石球中心坐标 $X$、$Y$、$Z$ 值），进行球的拟合计算，得出拟合球的球心坐标、直径和形状误差。将拟合球的直径减去标准球的直径，就得出校正后测针宝石球"直径"（确切地讲应该是"校正值"或"校正直径"）。

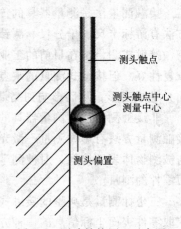

图 2-3　测球补偿原理示意图

　　当其他不同角度、位置或不同长度的测针按照以上方法校正后，由各拟合球中心点坐标差别，就得出各测头之间的位置关系，由软件生成测头关系矩阵。当使用不同角度、位置和长度的测针测量同一个零件不同部位的元素时，测量软件都把它们转换到同一个测头号（通常是 1 号测头）上，就像一个测头测量的一样。凡是在经过在同一标准球上（未更换位置的）校正的测头，都能准确实现这种自动转换。图 2-3 给出了这种补偿的示意图。

**3. 校正测头要注意的问题**

　　测针校正后的"校正直径"小于名义值，不会影响测量机的测量精度。相反，还会对触测的延时和测针的变形起到补偿的作用，因为在测量机测量过程中测量软件对测针宝石球半径的修正（把测针宝石球中心点的坐标换算到触测点的坐标），使用的是"校正直径"而不是名义直径。

　　在进行测头校正时，应该注意以下问题：

　　1）测座、测头（传感器）、加长杆、测针、标准球要安装可靠、牢固，不能松动、有间隙。检查了安装的测针、标准球是否牢固后，要擦拭测针和标准球上的手印和污渍，保持测针和标准球清洁。

2）校正测头时，测量速度应与测量时的速度一致。注意观察校正后测针的直径（是否与以前同样长度时的校正结果有大偏差）和校正时的形状误差。如果有很大变化，则要查找原因或清洁标准球和测针。重复进行 2 ~ 3 次校正，观察其结果的重复程度。检查了测头、测针、标准球是否安装牢固，同时也检查了机器的工作状态。

3）当需要进行多个测头角度、位置或不同测针长度的测头校正时，校正后一定要检查校正效果（准确性）。方法是：全部定义的测头校正后，使用测球功能，用校正后的全部测头依次测量标准球，观察球心坐标的变化，如果有 1 ~ 2μm 变化，是正常的。如果变化比较大，则要检查测座、测头、加长杆、测针、标准球的安装是否牢固，这是造成这种现象的重要原因。

4）更换测针时（不同的软件方法不同），因为测针长度是测头自动校正的重要参数，如果出现错误，会造成测针的非正常碰撞，轻者碰坏测针，重则造成测头损坏。一定要注意。

5）正确输入标准球直径。从以上所述的校正测头的原理中可以得知，标准球直径值直接影响测针宝石球直径的校正值。虽然这是一个"小概率事件"，但是对初学者来说，这是可能发生的。

测头校正是测量过程中的重要环节，在校正过程中产生的误差将加入到测量结果中，尤其是使用组合测头（多测头角度、位置和测针长度）时，校正的准确性特别重要。当发现问题再重新检查测头校正的效果，会浪费宝贵的时间和增加大量的工作量。

# 2.3 几何元素构造

在三坐标测量中，经常会有一些几何元素无法直接测量的情况，这就需要对现有的几何元素进行一定的计算来求出，比如倒过圆的边、圆柱的轴线、平面间的夹角等。

常见的几何构造方法包括求交、对称、平行、投影、拟合等等。由于测量元素基本上属于空间解析几何的内容，因此首先介绍一下空间解析几何的基本知识。

## 2.3.1 平面与空间直线

### 1. 平面方程

（1）平面的一般方程 在三维空间中，平面的一般方程可以用平面上任一点 $P_0(x_0, y_0, z_0)$ 和它的法向向量 $a = \{X_1, Y_1, Z_1\}$ 和 $b = \{X_2, Y_2, Z_2\}$ 来确定，用数学方程表示就是

$$Ax + By + Cz + D = 0 \tag{2-38}$$

其中，$A = \begin{vmatrix} Y_1 & Z_1 \\ Y_2 & Z_2 \end{vmatrix}$，$B = \begin{vmatrix} Z_1 & X_1 \\ Z_2 & X_2 \end{vmatrix}$，$C = \begin{vmatrix} X_1 & Y_1 \\ X_2 & Y_2 \end{vmatrix}$，$D = -\begin{vmatrix} x_0 & y_0 & z_0 \\ X_1 & Y_1 & Z_1 \\ X_2 & Y_2 & Z_2 \end{vmatrix}$

因为 $a$，$b$ 不共线，所以 $A$，$B$，$C$ 不全为零，这表明空间任一平面都可以用关于 $x$，$y$，$z$ 的三元一次方程来表示。

反过来，也可证明，任一关于变量 $x$，$y$，$z$ 的一次方程（2-38）都表示一个平面。事实

上，因为 $A$，$B$，$C$ 不全为零，不失一般性，可设 $A \neq 0$，那么方程式（2-38）可改写为

$$A\left(x + \frac{D}{A}\right) + ABy + ACz = 0 \tag{2-39}$$

即

$$\begin{vmatrix} x + \dfrac{D}{A} & y & z \\ B & -A & 0 \\ C & 0 & -A \end{vmatrix} = 0$$

显然，它表示由点 $M_0\left(-\dfrac{D}{A},\ 0,\ 0\right)$ 和两个不共线向量 $\{B,\ -A,\ 0\}$ 和 $\{C,\ 0,\ -A\}$ 所决定的平面。

（2）平面的向量方程　如果在空间给定一点 $P_0$ 和一个非零向量 $n$，那么通过点 $P_0$ 且与向量 $n$ 垂直的平面也就唯一地被确定。把与平面垂直的非零向量 $n$ 叫做平面的法向量。

取空间直角坐标系 $\{O: i,\ j,\ k\}$，设点 $P_0$ 的向径为 $\overrightarrow{OP_0} = r_0$，则平面上任一点的向径为 $\overrightarrow{OP} = r$（见图 2-4）。显然点 $M$ 在平面上的充要条件是向量 $\overrightarrow{P_0P} = r - r_0$ 与 $n$ 垂直。即可以写成

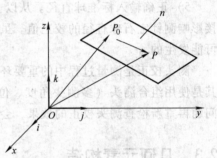

$$n(r - r_0) = 0 \tag{2-40}$$

如果设 $n = \{A,\ B,\ C\}$，$P_0(x_0, y_0, z_0)$，$P(x, y, z)$，那么有：

$$r - r_0 = \{x - x_0, y - y_0, z - z_0\} \tag{2-41}$$

则式（2-41）可以改写成

图 2-4　平面的法向量方程

$$A(x - x_0) + B(y - y_0) + C(z - z_0) = 0 \tag{2-42}$$

方程（2-40）和方程（2-42）都叫做平面的点向量方程。如果记 $D = -(Ax_0 + By_0 + Cz_0)$，那么方程（2-42）就变成了：

$$Ax + By + Cz + D = 0$$

由此可见，在直角坐标系下，平面的一般方程（2-38）中一次项系数 $A$、$B$、$C$ 有明确的几何意义，它们是平面法向量的 $n$ 的坐标分量。

### 2. 空间直线方程

（1）直线的点法式方程　在平面解析几何中，确定一条直线的基本要素是直线上的点和直线的斜率。若点 $P_0(x_0, y_0)$ 在直线上，且直线的斜率为 $k$，则直线的方程为

$$y - y_0 = k(x - x_0) \tag{2-43}$$

在三维空间中，设给定点 $P_0(x_0, y_0, z_0)$ 与一个非零向量 $v(m, n, p)$，那么通过点 $P_0$ 且与向量 $v$ 平行的直线 $l$ 就唯一地被确定，向量 $v$ 叫做直线 $l$ 的方向向量。显然，任何一个与直线 $l$ 平行的非零向量都可以作为直线 $l$ 的方向向量。则点 $P(x, y, z)$ 在直线上的条件为 $\overrightarrow{P_0P} \ /\!/ \ v$，见图 2-5 所示，因此直线的方程可写为

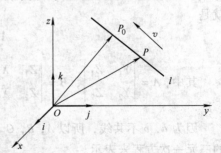

图 2-5　直线的点法式方程

$$\frac{x - x_0}{m} = \frac{y - y_0}{n} = \frac{z - z_0}{p} \tag{2-44}$$

上式又称为直线的对称式方程或标准式方程。

（2）直线的参数化方程　由直线的对称式方程，令相应的比值为 $t$，则得到直线的参数化方程：

$$\begin{cases} x = x_0 + mt \\ y = y_0 + nt \\ z = z_0 + pt \end{cases} \tag{2-45}$$

其中 $t$ 为参数，其几何意义是当 $t$ 取不同的值时，则对应直线上不同的点。

（3）直线的一般方程　设有两个平面 $\pi_1$ 和 $\pi_2$ 的方程为

$$\begin{cases} A_1 x + B_1 y + C_1 z + D_1 = 0 \\ A_2 x + B_2 y + C_2 z + D_2 = 0 \end{cases} \tag{2-46}$$

如果 $A_1 : B_1 : C_1 \neq A_2 : B_2 : C_2$，即方程组（2-45）中的系数行列式 $\begin{vmatrix} B_1 & C_1 \\ B_2 & C_2 \end{vmatrix}$，$\begin{vmatrix} C_1 & A_1 \\ C_2 & A_2 \end{vmatrix}$，$\begin{vmatrix} A_1 & B_1 \\ A_2 & B_2 \end{vmatrix}$ 不全为零，那么平面 $\pi_1$ 和 $\pi_2$ 相交，他们的交线设为直线 $l$，因为直线 $l$ 上的任意一点同在这两平面上，所以它的坐标必满足方程（2-46）；反过来，坐标满足方程组（2-46）的点同在两平面上，因而一定在这两平面的交线即直线 $l$ 上。因此方程组（2-46）表示直线 $l$ 的方程，叫做直线的一般方程。而直线的标准方程（2-45）是一般方程的特殊情形。

## 2.3.2　常见二次曲面

常见二次曲面的方程主要有以下 7 种：

（1）球面　设 $P_0(x_0, y_0, z_0)$ 是球心，$R$ 是半径，$P(x, y, z)$ 是球面上任一点，则 $|\overrightarrow{P_0 P}| = R$，即

$$(x - x_0)^2 + (y - y_0)^2 + (z - z_0)^2 = R^2 \tag{2-47}$$

当球心在原点上时，球面的方程变为

$$x^2 + y^2 + z^2 = R^2 \tag{2-48}$$

（2）椭球面

$$\frac{x^2}{a^2} + \frac{y^2}{b^2} + \frac{z^2}{c^2} = 1 \tag{2-49}$$

（3）椭圆抛物面

$$z = ax^2 + by^2 \quad ab > 0 \tag{2-50}$$

（4）单叶双曲面

$$\frac{x^2}{a^2} + \frac{y^2}{b^2} - \frac{z^2}{c^2} = 1 \tag{2-51}$$

（5）双叶双曲面

$$-\frac{x^2}{a^2} - \frac{y^2}{b^2} + \frac{z^2}{c^2} = 1 \tag{2-52}$$

（6）二次锥面

$$\frac{x^2}{a^2} + \frac{y^2}{b^2} - \frac{z^2}{c^2} = 0 \tag{2-53}$$

圆锥面

$$z^2 = x^2 + y^2 \quad z^2 = ax^2 + by^2 \tag{2-54}$$

（7）柱面：

抛物柱面

$$y = ax^2 \, (a > 0) \tag{2-55}$$

椭圆柱面

$$\frac{x^2}{a^2} + \frac{y^2}{b^2} = 1 \tag{2-56}$$

圆柱面

$$x^2 + y^2 = R^2 \tag{2-57}$$

## 2.3.3　常见的几何元素构造方法

常见的几何元素构造方法主要有求交、等分、拟合、投影、相切、垂直等等。下面给出一些常见几何元素的构造方法。

**1. 求交**

几何元素的求交是常见的构造方法，如直线与直线求交（图2-6），直线与平面求交（图2-7），平面与平面求交（图2-8）等。

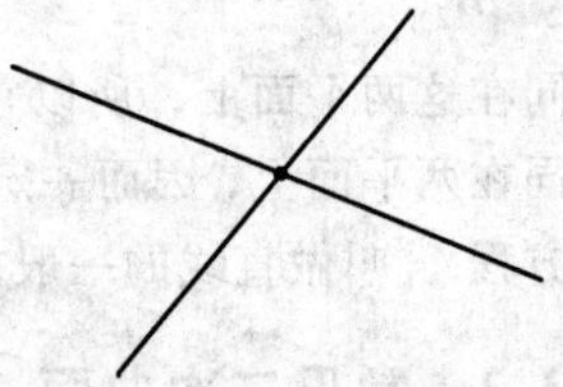

图 2-6　两直线求交

（1）直线与直线求交　设直线 $L_1$ 和 $L_2$ 是两个共面直线，共面平面为 $XY$，则直线 $L_1$ 和 $L_2$ 的交点计算如下。

设两条直线的方程为

$$L_1 = P_1 + u_a(P_2 - P_1)$$
$$L_2 = P_3 + u_b(P_4 - P_3)$$

其中 $P_i$（$i = 1, 2, 3, 4$）为构成直线的四个点，令直线 $L_1$ 的值与 $L_2$ 的值相等，则

$$x_1 + u_a(x_2 - x_1) = x_3 + u_b(x_4 - x_3)$$
$$y_1 + u_a(y_2 - y_1) = y_3 + u_b(y_4 - y_3)$$

解此方程组，就可以得到 $u_a$ 和 $u_b$

$$u_a = \frac{(x_4 - x_3)(y_1 - y_3) - (y_4 - y_3)(x_1 - x_3)}{(y_4 - y_3)(x_2 - x_1) - (x_4 - x_3)(y_2 - y_1)}$$

$$u_b = \frac{(x_2 - x_1)(y_1 - y_3) - (y_2 - y_1)(x_1 - x_3)}{(y_4 - y_3)(x_2 - x_1) - (x_4 - x_3)(y_2 - y_1)}$$

将 $u_a$ 和 $u_b$ 代入任一直线，就可以得到交点的坐标如下：

$$x = x_1 + u_a(x_2 - x_1)$$
$$y = y_1 + u_a(y_2 - y_1)$$

（2）直线与平面求交　设平面由 $P_1$、$P_2$ 和 $P_3$ 三点组成，直线由 $P_4$ 和 $P_5$ 组成，$P_i =$

$\{x_i, y_i, z_i\}$ $(i = 1, \cdots, 5)$。则平面和直线的方程为

$$\begin{vmatrix} x & y & z & 1 \\ x_1 & y_1 & z_1 & 1 \\ x_2 & y_2 & z_2 & 1 \\ x_3 & y_3 & z_3 & 1 \end{vmatrix} = 0$$

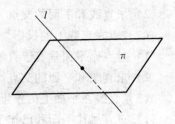

图 2-7 直线与平面求交

$$x = x_4 + t(x_5 - x_4);$$
$$y = y_4 + t(y_5 - y_4);$$
$$z = z_4 + t(z_5 - z_4);$$

求解上述方程组，得到 $t$ 值如下：

$$t = -\frac{\begin{vmatrix} 1 & 1 & 1 & 1 \\ x_1 & x_2 & x_3 & x_4 \\ y_1 & y_2 & y_3 & y_4 \\ z_1 & z_2 & z_3 & z_4 \end{vmatrix}}{\begin{vmatrix} 1 & 1 & 1 & 0 \\ x_1 & x_2 & x_3 & x_5 - x_4 \\ y_1 & y_2 & y_3 & y_5 - y_4 \\ z_1 & z_2 & z_3 & z_5 - z_4 \end{vmatrix}}$$

将 $t$ 值代入平面或直线的公式中就可以得出平面和直线的交点值。

（3）平面与平面求交 设 $N$ 为平面的法向量，$L$ 为两平面相交的直线，利用平面的向量方程得到

$$N_1 \cdot L = d_1$$
$$N_2 \cdot L = d_2$$

直线方程可以写成如下公式：

$$L = c_1 N_1 + c_2 N_2 + u N_1 \times N_2$$

其中"×"为向量的叉积，"·"为向量的点积，$u$ 是直线的参数。将 $L$ 代入平面方程式进行计算，即

$$N_1 \cdot L = d_1 = c_1 N_1 \cdot N_1 + c_2 N_1 \cdot N_2$$
$$N_2 \cdot L = d_2 = c_1 N_1 \cdot N_2 + c_2 N_2 \cdot N_2$$

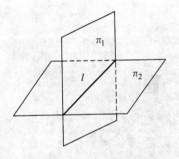

图 2-8 平面与平面求交

求解 $c_1$ 和 $c_2$

$$c_1 = (d_1 N_2 \cdot N_2 - d_2 N_1 \cdot N_2) / [(N_1 \cdot N_1)(N_2 \cdot N_2) - (N_1 \cdot N_2)^2]$$
$$c_2 = (d_2 N_1 \cdot N_1 - d_1 N_1 \cdot N_2) / [(N_1 \cdot N_1)(N_2 \cdot N_2) - (N_1 \cdot N_2)^2]$$

**2. 等分**

等分是几何构造中常见的方法，比如求两点之间的中点，两条直线之间的中线，两个平面之间的中面等。等分的计算相对来说较为简单，比如两点之间的中点只需计算两个坐标点的平均值，两线之间的中线。

**3. 投影**

（1）点在平面上的投影

1）过点作直线垂直于平面，该直线的方向向量为平面的法向量。

2）求直线和平面的交点，该交点为点在平面上的投影。

（2）点在直线上的投影

1）过点作平面垂直于直线，该平面的法向量为直线的方向向量。

2）求直线和平面的交点，该交点为点在直线上的投影。

（3）直线在平面上的投影

1）过直线作平面和已知平面垂直，该平面的法向量为直线的方向向量和已知平面法向量的外积。

2）联立两个平面方程所得直线为该直线在平面上的投影。

# 第 3 章 尺寸测量接口标准（DMIS）

## 3.1 DMIS 的产生与发展

### 3.1.1 DMIS 的产生

在工厂的检测实践中，为各类尺寸测量设备（Dimensional Measuring Equipment，缩写为 DME）编制检测程序是一项十分复杂和繁重的工作。许多 DME 的运行程序需要在 DME 本身提供的环境中在线生成。这样一来，对同样的被测零件，在某种 DME 上生成的检测程序就无法在其他 DME 上运行。如果要在其他检测设备上检测该零件，检测程序需要重新生成。为了提高 DME 的使用效率，有的 DME 制造商通过为每一台 DME 配置专用处理器的方法，用他们的 DME 本身具有的控制语言，控制该机器本身的运动。在这样的环境中，对应于每一组互相联接的 CAD 系统和 DME 系统，都要有一专用处理器作中间转换器。可以看出，用这种方法要将数套互不相同的 CAD 系统和数台互不相同的 DME 互联起来，需要很多的专用处理器做中间转换器。这对整个系统的维护、扩展等将带来许多不便。为了解决这一问题，必须有一种大家共同遵守的规范，尺寸测量接口标准（Dimensional Measuring Interface Standard，缩写为 DMIS）就是基于这种情况产生的。

尺寸测量接口标准（Dimensional Measuring Interface Standard，缩写为 DMIS）是由国际计算机辅助制造公司（CAM-I）质量保证计划资助而开发的。为了开发自动化系统之间检测数据的通信标准，从 1985 年 2 月开始，作为尺寸测量接口规范课题，它是由尺寸测量设备（Dimensional Measuring Equipment，DME）供应厂商与用户联合共同开发的成果。

此标准的第一版 DMIS1.0 完成于 1986 年 3 月。它是由 IIT 研究所按 CAM-I 的合同开发的。此标准的第二版 DMIS2.0 是由 Pratt and Whitney 联合技术公司（United Technologies Corporation）的一个部门按 CAM-I 的合同于 1987 年 9 月完成的。DMIS 2.1 是 DMIS2.0 更新版本，由技术咨询团（Technical Advisory Group）对 ANSI 标准检查质询的回答并提交给 SIR 而发展起来的。MIS2.1 于 1991 年被美国国家标准局接受为美国标准。根据美国国家标准局的要求，DMIS 技术咨询团转换为 DMIS 国家标准委员会（DNSC）。后面在 DNSC 领导下，DMIS 标准又开发了 3.0，4.0 和 5.0 的版本。目前使用的 DMIS 5.0 版本，是在 2004 年 12 月被批准为美国国家标准的。

从 2005 年 6 月起，由于 CAM-I 把业务集中在成本管理系统而放弃了制造技术和标准方面的业务，DNSC 投票决定成立自己的独立实体，于是尺寸测量标准联盟（DMSC，Inc.）诞生了。DMSC 是在美国特拉华州注册的非营利机构，其宗旨是确定尺寸检测领域所需的技术标准，并推广、培育和鼓励这些标准的发展，以及对整个尺寸检测领域有益的相关或支持性的标准。目前 DMIS 标准由 DMSC 负责进行日常的管理。

## 3.1.2　DMIS 的作用

尺寸测量接口标准（DMIS）的目标是作为一套各计算机系统与测量设备之间检测数据双向通信的标准。此标准是一套术语词汇表。由这些术语建立起一个用于检测规程和检测结果数据的中性格式。DMIS 是为了自动化设备之间的通信交往而设计的。因而它被设计成可以人工读出和人工编写，在不使用计算机的情况下也可编写检测程序和分析检测结果。

## 3.1.3　DMIS 的环境

DMIS 的目标是提供一套标准用来将检测数据在不同的计算机和测量设备间进行双向的数据通信。这套规范是一系列术语的集合，它为检测程序和检测数据建立了一个中性的数据格式。

DMIS 主要是为自动机器设计的，它被设计成可以人工阅读和写作，无需计算机的帮助就可以编写测量程序以及分析测量结果。通过高级语言的增强扩展功能，DMIS 可以作为 DME 的语言使用或被处理为 DME 语言。

DMIS 提供一套词汇表用来将检测规程提供给尺寸测量设备以及将测量设备的检测结果传递给接收系统。一台通过 DMIS 与其他设备相联通的设备必须有一个前置处理器，它将自己内部的数据格式转化为 DMIS 格式，同时还需要一个后置处理器，将 DMIS 格式转换为自己的数据结构。

采用 DMIS 格式作为数据交换标准的环境见图 3-1。如图所示，一个检测程序可以由多种途径产生。检测程序的产生可以通过带有图形功能的 CAD 程序，非图形系统，自动系统，以及手动系统。一个编程系统可能需要一个前置处理器，它将检测程序转换成 DMIS 格式。这样一个 DMIS 检测程序便可以在几个不相同的尺寸测量设备（DME）上执行。在图 3-1中，DME 1 有一个 DIMS 前置处理器和后置处理器，它将 DMIS 数据转换成它自己特有的数据格式。DME4 利用 DMIS 作为自己固有的格式。因而不需再有前、后置处理器。DME2 与 DME3 由一台主计算机来驱动。主计算机有后置处理器，它对 DMIS 程序进行解码，并通过 DMIS 格式或者通过某些用户定义的数据交换格式来驱动各 DME。结果数据也可以 DMIS 格式用多种方法传送回来，比如，这些数据可以直接由 DMIS 传输回来，或通过一个后处理程序。结果数据一般传送到一个分析或存储系统如质量信息系统（QIS）。

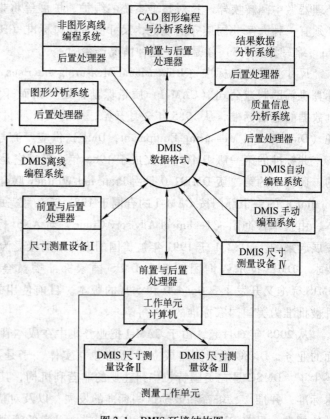

图 3-1　DMIS 环境结构图

手工接口是指 DMIS 程序可以手工编写程序，并对结果进行处理，而无需借助于计算机的帮助。除此之外，DMIS 数据格式交换的其他应用也一样适用。

DMIS 的实施处理由用户决定。有的用户可能将 CAD 系统与 DME 直接相联，有的用户可能使用主计算机，有的用户可能以串联方式相联，有的可能是并行方式等。DMIS 只是定义了一套可以在不同的支持系统中可以互相转换的由 ASCII 文件组成的词汇表。而这些文件的传输、储存与管理都由用户自己决定。

DMIS 的不同版本包含了对离散型机械零件和电子组件进行功能和尺寸检测的三坐标测量机、图像测量仪、以及复合式测量系统等的支持命令。DMIS 的目的在于为所有的测量设备提供一个标准的通信协议，未来的版本可能会继续增加检测的范围。

### 3.1.4　DMIS 的总体结构

DMIS 有两类基本形式的语句：面向过程的命令语句和面向几何图形的定义语句。过程命令语句由运动语句和机器参数语句以及检测过程本身的特有的其他语句组成。定义语句是用来描述几何特征、公差、坐标系统以及可能包括在 CAD 系统数据库中的其他形式的数据。

目前，零件描述模型并不包含 DMIS 接口所需的全部数据，因而，补充数据必须由手工加入。CAD 系统正在朝着完善零件模型的方向发展，DMIS 的设计已经考虑了这种情形并能与之将来的发展相适应。

### 3.1.5　与 DMIS 相关的标准

美国信息交换标准编码：所有 DMIS 词汇都由 ASCII 128 个字符中的字符组成。

ANSI/ASME：B 89.4.1—1997：所有涉及到坐标测量机的术语都以这个标准的定义为准。

ANSI/CAM-I 101—1990：提供与 DMIS 过去版本兼容的所有参考。

ANSI Y 14.26 M—1987：DMIS 的发展受到了开发和维护 IGES（初始图形交换规范）组织的监督。

APT：NASI X3.37—1987：DMIS 在句法上与数据编程语言 APT（自动编程工具）相似，甚至 DMIS 的某些字直接取之于 APT 词汇，但 DMIS 词汇中的含义和语法可能与其完全不同。因此，不能以 APT 词汇的内容作为翻译 DMIS 词汇的参考。

ASME Y14.5M—1994：本标准中的几何尺寸与公差标准全部列入 DMIS 标准。

ISO 10303 TC184/SC4：新兴的 STEP（Standard Exchange of Product Model Data）标准定义了产品寿命周期中产品信息的计算机数据表示和无歧义交换。随着本标准朝着完整的产品数据定义交换方向发展，DMIS 将会保持与其发展的适应性。

ISO/IEC 14977：1996（E）信息技术—语义宏语言— 扩展的 BNF 范式。

## 3.2　DMIS 语言的语法

### 3.2.1　DMIS 的语义与结构

DMIS 词汇类似于 APT 的 NC 编程语言，采用由斜杠 "/" 分隔的主关键词和次关键词的方式组成。输出数据格式在语义上与输入数据格式相似。DMIS 词汇的翻译器可以是简单的单一通道解释器或复杂的多通道翻译器，这取决于每一个供应厂商使用的实施方法。

DMIS 词汇包括了 ASCII 字符，由此构成词汇、标签、参数和变量，再由这些组成定义语句和命令语句，然后由语句构成程序段，最后形成完整的 DMIS 程序。

### 1. 字符

在 DMIS 中，字符是按 10 进制的方式表示的，并且不分大小写，除非是在引号内传递的字符串。但必须注意的是，所有基准的定义必须用大写表示。

对于数字型字符来说，负值需要在数据前加上 "－" 标志，正数可以加 "＋"，也可以不加。数值型字符还可以加 "："作为分隔符，用来表示角度的度、分和秒。

### 2. 关键词

DMIS 有一套自己的关键词系统，主要有两个层次：即主关键词和次关键词。主关键词一般由至少两个字符组成，主关键词可以是 DMIS 的一个语句，也可以是 DMIS 的一类语句。当主关键词是一类 DMIS 语句时，还需要次关键词来定义具体的语句内容。DMIS 主关键词和特性文件的主关键词见表 3-1 和表 3-2 所示。

表 3-1　DMIS 主关键词

| | | |
|---|---|---|
| ACLRAT | VA( ) = ALGDEF | varname = ASSIGN |
| BADTST | BOUND | CALIB |
| CALL | CASE | CI( ) = CLMPID |
| CS( ) = CLMPSN | CLOSE | SG( ) = CMPNTGRP |
| CONST | CR( ) = CRGDEF | CRMODE |
| CROSCL | CRSLCT | CC( ) = CUTCOM |
| CZ( ) = CZONE | CZSLCT | DATDEF |
| D( )/DA( ) = DATSET | DECL | DECPL |
| DELETE | DID( ) = DEVICE | DFTCAS |
| DISPLY | DMEHW | DI( ) = DMEID |
| DMESW | DS( ) = DMESWI | DV( ) = DMESWV |
| DMIS | DMISMD | DMISMN |
| DO | ELSE | ENDAT |
| ENDCAS | ENDDO | ENDFIL |
| ENDGO | ENDIF | ENDMAC |
| ENDMES | ENDSEL | ENDXTN |
| EQUATE | ERROR | EVAL |
| SX( ) = EXTENS | EXTFIL | F( )/FA( ) = FEAT |
| FEDRAT | VF( ) = FILDEF | FILNAM |
| FINPOS | FI( ) = FIXTID | FS( ) = FIXTSN |
| FLY | FROM | GECOMP |
| GEOALG | G( ) = GEOM | GOHOME |
| GOTARG | GOTO | GSA( ) = GROUP |
| IF | INCLUD | varname = ITERAT |
| JUMPTO | VL( ) = LITDEF | D( )/DA( ) = LOCATE |
| LI( ) = LOTID | M( ) = MACRO | MA( ) = MATDEF |
| MEAS | MD( ) = MFGDEV | MODE |
| varname = OBTAIN | OPEN | OP( ) = OPERID |
| OUTPUT | PN( ) = PARTID | PR( ) = PARTRV |

（续）

| | | |
|---|---|---|
| PS( ) = PARTSN | PL( ) = PLANID | POP |
| PRCOMP | PV( ) = PREVOP | PC( ) = PROCID |
| varname = PROMPT | PSTHRU | PTBUFF |
| PTMEAS | PUSH | Q( ) = QISDEF |
| RAPID | READ | RECALL |
| RM( ) = REFMNT | R( ) = REPORT | RESUME |
| RMEAS | ROTAB | D( )/DA( ) = ROTATE |
| RT( ) = ROTDEF | ROTSET | SAVE |
| SCAN | SCNMOD | SCNPLN |
| SCNSET | SELECT | SS( ) = SENSOR |
| S( )/SA( ) = SNSDEF | SNSET | SGS( ) = SNSGRP |
| SNSLCT | SNSMNT | TECOMP |
| TEXT | TH( ) = THLDEF | T( )/TA( ) = TOL |
| TL( ) = TOOLDF | D( )/DA( ) = TRANS | UNITS |
| varname = VALUE | V( ) = VF 或 M | VW( ) = WINDEF |
| WKPLAN | SW( ) = WRIST | WRITE |
| XTERN | XTRACT | |

次关键词由至少一个字符或数字组成，有些次关键词前面带有负号标志。次关键词主要用于修改主关键词，或描述语句中的某些参数。DMIS 次关键词和特性文件的次关键词见表 3-3 和表 3-4 所示。

**表 3-2 特性文件主关键词**

| | |
|---|---|
| CHFIL1 | ENDCH1 |
| CHFIL2 | ENDCH2 |
| CHFIL3 | ENDCH3 |
| CHFILE | ENDCHF |

**表 3-3 DMIS 次关键词列表**

| | | | | | |
|---|---|---|---|---|---|
| 2D | 3D | 4POINT | A | ABSL | ACEL |
| ACLRAT | ACT | ADJUST | ALGOR | ALL | ALLSA |
| AMT | AN | AND | ANGDEC | ANGDMS | ANGL |
| ANGLB | ANGLE | ANGLR | ANGRAD | APPEND | APPRCH |
| ARC | ATTACH | AUTO | AVG | AVGDEV | BACK |
| BADTST | BEZIER | BF | BND | BOOL | BOUND |
| BOX | BSPLIN | BUILD | BUTTON | CART | CCW |
| CHAR | CHECK | CHORD | CIRCLE | CIRLTY | CLRSRF |
| CM | CODE | COG | COMAND | COMM | COMMON |
| COMPOS | CONCEN | CONE | CONT | CONTIN | CORTOL |
| COUNT | CPARLN | CPROFS | CRAD | CRMODE | CRNOUT |
| CROSCL | CRSLCT | CURENT | CURVE | CW | CYCLE |
| CYLCTY | CYLNDR | CZSLCT | DATE | DATSET | DEFALT |
| DELAY | DELETE | DEPTH | DEV | DFTCAS | DIAM |
| DIM | DIRECT | DISK | DIST | DISTB | DME |
| DMIS | DMISMD | DMISMN | DOUBLE | DRAG | EDGELN |
| EDGEPT | EDIT | ELLIPS | END | ENDCAS | ENDDO |

（续）

| | | | | | |
|---|---|---|---|---|---|
| ENDSEL | ENTITY | EQ | ERR | ERRMODE | ERROR |
| EXCEPT | EXTERN | EXTREM | FALSE | FDATA | FEATUR |
| FEDRAT | FEET | FILNAM | FINPOS | FIXED | FLAT |
| FOCUSN | FOCUSY | FORCE | FZ | GCURVE | GE |
| GECOMP | GEOALG | GLOBAL | GOTO | GRID | GROUP |
| GSURF | GT | HIGH | HIST | HUMID | ILLEGALTOUCH |
| INCH | INCR | INDEX | INFRED | INNER | INPUT |
| INTGR | INTOF | INTOL | IPM | IPMM | IPS |
| IPSS | KEEP | L | LASER | LE | LEFT |
| LIMIT | LINE | LIST | LMC | LN2LN | LOCAL |
| LONG | LOW | LSTSQR | LT | M | MAJOR |
| MAN | MATRIX | MAX | MAXINS | MCS | MESACL |
| MESVEL | MIDLI | MIDPL | MIDPT | MIN | MINCIR |
| MINCON | MINMAX | MINOR | MM | MMC | MMPS |
| MMPSS | MNTLEN | MODE | MODEL | MOVEPT | MPM |
| MPMM | N | NAME | NE | NEXT | NOM |
| NOMINL | NONCON | NONE | NOROT | NOT | NOTOUCH |
| NOTRAN | NURBS | OBJECT | OBLQ | OFF | OFFSET |
| ON | OPER | OR | ORIENT | OUTER | OUTFIL |
| OUTOL | OUTPUT | OVERWR | PARAM | PARLEL | PARPLN |
| PARTO | PATERN | PAUSE | PCENT | PCS | PECK |
| PERP | PERPTO | PICTURE | PIXBTN | PLANE | PLOT |
| POINT | POL | POS | POSACL | POSVEL | PP |
| PRBRAD | -PRBRAD | PRCOMP | PRINT | PROBE | PROFL |
| PROFP | PROFS | PROG | PROJCT | PROJLI | PROJPT |
| PT2PT | PT2LN | PT2PL | PTBUFF | PTDATA | PTMEAS |
| QUERY | R | RAD | RADIAL | RADIUS | RAWDAT |
| RCTNGL | REAL | REPORT | RES | RETRCT | RFS |
| RIGHT | ROTACL | ROTNUL | ROTORG | ROTTOT | ROTVEL |
| ROUND | RPM | RPMM | RPTSYC | RTAB | SCALEX |
| SCALEY | SCNMOD | SCNVEL | SEARCH | SENS | SEQNTL |
| SGAGE | SHORT | SIMUL | SINGLE | SIZE | SNS |
| SNSET | SNSLCT | SNSMNT | SOUND | SPART | SPAWN |
| SPHERE | START | STAT | STOP | STOR | STRGHT |
| STROBE | SURF | SYM | SYNC | SYS | TANGPL |
| TANTO | TECOMP | TEMP | TEMPC | TEMPF | TEMPWC |
| TEMPWF | TERM | TEXT | THRU | TIME | TITLE |
| TORUS | TR | TRIGER | TRMATX | TRNOUT | TRUE |
| UNBND | UNITS | USERDF | USETOL | VEC | VECBLD |
| VECTOR | VERSION | VERTEX | VIDEO | WAIT | WIDTH |
| WKPLAN | XAXIS | XDIR | – XDIR | XORIG | XRAY |
| XVEC | XYAXIS | XYDIR | XYPLAN | XYZAXI | XYZDIR |
| YAXIS | YDIR | – YDIR | YORIG | YZAXIS | YZDIR |
| YZPLAN | ZAXIS | ZDIR | – ZDIR | ZORIG | ZVEC |
| ZXAXIS | ZXDIR | ZXPLAN | | | |

### 3. 标签名

标签一般包括两部分，即一个由一至三个字符（如 F、TA、DAT 等）组成的标签类型和立即跟在标签类型后面括号内的标签名。在测量程序中，标签是用来命名几何特征、公差、坐标系统、传感器、输出数据格式、基准、宏程序、字符串、程序语句等。而且，每一种实体类型在 DMIS 中已经定义了特定的标签类别。

除基准名之外，标签名的长度从 1 至 64 字符，且只能由 A ~ Z、a ~ z、0 ~ 9 字符和数字，以及横线 '-'、豆点 '.' 和下划线 '_' 组成。单个基准名只能由 1 ~ 2 个字符的大写字母组成，复合基准名只能由 2 ~ 4 个字符的大写字母（其中包含横线 '-'）组成。

**表 3-4　特性文件次关键词列表**

| | |
| --- | --- |
| CMM | ENDSPT |
| FORMA | FORMB |
| FORMC | FORMD |
| FORME | FORMF |
| FORMG | FULL |
| NONE | NS |

### 4. 字符串

字符串在 DMIS 中使用十分普遍。字符串是一组可打印的 ASCII 字符组成，并被包含在引号内，所有的 ASCII 字符都可以用于字符串里。但如果需要引号的话，须在引号前再加一个引号，比如如下的 "Enter the Supplier's part number"，正确的 DMIS 语句应该是

TEXT/QUERY,(Sup_Part),20,AN,L,'Enter the Supplier''s part number'

### 5. 参数

参数是一些可以通过不同的语句来转换的数值。参数可以在几种情形下使用，比如使用 CALL 语句调用的宏，或利用 OBTAIN 语句获得变量的值。一个参数的特性是与其使用的语句或上下文相关的。

### 6. 变量

所有的 DMIS 变量需要声明，并且包含布尔值、字符串、双精度、整型、长型、实型、以及向量数据类型。变量名是一串数字或字符以及下划线组成，第一个字符必须是字母，最长不超过 16 个字符。变量名不能是 DMIS 的保留字词（主关键词、次关键词等），并且是大小写无关的。变量名必须明确地定义为局部、全局或公用变量。变量名数组的下标从 1 开始。字符串在宏程序中被用为哑元。

表达式可以被 DMIS 语句中任何合适的数据类型的参数替换。比如

$$
$

$$ The following example demonstrates substituting a character

$$ expression f 或 a literal text string parameter

$$

TEXT/OPER,CONCAT('The current time is:',STIME())

### 7. 表达式

DMIS 表达式是一个变量、常数、文字串、数学表达式或逻辑表达式，可能包含开放或封闭的括号。算术表达式使用算术运算符如加减乘除等，逻辑表达式则使用常见的逻辑运算符。

### 8. DMIS 文件头及供应商设备（DME）设置

在 DMIS 程序的开头，会有一个可以设置文件头和设备供应商的一段程序。如

$$ Sample DMIS Input Program

DMISMN/'Sample DMIS 4.0 file 2000/02/04',04.0

```
V(Vendor_output) = VFORM/ALL
DISPLY/PRINT,DMIS,STOR,V(Vendor_output)
FILNAM/'Sample DMIS Input ProgramV,04.0
executable statements
DISPLY/TERM,DMIS
executable statements
DISPLY/PRINT,DMIS,STOR,V(Vendor_output)
executable statements
ENDFIL
```

在上面的这段程序中，DMISMN 指的是 DMIS 主程序，后面可以列举文件生成的时间，04.0 指的 DMIS 的版本是 4.0。

DISPLY 语句控制 DME 设备的输出，它可以全部关闭或按下述设备输出：

—TERM（DME 终端显示）；

—PRINT（打印）；

—STOR（磁介质存储人如软盘）；

—COMM（辅助通信口）。

**9. DMIS 程序举例**

整个 DMIS 程序由定义、命令以及程序子单元组成。命令语句命令 DME 或接收系统实现它们的功能。定义语句描述各种事物。

下面是一个 DMIS 程序的例子：

```
FINPOS/ON
F(CIRCLE-1) = FEAT/CIRCLE,INNER,CART10,5,0,0,1,40
MEAS/CIRCLE,F(CIRCLE-1),3
GOTO/10,10,5
PTMEAS/CRAT,30,10,5,-1,0,0
PTMEAS/CRAT,-10,10,5,1,0,0
PTMEAS/CRAT,10,30,5,0,-1,0
ENDMES
```

上例中第一行是一个命令语句，它命令 DME 的精确定位机构工作。第二行是定义语句，它定义一个特征的尺寸、位置、方向，并给它起一个名字。本例中它定义一个圆，此圆内部是需要测量的（即一个孔），它的圆心位置是直角坐标 10，10，5，此圆所在平面的方向向量是 0，0，1；圆的直径是 40，它的标签是 CIRCLE-1。第三行是一个命令语句。它命令 DME 测量这个圆，取三个点上的测量值，这个命令语句有一个指针，指出这个圆的定义。接下来一行是一个运动命令，它命令测针运动到坐标为 10，10，5 的位置。其次三行语句命令 DME 在三个指定点上取测量值，此三行每行后部的 6 个数字的意义是：头三位表示指定点的坐标值，后三位是方向向量，它的指向是远离特征表面，最后一行表示测量程序结束。

程序子单元是在逻辑上组合起来的，可以完成一定功能的一串语句。DMIS 有 5 种类型的程序子单元，每种类型由它的起始和结束语句来识别。5 种类型的程序子单元分别是

校准程序：

CALIB（起始）

ENDMES（结束）

测量程序：

MEAS

ENDMES

运动程序：

GOTARG

ENDGO

IF 块：

IF(块内将测量值与给定值相比较,以确定程序执行走向)

ENDIF

宏：

MACRO

ENDMAC

程序子单元可由命令及定义等语句组合而成。上面所举的例子便是一个程序子单元的例子。

## 3.2.2 DMIS 的数据结构

### 1. 几何特征

几何特征是零件上或空间存在（不在零件上）的几何元素。在 DMIS 中，几何特征有两类，即名义特征和实测特征。名义特征是由 CAD 模型或零件图形定义的，用"F"来标记，例如（见前）：

F(CIR_ 1) = FEAT/CIRCLE/INNER, CART,10,10,5,0,0,1,8

实际特征是由 DME 测量或构造出来的。用"FA"标记。例如：

FA(CIR_ 1) = FEAT/CIRCLE/INNER, CART,9.89, 9.93,5,0,0,7,97

从这个语句可看出，实际的圆心位置在 X 轴上偏差为 0.11。Y 方向上为 0.07。实际直径的偏差为 0.03。

DMIS 支持的几何特征有点、线、平面、圆、圆柱、椭圆、圆锥、曲线、曲面、槽、圆环等。

### 2. 公差

DMIS 支持 ANSI Y 14.5M—1997 尺寸与公差标准。支持的公差如下：

角度，平面度，平行度，直径，直线度，垂直度，半径，线轮廓度，同轴度，圆度，全跳动，圆柱度，倾斜度。

公差有名义公差与实测公差。名义公差是 CAD 模型或零件图上规定的，即设计给定的公差，以"T"记。实测公差是测量出来，以"TA"标记。下面是一个特征与公差联系的例子。

F(CIR_1) = FEAT/TIRCLE, INNER, CART,10,10,5,0,0,1,250

T(DIA_1) = TOL/DIMA, − 0.001,0.0005

T(POS_1) = TOL/POS,2D,0.005,MMC

OUTPUT/FA(CIR_1),TA(POS_1)

上例第一行是定义一个圆（见前）；第二行是定义直径公差，下偏差是 0.001，上偏差是 0.0005，标号是 DIAM_1；第三行是定义位置公差，2D 表示它是在基本特征向量的方向两维平面内计算的公差，公差为 0.005，MMC 为量大材料状态；第四行是输出的测量结果，需输出实际特征、直径的实际偏差以及位置的实际偏差。

## 3.3　DMIS 语言的常见关键词

### 3.3.1　测量语句

测量语句就是命令机器进行操作的命令语言，一般以 MEAS 主关键词打头，继而给出几何特征的种类及待测元素的属性和测点信息。

功能：命令 DME 去测量一个几何特征

输入格式：MEAS/var_1,F(label1),n

输出格式：无

其中：

var_1 可以是：圆弧或圆；或直线；或平面；或圆柱；或圆锥；或球等任何 DMIS 支持的几何特征。

F(label1) 是一个为被测几何特征定义了的几何特征变量名。

n 是一个正数,说明被测几何元素要测量的测点个数。

几何特征需要测量的最少测量点个数如下：

圆弧:3；圆:3；圆锥:6；球:4；直线:2；平面:3；椭圆:5。

下面列出几组常见的几何特征的测量语句：

F(POI_1) = FEAT/POINT,CART,56.23,30.97,114.30,0.00,0.00,1.0000

MEAS/POINT,F(POI_1),1

PTMEAS/CART,56.234,30.97,114.30,0.00,0.00,1.00

ENDMES

F(LIN_1) = FEAT/LINE,UNBND,CART,91.01,12.70,114.30,1.00,0.00,0.00,0.00, −1.00,0.00

MEAS/LINE,F(LIN_1),2

GOTO/52.80,5.70,99.82

PTMEAS/CART,52.80,12.70,99.82,0.00, −1.000,0.00

PTMEAS/CART,139.70,12.70,99.82,0.00, −1.00,0.00

GOTO/139.70,5.70,99.82

ENDMES

F(PLA_1) = FEAT/PLANE,CART,184.37,63.50,88.76,0.50, 0.00,0.86

MEAS/PLANE,F(PLA_1),3

GOTO/143.65,14.70,120.36

PTMEAS/CART,140.15,14.70,114.29,0.50,0.00,0.86

PTMEAS/CART,140.15,112.30,114.29,0.50,0.00,0.86

PTMEAS/CART,228.59,14.70,63.23,0.50,0.00,0.86

GOTO/232.09991,14.70010,69.29

ENDMES

F(CIR_1) = FEAT/CIRCLE,INNER,CART,101.60,63.50,114.30, −0.00,0.00,1.00,63.50

MEAS/CIRCLE,F(CIR_1),3

GOTO/129.35,63.49,121.30

PTMEAS/CART,133.35,63.49,109.30, −1.00,0.00,0.00

PTMEAS/CART,85.72,36.00,109.30,0.50,0.86,0.00

PTMEAS/CART,85.72,90.99,109.30,0.50, −0.86,0.00

GOTO/87. 72 ,87. 53 ,121. 30

ENDMES

下面以最后圆的定义和测量语句为例，说明几何特征测量语句块的含义。在上述程序中，每个测量程序段的第一行是定义语句，它以一个几何特征的名义变量开始，括号内给出被定义几何特征的变量名，如 CIR_ 1，是一个圆的默认定义。在等号之后，首先是 DMIS 的主关键词，即 FEAT，说明 DMIS 关键词的类，接着就是分隔符 "/"，然后是次关键词 CIRCLE，说明具体的几何元素类型即圆，下一个值是圆的几何特性，如 INNER 代表内圆，CART 代表直角坐标系，再后面就是圆的几何数据，即圆心的 $x$、$y$、$z$ 值和圆所在平面的 $i$、$j$、$k$ 值，最后一个是圆的直径。

接着就是 MEAS 测量子程序，

MEAS/CIRCLE,F( CIR_1 ) ,3

表明测量块开始，测量的几何特征为圆，该圆的变量名为 CIR_ 1，测量点数为 3。

GOTO 是空走点，是为了防止机器碰撞而插入的中间点。

PTMEAS 为测量语句，告诉 DME 要测点的具体位置（$x$、$y$、$z$ 值和圆所在平面的 $i$、$j$、$k$ 值）。

ENDMES 结束本测量子程序。

### 3.3.2  公差语句

如同几何特征的定义一样，公差的定义也是主关键词/次关键词加变量的方式，下面以平面度的公差定义为例加以解释：

功能:定义平面度误差,并为其指定一个标签名。

输入格式:

可以是 T( label) = TOL/FLAT,var_1

输出格式:

可以是 TA( label) = TOL/FLAT,tolzon,var_2 var_3

或 T( label) = TOL/FLAT,var_1

其中:

var_1 可以是 tolzon

或 tolzon,tolzon1 ,unit1 ,unit2

或 tolzon1 ,unit1 ,unit2

var_2 可以是 INTOL

或 OUTOL

var_3 可以是,tolzon1 ,var_2

或 无

FLAT——平面度公差;

INTOL——测量值在公差范围内;

 label——被赋予公差的标签名;

OUTOL——测量值超出公差范围;

 tolzon——公差带,即公差范围允许的变化区间。在输入格式中,是定义的公差值;在输出格式中,是实测的公差值。

 tolzon1——公差带,即按区域基础定义的公差允许变化的区间。在输入格式中,是定义的公差值;在输出格式中,是实测的公差值。

unit1,unit2——单位公差区域上的尺寸偏差。

TOL/FLAT 语句可以通过执行 OUTPUT 语句被传入到输出文件中。

下面举一个具体的例子加以说明:

T(TFLA0) = TOL/FLAT,0.002000

EVAL/FA(PLA_1),T(TFLA0)

在上面的语句中,第一句定义了一个公差为 0.002 的平面度标签 、TFLA0,第二句对实测平面 PLA_ 1 进行评估,EVAL 是评估的意思。一般可以在结果窗口中显示出实测公差结果。

### 3.3.3 特征定义语句

在 DMIS 语言中,所有的测量元素需要定义名义值,定义的方式是主关键词 FEAT/次关键词的方式,次关键词是 DMIS 支持的各种几何特征类型,如:直线、圆、圆柱、圆锥、球、曲线、曲面等。下面以直线的定义为例加以说明。

定义格式:

F(label) = FEAT/LINE,var_1,ni,nj,nk

或 FA(label) = FEAT/LINE,var_1,ni,nj,nk

其中,F 表示名义值,FA 表示实测值。

var_1 可以是

UNBND,var_2

BND,var_3

var_2 可以是

CART,x,y,z,i,j,k

POL,r,a,h,i,j,k

或其他参数,

或不存在。

BND——有边界的线;

CART——直角坐标系;

i,j,k——直线的方向向量;

label——新几何特征的标签;

LINE——几何特征的类型是直线;

POL——圆柱坐标系;

r,a,h——柱坐标系的坐标值;

UNBND——定义的直线是没有绑定的;

x,y,z——直角坐标系下的坐标值。

例如,下列语句定义了一条直线的名义值:

F(LIN_1) = FEAT/LINE,UNBND,CART,91.01,12.70,114.30,1.00,0.00,0.00,0.00, - 1.00,0.00

### 3.3.4 构造语句

构造语句是利用已有的名义或实测几何特征构造一个新的几何特征出来,该特征被认为是实测特征。在 DMIS 4.0 标准中,共有 13 类构造类型。下面简要列出其中三种加以介绍。

**1. 构造格式 1**

CONST ( 输入格式 1 )

功能：利用 DME 构造一个几何元素，只要给出构造中使用的其他特征的标签即可。

输入格式：

可以是 CONST/var_1,F(label1),BF,FA(label2),var_2 var_3

输出格式：

可以是无

其中：

var_1 可以是 ARC

　　　　或 CIRCLE

　　　　或 CONE

　　　　或 CYLNDR

　　　　或 CPARLN

　　　　或 ELLIPS

　　　　或 LINE

　　　　或 PATERN

　　　　或 PLANER

　　　　或 RCTNGL

　　　　或 SPHERE

　　　　或 TORUS

var_2 可以是 FA(label3)

　　　　或 F(label4)

var_3 可以是,var_2 var_3

　　　　或不存在

ARC——构造一个圆弧；

BF——利用最优拟合的方法构造出所求的几何元素；

CIRCLE——构造一个圆；

CONE——构造一个圆锥；

CPARLN——构造一个带端点的平行线；

CYLNDR——构造一个圆柱；

ELLIPS——构造一个椭圆；

F(label1),F(label4)——先前定义的被构造几何元素的名义标签名；

FA(label2),FA(label3)——被构造几何元素的实际标签名；

LINE——构造一条直线；

PATERN——构造一个模版；

PLANER——构造一个平面；

RCTNGL——构造一个立方体；

SPHERE——构造一个球面；

TORUS ——构造一个椭球。

### 2. 构造格式 2

CONST（ 输入格式 2 ）

功能：利用 DME 构造一条直线，只要给出构造中使用的其他特征的标签名即可。

输入格式：

可以是 CONST/LINE,F(label1),var_1

输出格式：

可以是无

其中：

var_1 可以是 MIDLI,FA(label2),var_2

　　　　或 PROJLI,FA(label2),var_3

var_2 可以是 FA(label3)

　　　　或 F(label4)

var_3 可以是 FA(label3)

　　　　或 F(label4)

　　　　或 不存在

F(label1),F(label4)——先前定义的被构造几何元素的名义标签名；

FA(label2),FA(label3)——先前定义的被用于构造几何元素的实际标签名；

LINE——构造一条直线；

MIDLI——构造直线的方法是求两条先前定义直线的中线；

PROJLI——构造直线的方法是先前定义的可简化为直线的特征在特定平面和工作平面（如果不定义 var_3变量）上的投影方法。

### 3. 构造格式4

CONST（输入格式4）

功能：利用 DME 构造一个点,只要给出构造中使用的其他特征的标签名即可。

输入格式：

可以是 CONST/POINT,F(label1),var_1

输出格式：

可以是无

其中：

var_1 可以是 MIDPT,FA(label2),var_2

　　　　或 PIERCE,FA(label2),var_2

　　　　或 VERTEX,FA(label2)

　　　　或 PROJPT,FA(label2) var_3

　　　　或 MOVEPT,FA(label2),var_4

　　　　或 CURVE,FA(label2),var_2

　　　　或 EXTREM,var_5,FA(label2),var_6

　　　　或 COG,FA(label3) var_7

var_2 可以是 FA(label4)

　　　　或 F(label5)

var_3 可以是, FA(label4)

　　　　或,F(label5)

　　　　或不存在

var_4 可以是 dx,dy,dz

　　　　或 F(label5),dist

　　　　或不存在

var_5 可以是 MIN

　　　　或 MAX

var_6 可以是 XDIR

　　　　或 YDIR

　　　　　　或 ZDIR

　　　　　　或 VEC,i,j,k

　　　　　　或 F(label5)

　　　　　　或 FA(label4)

　　　　　　或 RADIAL

var_7 可以是,FA(label3) var_8

　　　　　　或,F(label6) var_8

var_8 可以是 var_7

　　　　　　或不存在

COG——被构造的几何特征是先前定义的可缩减为点的几何元素的质量中心(或几何中心);

CURVE——被构造的几何特征是先前定义的两个几何特征的交点,构造所涉及的几何特征必须包含位置和方向数据;

dist——沿特征轴的增量距离;

dx,dy,dz——沿直角坐标系各轴的增量距离;

EXTREM——被构造的几何特征点是先前定义的在 var_5 方向上最极端的特征;

F(label1)——先前定义的被构造几何元素的名义标签名;

FA(label2),FA(label4),F(label5)——先前定义的被用于构造几何元素的标签名,第一个几何特征标签必须是实测特征;

FA(label3),F(label6)——先前定义的被用于构造的可缩减为点的几何特征的标签名;

i,j,k——沿着找到最极端点方向的单位向量;

MAX——极端点的计算是沿着在 var_6 中定义的方向进行;

MIDPT——被构造的几何特征先前定义的两个几何特征的中点;

MIN——极端点的计算是与在 var_6 中定义的方向相反方向进行的;

MOVEPT——被构造的几何特征是从先前测量点偏移一定距离或沿着指定特征轴方向一定距离的点。

PIERCE——被构造的几何特征点是可缩减为直线的几何特征(以 FA(label2)表示)与曲面 F(label5) 或 FA(label4)相交得到的点。在穿刺点多于一个时,取与名义点距离最近的那个点为计算结果。

POINT——被构造的几何特征为点;

PROJPT——被构造的几何特征是由先前定义的特征向特定的平面或直线上的投影,如果 var_3 没有定义,则是向工作平面的投影;

RADIAL——极端点离开中心方向并在测量点上与被测特征曲面 FA(label2)垂直的方向上计算;

VEC——极端点评估方向被定义为单位向量;

VERTEX——被构造的几何特征是由先前定义的圆锥的顶点组成;

XDIR,YDIR,ZDIR——极端点的计算是严格该轴进行的。

# 第4章 公差的基本概念与检测

形状和位置公差带是形状和位置公差的国际标准（ISO）和我国国家标准共同的理论基础。形状和位置公差带（简称形位公差带）给出了特定的二维（平面）或三维（空间）区域，表达对实际被测要素的精度要求。因此，形位公差带是设计要求的体现，也是制造和检验的依据。设计人员用正确的图样标注来描述满足功能要求的形位公差带；制造和检验人员通过对图样标注的正确理解，选用适当的加工方法、检测方案和测量结果处理方法，将实际被测要素与形位公差带进行比较，从而作出合格性判断。因此，形位公差带是设计、制造、检验以及标准化等各类机械工程科学技术人员必须牢牢掌握的基本理论和基本概念。

## 4.1 公差的基本概念及其分类

零件上有关要素的实际形状和（或）位置对其理想形状和（或）位置的偏差称为形状误差或者位置误差。形状误差是对自身的理想形状而言，位置误差是对基准而言，是有基准要求的。对零件上相关要素的实际形状和位置相对理想形状和位置的误差进行控制，给出一个允许的变动全量，称为零件要素的形状公差或（和）位置公差，简称形位公差。

### 4.1.1 规定形位公差的目的

**1. 为了保证功能要求**

比如对阶梯轴的加工，从尺寸角度看它是合格的，但是由于两段轴的轴线不同轴，即存在位置误差，致使阶梯轴装不进合格的阶梯孔中。因此，为了保证零件的功能要求，必须对零件规定形位公差。

**2. 为了提高质量、降低成本**

例如印刷机的滚筒，假若滚筒表面的圆柱度要求通过严格控制滚筒直径的变动量来达到，就需要给出严格的尺寸公差，导致加工困难，经济性差。这是因为，加工零件的尺寸精度由人的技术来保证，而加工零件的形位精度有机床设备本身的精度来保证。显然，为了提高质量、降低成本，必须对零件规定形位公差。所以对印刷机滚筒的直径可按未注尺寸公差处理，但对滚筒表面则规定较高的圆柱度要求，这样既可以保证印刷清晰，又能获得最佳的技术经济效益。

### 4.1.2 形位公差的研究对象

形位公差的研究对象是构成零件几何特征最基本的点、线、面，统称为几何要素。形状公差的研究对象有线和面两类要素，位置公差则还要涉及到点要素。几何要素可以从以下不同的角度进行分类。

**1. 按存在的状态可分为理想要素和实际要素**

1）理想要素：具有几何学意义的要素，即几何的点、线、面。它们不存在任何误差。

图样上表达的几何要素应认定为理想要素，除非特别指明。

2）实际要素：零件上实际存在的要素。国标规定，实际要素用测量得到的要素来代替。

**2. 按几何特征可分为轮廓要素和中心要素**

1）轮廓要素：构成零件轮廓的点、线、面等要素的统称。它能直接被人们看到或摸到。

2）中心要素：轮廓要素的对称中间线、面的统称如零件的轴线、球心、圆心、两平行平面的中间平面等。中心要素虽然也是零件上实际客观存在的要素，但不能为人们直接看到或摸到，必须通过分析才能说明它的存在。它是随着轮廓要素的存在而存在。离开轮廓要素就无中心要素。

**3. 按在形位公差中所处的地位可分为基准要素和被测要素**

1）基准要素：指用来确定被测要素方向或（和）位置的要素。理想的基准要素简称基准。

2）被测要素：指在图样上给出形状或（和）位置公差要求，从而成为检测对象的要素。被测要素又可以分为两种：①单一要素，指仅对其本身给出形状公差要求的要素；②关联要素，指对其他要素有功能要求而给出位置公差的要素。

### 4.1.3 形位公差的项目及其含义

**1. 形位公差项目、符号及分类**

根据要素的特征和彼此的功能关系，GB/T 1182—2008 中规定了形状公差和位置公差两大类共有十四个项目，各项目的名称、符号及分类见附录1。由表可见，形状公差有四个项目，位置公差有八个项目，根据关联要素对基准功能要求的不同，这八个项目又可分为定向公差、定位公差和跳动公差。

**2. 形位公差的概念**

形状公差是单一实际要素的形状对其理想要素所允许的变动全量（有基准要求的轮廓度公差除外）。例如，圆度公差是限制实际圆对其理想圆变动量的一项指标；直线度公差是限制实际直线对其理想直线变动量的一项指标；平面度公差是限制实际平面对其理想平面变动量的一项指标；面轮廓度公差是限制实际曲面对其理想曲面变动量的一项指标。

位置公差是关联实际要素的方向或位置对基准所允许的变动量。例如：平行度公差是限制实际要素对基准在平行方向上变动量的一项指标；位置度公差是限制被测要素实际位置对其理想位置变动量的一项指标。

形位公差由形位公差带表达。

### 4.1.4 形位公差带的概念

与尺寸公差带的概念相似，形位公差带是限制实际被测要素变动的区域。该区域的大小由形位公差值来决定。只要被测实际要素被包含在公差带内，则被测要素合格。形位公差带也是形象地解释形位公差要求非常有效的工具，是正确选择形位误差检测方法的依据。作为一种由几何图形表示的空间区域，形位公差带具有形状、大小、位置三个要素。

**1. 公差带的形状**

形位公差带的形状随实际被测要素的结构特征、所处的空间、以及要求控制方向的差异而有所不同，形位公差带的形状繁多，概括起来说，任何形位公差带的形状，都可用理想被测要素（一般用两个）包容实际被测要素时所具有的形状来获得。

**2. 公差带的大小**

公差带的大小仅有两种情况，即公差带区域的宽度（距离）$t$ 或直径 $\phi t$（$t$ 是公差值），它表达形位精度要求的高低。形位公差值越小，实际被测要素允许变动的区域（即形位公差带）也越小，其形状或位置精度的要求就越高。形位公差带的方向和位置可以是浮动的，或者是固定的。在 GB/T 1184—1996 中，规定了各项目应注出的公差值和未注的公差值（见附录 B）。公差值由设计人员按照零件的功能和互换性要求来确定，并考虑加工的经济性和检测的可靠性。注出的公差值应填入形位公差框格中的第二框格栏。

**3. 公差带的方向**

公差带的方向是指组成公差带的几何要素的延伸方向（圆度、圆跳动和点的位置度及同心度除外）。公差带的方向理论上应与图样上形位公差代号的指引线箭头所指方向垂直。如图中平面公差带的方向为水平方向；图中垂直度公差带的方向为垂直方向。公差带的实际方向，就形状公差带而言，它是由最小条件确定；就位置公差带来讲，其实际方向应与基准的理想要素保持正确的方向关系。

**4. 公差带的位置**

前面也提到过，公差带的位置可分为两种：

1）公差带的位置固定。公差带的位置由图样上给定的基准和理论正确尺寸确定，与被测要素的实际尺寸无关。如同轴度的公差带为一个圆柱面内的区域，该圆柱面内的轴线应该和基准轴线在同一条直线上，因而其位置由基准轴线确定后不再变动，此时的理论正确尺寸为零。

2）公差带的位置浮动。公差带的位置随被测要素表面的实际尺寸在尺寸公差带内的变化而变化。如平行度公差带位置随实际平面所处的位置不同而浮动。

形状公差带是只具有大小跟形状，而其方向和位置是浮动的；定向公差带只具有大小、形状和方向，而其位置是浮动的；定位和跳动公差带则具有公差带的四要素——大小、形状、方向、位置。

根据上述分析，限定形位误差不像限定单一尺寸的变动量（只用极限偏差限定）那样简单，除了规定形位公差值之外，还要规定限制实际要素的区域，即规定出形状和位置的公差带。尺寸公差带是由代表上、下偏差的两条直线所限定的区域，这个"带"的长度可任意绘出，实际上它并不代表相应孔、轴的长度。形位公差带不仅与被测实际要素的尺寸有关，也与其形状有关；同一被测实际要素，其公差带的形状还随误差要求控制的方向而异。

## 4.1.5 形状公差及公差带的特点

形状公差的六个项目可分为两种类型：一种类型用于控制一般直线、平面和圆柱面的直线度、平面度、圆度和圆柱度公差；另一类型用于控制特殊曲线、特殊曲面轮廓的线轮廓度与面轮廓度公差。

（1）直线度公差带　直线度公差是实际被测要素（线要素）对理想直线的允许变动。

直线度公差带可以根据不同的设计要求具有几种不同的形状，并以不同的方式在图样上进行标注。

（2）平面度公差带　平面度公差是实际被测要素对理想平面的允许变动。

平面度公差带是距离为平面度公差值 $t$ 的两平行平面之间的空间区域。由于给出平面度公差的被测要素的理想要素一定是平面，所以控制其变动的只可能是两平行平面之间的空间区域。平面度公差带的方向跟位置都是浮动的。

（3）圆度公差　圆度公差是实际被测要素对其理想圆的允许变动。

圆度公差带是同一正截面上、下半径差为圆度公差值 $t$ 的两同心圆之间的平面区域。由于给出圆度公差的被测要素的理想要素是平面上的圆，所以可以用平面上的两同心圆之间的平面区域来控制其变动。在某些特殊情况下，为了测量方便，对锥角较大的圆锥表面，规定圆心在同一直线上、沿素线宽度为圆度公差值 $t$ 的两不等径圆之间的圆锥面区域作为圆度公差带。圆度公差带的位置是浮动的。

（4）圆柱度公差带　圆柱度公差带是实际被测要素对理想圆柱面的允许变动。

圆柱度公差带是半径差为圆柱度公差值 $t$ 的两同心圆柱面之间的空间区域。由于给出的圆柱度公差的被测要素的理想要素一定是圆柱面，所以控制其变动的只可能是两同轴圆柱面之间的空间区域。圆柱度公差带的方向和位置都是浮动的。

（5）线轮廓度公差带　当轮廓度公差未标明基准时，其公差带是浮动的，属于形状公差；当轮廓度公差标明基准时，其公差带是固定的，属于位置公差。

轮廓度公差主要用于常用形状（直线、平面、圆、圆柱面、球面等）以外的一般线或面要素。理想要素的形状必须由理论正确尺寸给定。

未标明基准的线轮廓度公差是实际被测要素对理想轮廓线的允许变动。理想轮廓线的方向和位置是浮动的。未标明基准的线轮廓度公差带是宽度为线轮廓度公差值 $t$、对理想轮廓线对称分布的两等距曲线之间的平面区域。理想轮廓线由理论正确尺寸确定。

标明基准的线轮廓度公差是实际被测要素对具有确定位置的理想轮廓线的允许变动。理想轮廓线的位置是固定的。标明基准的线轮廓度公差带是宽度为线轮廓度公差值 $t$、对具有确定位置的理想轮廓线对称分布的两等距曲线之间的平面区域。理想轮廓线的形状和位置由理论正确尺寸和基准确定。

（6）面轮廓度公差带　未标明基准的面轮廓度公差是实际被测要素对理想轮廓面的允许变动。理想轮廓面的方向和位置都是浮动的。其公差带是宽度为面轮廓度公差值 $t$、对理想轮廓面对称分布的两等距曲面之间的空间区域。理想轮廓面的形状由理论正确尺寸确定。

标明基准的面轮廓度公差是实际被测要素对理想轮廓面的允许变动。理想轮廓面的方向和位置是固定的。其公差带是宽度为公差值 $t$、对理想轮廓面对称分布的两等距曲面之间的区域。理想轮廓面的形状由理论正确尺寸确定，其方向和位置由理论正确尺寸和基准确定。

位置公差按照功能不同，又可以分为定向公差、定位公差和跳动公差三种类型。

**1. 定向公差及公差带的特点**

定向公差是指被测实际要素对基准的方向上允许的变动全量。由于被测要素和基准要素均可能有直线和平面之分，因此，两者之间就可能出现线对线、线对面、面对线和面对面四种形式。

（1）定向公差的注释　定向公差有平行度、垂直度、和倾斜度三个项目，其公差带定义、公差带图、标注示例及解释见附录。

（2）定向公差带的特点

1）定向公差用以控制被测要素相对于基准保持一定角度（180°、90°或任一理论正确角度）。因此，公差带相对于基准有确定的方向，而其位置是可以浮动的。

2）定向公差带可同时限制被测要素的形状和方向。因此，通常对同一被测要素给出定向公差后，不再对该要素给出形状公差。如果需要对它的形状精度提出进一步要求，可以在给出定向公差的同时再给出形状公差，但形状公差的公差值必须小于定向公差的公差值，这样所提出的形状公差才有意义。

**2. 定位公差及公差带的特点**

定位公差是指被测实际要素相对基准在位置上允许的变动全量。

（1）定位公差的注释　定位公差有同轴度、对称度和位置度三个项目，其公差带定义、公差带图标注示例及解释见附录。

（2）定位公差带的特点

1）定位公差是用来控制被测要素相对基准的位置关系。其公差带的位置由相对于基准的定位尺寸决定。定位尺寸可以是理论正确尺寸或带极限偏差的尺寸，或为零。

2）定位公差带可同时限制被测要素的形状、方向和位置。因此，通常对同一被测要素给出定位公差后，不再对该要素给出定向和形状公差。若根据功能要求需对其形状或（和）方向提出进一步要求，则应在给出定位公差的同时，再给出形状公差或（和）定向公差。值得注意的是，应使所给定的公差值遵守下列关系：

$$形状公差 < 定向公差 < 定位公差$$

**3. 跳动公差及公差带的特点**

与定向、定位公差项目不同，跳动公差是针对特定的检测方式而定义的具有综合控制性质的公差项目。它是指被测要素绕基准轴线回转过程中所允许的最大跳动量，也就是指示表指针在给定方向上指示的最大与最小读数之差的允许值。

当被测要素绕基准轴线作无轴向移动的回转时，由位置固定的指示表的测头垂直地与被测要素在径向（端面或斜向）相接触，在零件转一圈的过程中，指示表指针的跳动量（即最大与最小摆动量之差）称为径向（端面或斜向）圆跳动。圆跳动控制被测范围内每个截面上被测要素的变动量。

在被测零件回转的同时，指示表沿着轴向（或径向）理想素线连续（或间断）移动时所获得的跳动量，称为径向（或端面）全跳动。

（1）跳动公差的注释　跳动公差有圆跳动公差和全跳动公差两种类型。圆跳动公差又可分为径向圆跳动、端面圆跳动和斜向圆跳动三个公差项目。全跳动公差又可分为径向全跳动和端面全跳动两个公差项目。其公差带定义、公差图标、标注示例及解释见附录。

（2）跳动公差带的特点

1）跳动公差是以动态的方式控制回转体零件被测表面相对基准尺寸一致性的公差项目，其实质是被测量的线或面相对于基准尺寸的极值之差。

2）跳动公差带具有固定和浮动的双重特点，一方面它的同心圆环的圆心，或圆柱面的轴线，或圆锥面的轴线始终与基准轴线同轴；另一方面公差带的半径又随实际要素的变动而变动。因此，它具有综合控制被测要素的形状、方向和位置的作用。例如，端面全跳动既可以控制端面对回转轴线的垂直度误差，又可以控制该端面的平面度误差；径向全跳动既可以控制圆柱面的圆度、圆柱度、素线和轴线的直线度等形状误差，又可以控制轴线的同轴度误差。但这并不等于跳动公差可以完全代替诸项目。只有当公差值相等时，方可代之；若诸项之一的公差要求小于跳动的公差值时，必须提出进一步的要求，并标注在图样上。

**4. 公差原则的选择**

公差原则包含两部分：独立原则和相关要求。独立原则是基本的公差原则，主要指尺寸公差与形位公差相互独立、应分别满足要求。而相关要求是在此基础上的进一步公差原则，主要指尺寸公差与形位公差之间若有余量可单向或相互补偿以保证相应的功能要求。下面分别予以说明：

（1）独立原则通常用于对零件有特殊功能要求的场合

1）尺寸精度和形位精度需要分别满足要求，如齿轮箱体孔的尺寸精度和两孔轴线的平行度要求各自独立；连杆活塞销的尺寸精度与其圆柱度，如滚动轴承内、外圈滚道的尺寸精度和其形状精度之间需分别满足要求。

2）尺寸精度和形位精度要求相差太大，如印刷机的滚筒，其形状精度——圆柱度要求高，而其尺寸精度要求低；又如平板的平面度要求高而尺寸精度要求低，因此应选用独立原则以满足要求。

3）用于保证运动精度和密封性，如导轨的直线度要求严格，而尺寸精度要求不高；气缸套内孔为保证与活塞环在直径方向的密封性，其圆度或圆柱度公差要求高。

（2）相关要求有四个方面的公差原则要求

1）包容要求。包容要求主要用于需要严格保证配合性质的场合，适用于圆柱面和由两平行平面组成的单一要素。如两平行面应用包容要求除能保证其配合性质外，还用于需要确保装备互换性的场合。

2）最大实体要求。最大实体要求主要用于保证装配互换或具有间隙配合的要素，尤其用于尺寸精度、形位精度较低，配合性质要求不严、但要求能自由装配的零件，如轴承盖上用于穿过螺钉的通孔加工。最大实体要求只能用于中心要素，多应用于位置度公差。对于平面、素线等非中心要素来说，它们都不存在尺寸公差对形位公差的补偿问题。凡是功能允许而又适用最大实体要求的情况下都应采用最大实体要求以取得最大的技术经济效益。

3）最小实体要求。与最大实体要求对应，最小实体要求适用于中心要素，同时最小实体要求可保证零件强度和最小壁厚等，以防止穿透，从而获得最佳的技术经济效益。

4）可逆要求。可逆要求通常与最大（或最小）实体要求一起应用，允许在满足零件功能要求的前提下，扩大尺寸公差的要求。如当被测轴线或中间平面的形位误差值小于给出的形位公差值时允许相应的尺寸公差增大，使尺寸超过最大（或最小）实体尺寸而其体外（或体内）作用尺寸不超过其最大（或最小）实体实效边界成为合格品，从而提高经济效益。可逆要求一般在不影响零件功能要求的场合均可选用。

## 4.2 常见公差的检测方法

形状和位置精度是零件的主要质量指标之一，它在一定程度上影响着整台机器的使用性能。正确检测形位误差是认识零件形状和位置精度的基本手段。检测形位精度时，其方法应根据零件的结构特点、尺寸大小、精度要求、检测设备条件和现有检测方法，但无论使用何种方法都应满足两点要求：①保证一定的测量精度；②要有较好的经济效益。

### 4.2.1　形状和位置误差的检测规定

形位误差的检测比较复杂，因为形位误差值的大小不仅与被测要素有关，而且与理想要素的方向和（或）位置有关。形位误差的项目较多，检测方法也各不相同。即使对同一项目，采用的检测原则不同，则检测的方法也会不同；即使采用的检测原则和方法相同，也随被测对象的结构特点、精度要求而有别。为取得准确性与经济性相统一的效果，使得检测和评定规则具有统一概念，国家标准对有关事项都做了具体的规定。

**1. 形位误差的检测条件**

测量形位误差时的检测条件是：标准温度为20℃，标准测量力为0。因此，零件图上给出的公差值，是以标准温度20℃为依据，由于被测零件及测量仪器的热胀冷缩，测量时的温度不同，就会得到不同的测量数据，若偏离标准条件而引起较大的测量误差时，应进行测量误差估算。

**2. 五种检测原则**

国家标准 GB/T 1958—2004 规定了形位误差的五种检测原则，这些原则是各种检测方法的概括。按照这些原则，根据被测对象的特点和有关条件，选用最合理的检测方案。

（1）与理想要素比较原则　与理想要素比较原则是指测量时将实际要素与理想要素相比较，在比较过程中取得相应数据，再根据这些数据来评定被测要素形位误差是否在允许的公差范围内。运用这一检测原则时，必须要有理想要素作为检测时的标准。由于理想要素是几何学上的概念，所以在检测工作中如何将其具体地体现出来，是实现这个检测原则的关键。实际检测中体现理想要素的方法通常是模拟法，如用几何光束、精密直线导轨、刀口尺及拉紧细钢丝等来模拟理想直线。用平板、平晶、水平面等等来模拟理想平面，用精密轴系回转来模拟理想圆。在模拟过程中，理想要素的误差将直接反映到测量值中，成为测量总误差的重要组成部分，因此模拟理想要素的形状要足够精确。获得检测的误差数据有两种方法：直接法和间接法。直接法是用模拟理想要素与被测要素进行比较时，直接获得以线性值表示的误差值（见图 4-1）。间接法测量获得的数据需经数据处理，方能得到以线性表示的形位误差值（见图 4-2）。

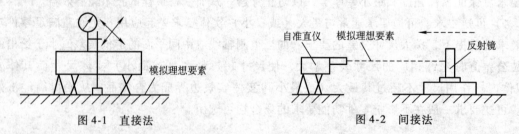

图 4-1　直接法　　　　　　　　　图 4-2　间接法

对轮廓要素来说，采用与理想要素比较原则来检测其形位误差比较容易实现，根据被测要素的几何特征，选定相应理想要素的体现方法，再使用与之相应的测量机构和读数指示装置，就可以获得相对理想要素变动的有关数据。

对中心要素来说，由于其比较抽象，无法直接与理想要素比较，测量时是通过对相应轮廓要素进行测量而间接获得实际中心要素的。被测中心要素若用模拟法体现，就可以方便地采用这种检测原则进行测量。

再者，根据定义可知"与理想要素比较原则"是形状误差定义的核心，在评定形状误差时总是将被测实际要素与理想要素进行比较，其变动量就是该实际要素的形状误差。

（2）测量坐标值原则　测量坐标值原则是指利用测量器具上的坐标系（直角坐标系、极坐标系），测出实际被测要素上各测点对该坐标系的坐标值，再经过计算确定形位误差值。该原则是形位误差检测中的重要检测原则，尤其是在轮廓度和位置度误差的测量中应用较多，随着电子计算机技术的迅速发展和推广，这一检测技术原则的应用将会更为广泛。

图 4-3 为用测量坐标值原则测量位置度误差示例。

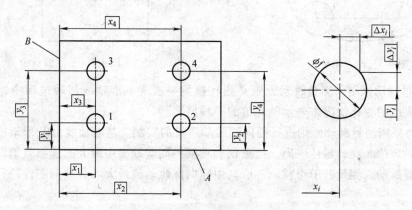

图 4-3　用测量坐标原则测量位置度误差

测量时，以零件的下侧面 $A$、左侧面 $B$ 为测量基准，测量出各孔实际位置的坐标值 $(x_1, y_1)$、$(x_2, y_2)$、$(x_3, y_3)$ 和 $(x_4, y_4)$，将实际坐标值减去确定孔理想位置的理论正确尺寸，得到各孔位置的误差测量值：

$$\left.\begin{array}{l} \Delta x_i - \boxed{x_i} \\ \Delta y_i - \boxed{y_i} \end{array}\right\} = (i = 1, 2, 3, 4)$$

于是，各孔的位置度误差值可以按下式求得：

$$\phi f_1 = 2\sqrt{(\Delta x_i)^2 + (\Delta y_i)^2}$$

（3）测量特征参数原则　测量特征参数原则是指测量实际要素上具有代表性的参数——特征参数，利用这些特征参数的差异来表示被测实际要素的形位误差。用特征参数的变动量来确定的形位误差值是一近似值，因为特征参数的变动量与形位误差之间很少有确定的函数关系，甚至有时反映不出形位误差值。例如，圆度误差一般反映在直径的变动上，因此，常以直径作为圆度误差的参数，用千分尺在实际表面同一横截面的几个方向上测量直径，以最大直径差值的一半作为圆度误差值，这种方法就是常说的两点测量法。图 4-4 所示为采用两点法测量圆柱表面圆度误差的一种特征参数原则方法。当圆柱表面是奇数正棱圆柱状时，此法就反映不出圆度误差了。这时用三点法（即 V 形法）来测量，可以弥补两点法的缺陷。三点法也是利用特征参数原则的一种方法（见图 4-5）。测量特征参数原则是以具有代表性的某种参数来表示被测要素的全貌，从概念上说有它不够完善的地方，与按定义确定的形位误差相比，这只是个近似值，但运用这一原则往往可使测量设备和测量过程简化，从而提高测量效率。所以在生产实践中，只要能满足测量精度，保证产品质量，就可以采用这一原则。

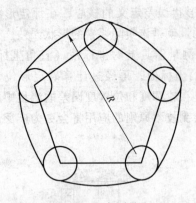

图 4-4　两点测量法

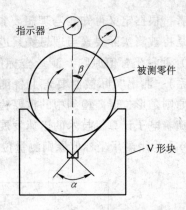

图 4-5　三点测量法

（4）测量跳动原则　测量跳动原则是指在被测要素绕基准轴线回转过程中，用其相对于某参考点或线的变化情况来表示跳动值的一种原因。

图 4-6 为采用测量跳动原则进行径向圆跳动测量的实例。基准轴线由 V 形架模拟，并对被测零件轴向定位。旋转零件一周，检测仪表在某一测量截面中最大的读数差值即为该测量截面的径向圆跳动。测量若干个截面，取其中径向圆跳动值最大者为被测零件的径向圆跳动误差值。

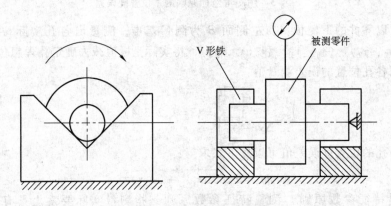

图 4-6　径向圆跳动测量的实例

应用测量跳动原则可分为圆跳动的测量和全跳动的测量。圆跳动的测量又分如图 4-6 所示的径向圆跳动的测量和端面圆跳动的测量，如图 4-7 所示的端面圆跳动检测方法。而全跳动的测量和圆跳动测量一样，也分为径向全跳动测量和端面全跳动测量。其测量方法与图 4-6 和图 4-7 所示方法相似，所不同的是在被测零件回转过程中，检测仪表应同时沿理想素线移动，在被测要素的整个范围内检测仪表的最大读数差值为全跳动误差。

测量跳动原则是直接根据跳动的定义提出的，主要用于测量圆跳动和全跳动。但根据其他形位公差项目的定义，它可以兼顾有圆度误差值测量

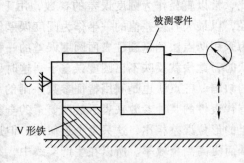

图 4-7　端面圆跳动检测方法

的特点，也可用测量跳动来代替同轴度误差或某些垂直度误差的测量。

（5）控制实效边界原则  控制实效边界原则是指使用位置量规或光滑极限量规，检验被测实体是否超越零件图样上（标有Ⓔ、Ⓜ）给定的理想边界，以判断被测要素的形位误差和实际尺寸的综合结果合格与否。遵守最大实体要求和包容要求的被测要素，应采用这种检测原则来检验。

国家标准根据以上五种检测原则，以附录形式列出了 14 项形位误差的一百余种检测方案，供生产中选用。当设计人员根据需要采用某种指定的检测方案时，应在相应形位公差框格的下方标注出检测方案的代号，用两个数字之间划短线表示。前一数字表示检测原则的编号，后一数字表示检测方法的编号。

各种检测方案的编号及其示意图可参阅 GB/T 1958—2004。应该注意的是，标准中规定过的各种检测原则和检测方案的编号，设计人员不得自行修改。在实际工作中，只要能达到设计精度要求的测量结果，标准规定也允许采用其他检测方案。

## 4.2.2  形状和位置误差的测量

### 1. 被测要素的体现

形位误差测量时，是以测得要素作为被测实际要素的。被测实际要素的体现通常有两种情形，即以有限点和模拟法体现。

（1）以有限点体现  在形位误差的测量中，被测要素多是一些连续的几何形体，难于且无必要测遍整个实际要素来获取无限多的数据。从实用的角度出发，允许用有限的样点数据来体现被测要素的全貌，即用有限点的数据作为测得要素，根据测得要素来评定其形位误差。测点的布置方式和数目，可根据被测要素的结构特征、功能要求及工艺等因素决定，使其产生的误差小并便于数据处理，且能最好地体现整个实际要素。例如可用有限点来体现直线，用有限的均布点阵来体现一个平面，对抽象的被测中心要素，通常是对其轮廓要素进行测量，根据测得的数据，通过分析来确定被测中心要素。

（2）以模拟法体现  在测量中，由于孔的中心要素测量比较复杂，在测量定向、定位误差时，在满足功能要求的前提下，允许用模拟法体现被测中心要素。常用的方法是用精密的中心轴模拟孔的轴线；用定位块模拟槽的中间平面。

### 2. 形状误差的测量

（1）直线度误差的测量  直线度误差的测量方法有很多，比较常见的如用刀口尺、水平仪和桥板、自准直仪和反射镜、平板和指示器、优质钢丝和测量显微镜等测量，除此之外，随着科技的不断发展，工业上越来越多地使用三坐标测量机进行直线度的测量。

1）用刀口尺测量。参见图 4-8，将刀口尺放置在被测表面上，适当摆动刀口尺，观察光隙变化情况，使刀口尺与实际被测直线间的最大光隙为最小，则此最大光隙为被测要素的直线度误差。当间隙较大时，可用塞尺测量，光隙较小时，通过与标准光隙相比较来估读。

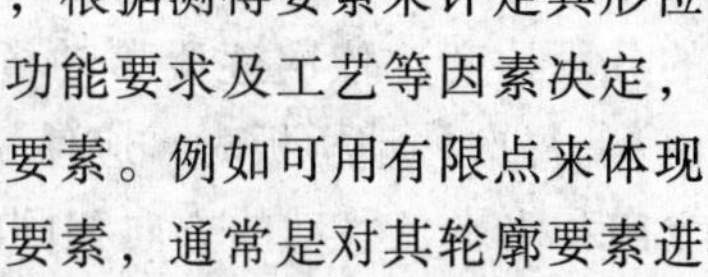

如图 4-9 所示，标准光隙由刀口尺、量块和平晶组成。把从被测零件上观察到的光隙与标准光隙相比较，就能估读出直线度误差值。

2）用自准直仪测量。如图 4-10 所示，仪器由自准

图 4-8  用刀口尺测量直线度误差

直仪和反射镜两部分组成。自准直仪置于被测零件之外的基座上，而将反射镜安放在跨距适当的桥板上，并将桥板置于被测要素上。测量时，首先根据被测直线的长度 $l$，确定分段数 $n$ 和桥板跨距 $L$（$L = l/n$），并在被测直线旁标出各测点的位置。再将反射镜分别置于被测轴线的两端，调整自准直仪的位置，使其光轴与两端点连线大致平行。然后，沿被测直线按各测点的选定位置，依次首尾衔接地移动桥板，同时记录反射镜在各测点上的示值。记下的数值经过处理，便可得到直线度误差值。自准直仪法适用于测量大、中型零件，它是以一束光线模拟理想要素并作为测量基准的。

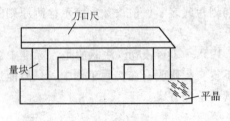

图 4-9　标准光隙

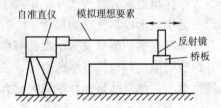

图 4-10　用自准直仪测量直线度误差

3）用水平仪测量。水平仪是一种精密测角仪器，用自然水平面作为测量基准。根据液体中气泡总是向高处移动的原理，由水平仪中气泡移动的格数，来表示水平仪倾斜的程度，从而得到读数，并获得直线度误差。

用水平仪测量，是分段测量实际线各段的斜度变化。如图 4-11 所示，测量时应先将被测零件的位置调整到大致水平，以使水平仪在被测实际线的两端点上都能够得到读数。然后把水平仪安放在跨距适当的桥板上，再把桥板置于实际线的一端，按桥板的跨距 $L$（即实际线的分段长度）依次逐段移动桥板，至另一端为止。同时记录水平仪在各测点的数值（$a_i$ 格值）。每次移动桥板时，应使桥板的支撑在前后位置上首尾相接。习惯上规定：气泡移动的方向和水平仪移动的方向相同时，读数取为" + "；气泡移动方向和水平仪移动方向相反时，读书取为" – "。

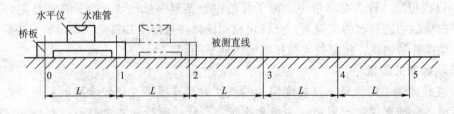

图 4-11　用水平仪测量直线度误差

（2）平面度误差的测量　由于任一平面都可以看成由若干条直线组成，因此在平面度误差的测量中，常用若干个截面的直线度误差来综合反映其平面度误差。因此测量直线度误差的仪器和方法，也能用于测量平面度误差。测量平面度误差，通常采用与理想要素相比较的原则。

1）用平晶测量平面度误差　如图 4-12a 所示，测量时把平晶放在被测表面上，并略微倾斜，使平晶与被测表面形成一微小的空气膜，观察干涉条纹。干涉条纹的形状与被测表面的形状有关。当干涉条纹相互平行且为直的明、暗条纹时，则被测表面的平面度误差为零，如图 4-12b 所示。当干涉条纹为封闭的干涉环时，被测表面平面度误差等于干涉环的整环数 $N$ 与光波波长之半的乘积，即 $f = N\lambda/2$；对于不封闭的干涉条纹，平面度误差值等于条纹的弯曲度与相邻两条纹的间距之比（$a/b$），再乘以光波波长的一半，即 $f = (a/b)(\lambda/2)$，如图4-12c。此方法适用于测量高精度的小平面。

2）用指示表测量。如图 4-1 所示。将被测零件支撑在平板上，平板的工作面为测量基准。测量时，通常先调整被测实际表面上相距最远的三点距平板等高，然后按选定的布点测量被测表面。则指示表测得的最大读数与最小读数的代数差，即为按三点法评定的平面度误差值。

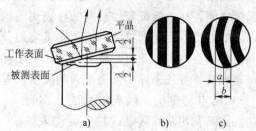

图 4-12 平晶测量平面度误差
a）平晶的放置 b）平行且直的条纹
c）不封闭的干涉条纹

如果按对角线平面法评定平面度误差值，则可先调整被测平面上一条对角线的两端点距平板等高，然后按选定的各点依次测量各测点，以指示器示值中的最大值与最小值之差作为平面度误差值。还可以把各测点的数据按最小区域法评定，求解出符合定义的误差值。

3）用自准直仪测量。如图 4-2 所示，用自准直仪测量平面度误差时，仪器本身置于被测零件之外的基座上，反射镜固定在桥板上，并将桥板置于被测表面上。测量时，应先把自准直仪与被测表面调整到大致平行。然后用测量直线度误差的方法，按米字布线，测出对角线上各测点读数，再测出另一条对角线上和其余截面上各测点的读数，并将这些读数换算成线值。根据测得的读数，并利用两条对角线的交点，来确定符合对角线法的理想平面，再按这理想平面求解平面度误差。必要时，再进一步按最小条件求解误差值。本方法可用来测量大、中型平面。

（3）圆度误差的测量 圆度是零件回转体表面的一项重要的指标。在满足被测零件功能要求的前提下，圆度误差值可以选用不同的评定方法确定。

1）用圆度仪测量。圆度仪具备精密的回转轴系，用于测量较高精度和高精度零件的圆度误差。圆度仪有传感器旋转式和工作台旋转式两种，其结构示意图见图 4-13。

如图 4-13a 所示，用传感器旋转式圆度仪测量时，将被测零件安置在量仪工作台上，调整其轴线，使之与量仪的回转轴线同轴。仪器的主轴带着传感器和测头一起回转，记录被测零件在测头回转一周过程中，测量截面各测点的半径差，绘制极坐标图，然后按最小区域法，也可按最小外接圆法、最大内接圆法或最小二乘法评定圆度误差。这种仪器由于测量时使被测零件固定不动，可用来测量较大零件的圆度误差。

如图 4-13b 所示，用工作台旋转式圆度仪测量圆度误差时，传感器和测头固定不动，而被测零件放置在仪器的回转工作台上，随着工

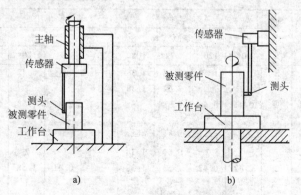

图 4-13 圆度仪的机构示意图
a）传感器旋转式 b）工作台式旋转台

作台一起旋转。这种仪器常制成结构紧凑的台式仪器，适于测量小型零件的圆度误差。

2）在分度装置上测量。一般精度的圆度误差，可以在分度头和分度台等分度装置上按极坐标测量。如图 4-14 所示，用分度头测量圆度误差时，将被测零件安装在光学分度头的两顶尖之间，注意保证零件被测圆柱表面的轴线与分度头主轴的轴线重合。然后用指示器与所选定的被测截面轮廓接触，按预先确定的分度间隔，逐点分度测量。从指示表上读取被测截面上各测点的半径差值，然后可在一极坐标纸上按一定的比例绘出圆度半径差的折线轮廓图，再按某一方法来评定被测截面的圆度误差。

3）两点测量法。两点测量法又称直径法。它是利用两点接触式仪器、仪表或直接用量具在零件截面 360°范围内，测量直径的变化量，找出测量值中的最大直径差，以最大差值之半作为圆度误差。如此测量若干个截面，取其中最大的误差值作为该零件的圆度误差。

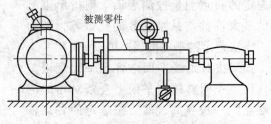
被测零件

图 4-14　用分度头测量圆度误差

两点法仅适用于测量内外表面的偶数棱圆，多用于测量椭圆度误差。当被测对象为奇数棱圆时，为了揭示实际存在的圆度误差，弥补两点法的缺陷，可用三点法来测量。

4）三点测量法。三点测量法又称 V 形测量法，如图 4-5 所示。此方法利用的 V 形测量装置，主要由 V 形块和指示器两部分组成。测量时，将被测零件放在 V 形支承上，被测零件的轴线应与测量截面垂直，并固定其轴向位置，零件相对 V 形测量装置转动一周，指示器将反映出一个最大读数差 $\Delta_{\max}$，则圆度误差由下式计算：

$$f = \Delta_{\max}/K$$

式中　$K$——反映系数，它与被测件轮廓的棱数 $n$、V 形支承夹角 $\alpha$ 和指示器测杆相对于 $\alpha$ 角平分线的偏转角 $\rho$ 有关。

如图 4-5 中所示，将指示器测杆偏离正中位置 $\beta$ 角，可大大提高测量精度。

此方法适用于测量奇数棱形内、外表面的圆度误差。根据测量的不同情况，$K$ 值可从表 4-1 中查取。

表 4-1　圆度误差测量的反映系数 $K$ 值

| 棱数 $n$ | 两点法 | 对称安置 V 形支承法 顶点式 $\alpha$ 90° | 120° | 72° | 108° | 60° | 鞍式 $\alpha$ 90° | 120° | 72° | 108° | 60° | 非对称安置 V 形支承法 顶点式 $\alpha/\beta$ 120°/60° | 60°/30° |
|---|---|---|---|---|---|---|---|---|---|---|---|---|---|
| 2 | 2 | 1 | 1.58 | 0.47 | 1.38 | — | 1 | 0.42 | 1.53 | 0.62 | 2 | 2.38 | 1.41 |
| 3 | — | 2 | 1 | 2.62 | 1.38 | 3 | 2 | 1 | 2.62 | 1.38 | 3 | 2 | 2 |
| 4 | 2 | 0.41 | 0.42 | 0.38 | — |  | 2.41 | 1.58 | 2.38 | 2 | 2 | 1.01 | 1.41 |
| 5 | — | 2 | 2 | — | 2.24 |  | 2 | 2 | — | 2.24 |  | 2 | 2 |
| 6 | 2 | 1 | — | 2.38 |  | 3 | 1 | 2 | 0.38 | 2 | 1 | 0.42 | 0.73 |
| 7 | — | — | 2 | 0.62 | 1.38 |  | 2 | 2 | 0.62 | 1.38 |  | 2 | 2 |
| 8 | 2 | 2.42 | 0.42 | 1.53 | 1.38 |  | 0.41 | 1.58 | 0.47 | 0.62 | 2 | 1.01 | 1.41 |
| 9 | — | — | 1 | 2 |  | 3 | 1 | 2 | 2 |  | 3 | 2 | 2 |
| 10 | 2 | 1 | 1.58 | 0.7 | 2.24 |  | 1 | 0.42 | 2.7 | 0.24 | 2 | 2.38 | 1.41 |
| 11 | 2 | 2 |  | 2 |  |  | 2 |  | 2 |  |  |  |  |

（续）

| 棱数 $n$ | 两点法 | 对称安置 V 形支承法 | | | | | | | | | | 非对称安置 V 形支承法 | |
|---|---|---|---|---|---|---|---|---|---|---|---|---|---|
| | | 顶点式 $\alpha$ | | | | | 鞍式 $\alpha$ | | | | | 顶点式 $\alpha/\beta$ | |
| | | 90° | 120° | 72° | 108° | 60° | 90° | 120° | 72° | 108° | 60° | 120°/60° | 60°/30° |
| 12 | 2 | 0.41 | 2 | 1.53 | 1.38 | 3 | 2.41 | — | 0.47 | 0.62 | | 1.58 | 2.73 |
| 13 | — | | 2 | — | 0.62 | 1.38 | 2 | | 0.62 | 1.38 | | — | — |
| 14 | 2 | 1 | 1.58 | 2.38 | — | | 1 | 0.42 | 0.38 | 2 | | 2.38 | 1.41 |
| 15 | — | — | 1 | 1 | 2.24 | 3 | — | 1 | 1 | 2.24 | 3 | 2 | 2 |
| 16 | 2 | 2.41 | 0.42 | 0.38 | — | | 0.41 | 1.58 | 2.38 | 2 | 2 | 1.01 | 1.41 |
| 17 | — | — | 2 | 2.62 | 1.38 | | 2 | | 2.62 | 1.38 | | 2 | 2 |
| 18 | 2 | 1 | — | 0.47 | 1.38 | 3 | 1 | 2 | 1.53 | 0.62 | 1 | 0.42 | 0.73 |
| 19 | — | 2 | 2 | — | | | 2 | | — | — | | 2 | 2 |
| 20 | 2 | 0.41 | 0.42 | 2.7 | 2.24 | | 2.41 | 1.58 | 0.7 | 0.24 | 2 | 1.01 | 1.41 |
| 21 | — | 2 | 1 | | | 3 | 2 | | 1 | | | 3 | 2 | 2 |
| 22 | 2 | 1 | 1.58 | 0.47 | 1.38 | | 1 | 0.42 | 1.53 | 0.62 | 4 | 2.38 | 1.41 |

### 3. 位置误差的测量

（1）定向误差的测量

1）平行度误差的测量。图 4-15 所示为直接比较法测量平行度误差。测量时，将被测零件直接放在平板上，由平板模拟基准平面并作为测量基准。测量架在平板上移动，指示器则相应地对实际被测表面的若干测点进行测量。指示器最大与最小示值之差，即为被测实际表面对其基准平面的平行度误差值。用平板和指示器进行直接比较测量方便易行，适宜于测量尺寸不大的零件。

2）垂直度误差的测量。图 4-16 所示为直接比较法测量垂直度误差。零件的被测窄平面相对于底平面有垂直度要求，测量时将被测零件的实际基准平面放置在平板上，用平板体现基准平面。将 90°角尺的工作底面紧贴实际被测平面，通过 90°角尺的转换，用该 90°角尺的垂直工作面体现被测平面的方向，于是把垂直度误差测量转换成平行度误差的测量。指示器在 90°角尺垂直工作面的 $A$、$B$ 两点处测量，测得示值分别为 $M_A$ 和 $M_B$，则被测零件平面的垂直度误差值 $f$ 按下式计算：

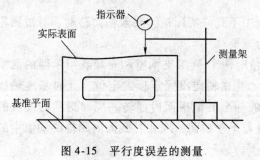

图 4-15　平行度误差的测量

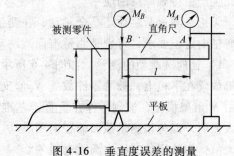

图 4-16　垂直度误差的测量

$$f = \frac{1}{L}\left|M_A - M_B\right|$$

式中　$L$——$A$、$B$ 两测量点的距离。

这种测量方法排除了被测零件的实际基准平面和实际被测平面的形状误差。

（2）定位误差的测量　在此仅介绍位置度误差的测量。例如在坐标测量装置上测量图 4-17b 所示孔的轴线的位置度误差。测量时，被测轴线用中心轴体现，将中心轴无间隙地安装在被测孔中，按图 4-17a 所示图样上给定的三个基准平面和顺序，调整该零件的位置，使其与测量装置的坐标方向一致。然后沿坐标方向，在靠近被测孔的顶面处，分别测取中心轴对基准的坐标值 $x_1$、$x_2$ 和 $y_1$、$y_2$。被测轴线中的坐标 $(x, y)$ 按 $x = (x_1 + x_2)/2$；$y = (y_1 + y_2)/2$ 计算。将 $x$ 和 $y$ 分别与对应的理论正确尺寸 $x$ 和 $y$ 相减，求出实际被测轴线的位置偏差 $f_x$ 和 $f_y$，则被测孔在该端的位置度误差为

$$f = 2\sqrt{f_x^2 + f_y^2}$$

如有必要，再对被测孔的另一端依上述方法进行测量，取两端测量中所得较大的误差值，作为该被测孔的位置度误差。

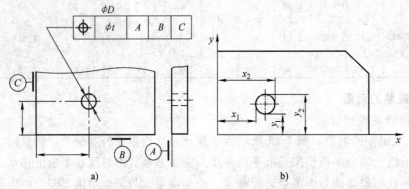

图 4-17　轴线位置度误差的测量
a）零件的图样标注　b）测量示意图

（3）跳动误差的测量　跳动是按特定的测量方法来定义的位置误差项目。测量跳动误差时，被测零件的基准轴线通常采用模拟法体现。跳动误差的测量结果是既反映实际被测要素相对于基准轴线的位置误差，又反映其本身形状误差的综合值。例如径向圆跳动，既反映实际被测横截面轮廓的同轴度误差，又反映其圆度误差。

跳动测量所用的设备比较简单（如跳动测量仪、分度头、V 形支承座等），测量方便，因此生产中得到广泛的应用。

无论是测量圆跳动还是全跳动，在测量过程中不允许实际被测要素轴向移动，对被测零件有轴向定位要求，特别是测量端面圆跳动更为重要。

1）径向圆跳动的测量。如图 4-6 所示，测量时两个 V 形支承座和安装着指示器的测量架都放置在平板上，被测零件放置 V 形支承上，并在轴向以固定顶尖定位。此时基准轴线即由 V 形架模拟，被测零件在垂直于基准轴线的一个测量平面内回转一周，指示器读数的最大差值，即为该测量截面的径向圆跳动。测量若干个截面，取在各截面内测得跳动值中的最大值作为该零件的径向圆跳动误差。

2）端面圆跳动的测量。图 4-7 为端面圆跳动的检测方法。被测零件的基准轴线用 V 形支承座模拟体现，在轴向以固定支承定位，然后将指示器定在端面某一半径处，使被测零件绕基准轴线回转一周，则指示器的最大读数差值即为在该半径处测量圆柱面上的端面圆跳动误差。

在被测端面上对几个不同直径的圆进行测量，取指示器对各个圆测得的端面圆跳动误差中的最大值，作为实际被测端面的端面圆跳动误差。

3）全跳动的测量。全跳动测量和圆跳动测量一样，可分为径向全跳动测量和端面全跳

动测量。其测量示意图与图 4-6 和图 4-7 相似，所不同的是在被测零件连续回转过程中，指示器同时平行于或垂直于被测零件的基准轴线的方向作直线运动。在整个测量过程中，指示器最大与最小示值之差，即为全跳动误差值。

### 4.2.3　形状和位置误差的评定

形状和位置误差是指实际被测要素对其理想要素的变动量。形位误差是形位公差的控制对象。形位误差合格的零件，其形位误差应小于或等于设计要求所规定的公差值，即被测实际要素应位于公差带之内。

**1. 形状误差的评定**

（1）形状误差评定的基本原则——最小条件　形状误差是指实际被测要素对其理想要素的变动量。如被测要素为直线，则直线度误差为被测实际直线对其理想直线的变动量；如被测实际要素为圆，则圆度误差为被测实际圆对其理想圆的变动量。将实际被测要素与其理想要素比较时，它们之间的相对位置关系不同，则评定的形状误差值也就不同。参见图 4-18，评定给定平面内的直线度误差时，当理想要素分别处于 Ⅰ、Ⅱ、Ⅲ 不同的位置时，则相应评定出的直线度误差值分别为 $f_I$、$f_{II}$、$f_{III}$，为了使评定的形状误差最能反映被测要素的真实状态，实际被测要素与其理想要素的相对位置应符合最小条件。

所谓最小条件就是指实际被测要素对其理想要素的最大变动量为最小。在图 4-18 所示的三个最大变动量 $f_I$、$f_{II}$、$f_{III}$ 中，$f_I$ 为最小，故直线度误差应以 $f_I$ 为准。

在评定形状误差时，根据最小条件的要求，可用最小包容区域简称（最小区域）的宽度（含半径差）或直径来表示形状误差值的大小。

最小区域的形状与形状公差带的形状完全相同，但最小区域的宽度或直径由形状误差值的大小决定。图 4-19 是评定直线度误差和圆度误差时的最小区域 $S$，它们的宽度分别为符合最小条件的直线度误差和圆度误差 $f$。

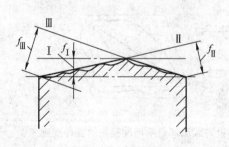

图 4-18　最小条件

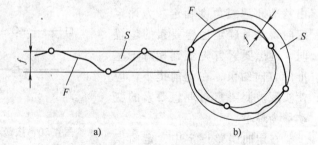

图 4-19　最小包容区域

a）评定直线度误差　b）评定圆度误差

按最小条件来评定形状误差，其结果是唯一的，不仅统一且误差值最小，对保证工件合格率有利。但是，在很多情况下，寻找符合最小条件的方位很麻烦、很困难。所以实际应用中，在满足零件功能要求或测量精度允许的条件下，允许采用其他近似方法（如最小二乘法），但在仲裁或做极其重要的检测时，应按最小条件来进行评定。

（2）最小区域的判别准则　在实际检测工作中，对各个形状误差项目，应分别按其最小区域来确定误差值。最小区域应根据实际被测要素与包容区域的接触状态来判别。

1）直线度误差的判别。评定直线度误差时，若在给定平面内，则由两条平行直线包容被测实际线，实际线至少成"高、低、高"或"低、高、低"三点相间与包容区域接触；若在给定方向上，则由两个平行平面包容实际线，实际线沿主方向上成"高、低、高"或"低、高、低"三点相间与包容区域接触，这包容区域就是最小区域。

用水平仪或自准直仪测量直线度误差所得数据，均可用计算法（或图解法）按最小条件（也可按两端点连线法）进行处理，确定被测要素的直线度误差。

2）平面度误差的判别。评定平面度误差时，最小区域为两平行平面，被测表面应至少有三点或四点分别与该两平行平面接触，并符合下列准则之一：

a. 三角形准则。实际被测平面有三点与一平面接触，还有一点与另一平面接触，且该点的投影位于上述三点构成的三角形区域内，如图4-20a所示。

b. 交叉准则。实际被测平面有两点与一平面接触，还有两点与另一平面接触，各平面接触两点的连线在空间呈交叉状态，如图4-20b所示。

c. 直线准则。实际被测平面有两点与一平面接触，还有一点与另一平面接触，且该点的投影位于由前两点连成的直线上，如图4-20c所示。

3）圆度误差的判别。评定圆度误差时，包容区域为两同心圆，实际轮廓上应至少有四个点内外相间地与包容区域接触，这包容区域也就是最小区域。见图4-19b。

**2. 定向误差的评定**

定向误差是指关联实际被测要素，对其具有确定方向的理想要素的变动量。理想要素的方向由基准和理想角度确定。为评定定向误差而确定理想要素的位置时，理想要素首先受到相对于基准的方向约束，在此前提下，应使实际被测要素对理想要素的变动量为最小。

在定向误差评定中，定向误差值用定向最小包容区域（简称

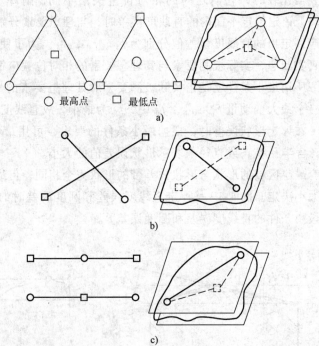

○ 最高点　□ 最低点

a)

b)

c)

图 4-20　按最小包容区域评定平面度误差的三种准则

a）三角形准则　b）交叉准则　c）直线准则

定向最小区域）的宽度 $f$ 或直径表示。定向最小区域是指按理想要素的方向来包容实际被测要素时，具有最小宽度（见图4-21）或直径（见图4-22）的包容区域。

各定向误差项目的定向最小区域的形状，分别与各自的公差带形状一致，但宽度或直径则由实际被测要素本身决定。

**3. 定位误差的评定**

定位误差是指关联实际被测要素，对其具有确定位置的理想要素的变动量，理想要素的位置由基准和理论正确尺寸确定。对同轴度和对称度，其理论正确尺寸为零。在定位误差的

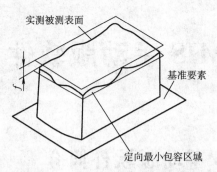

图 4-21  面对面平行度最小包容区域

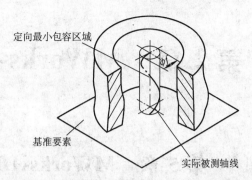

图 4-22  线对面垂直度最小包容区域

评定中，定位误差值用定位最小包容区域（简称定位最小区域）的宽度 $f$ 或直径 $\phi f$ 表示。定位最小区域是指按理想要素的位置来包容实际被测要素时，具有最小宽度 $f$ 或最小直径 $\phi f$ 的包容区域，如图 4-23 所示。

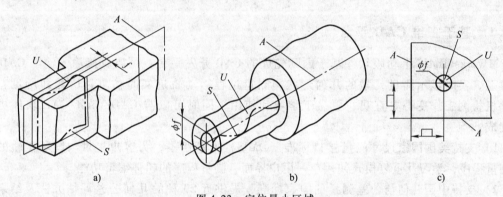

图 4-23  定位最小区域

a）对称度最小区域  b）同轴度最小区域  c）位置度最小区域

A—基准要素  S—实际被测要素  U—定位最小区域

各定位误差项目的定位最小区域的形状，分别与各自的公差带的形状一致，但定位最小区域的宽度或直径则由实际被测要素本身决定。

**4. 跳动误差的评定**

跳动分为圆跳动和全跳动。由于跳动误差的定义来自其测量方法，所以对其评定是分别按它们的定义进行的。

（1）圆跳动误差的评定  圆跳动误差是指将实际被测要素（圆柱面、圆端面、或圆锥面等），绕基准轴线作无轴向移动地回转一周，由位置固定的指示器在给定方向上测得的最大与最小示值之差。

（2）全跳动误差的评定  全跳动为在整个实际被测要素（圆柱面或圆端面）范围内的跳动，全跳动误差是指将实际被测要素绕基准轴线作无轴向移动地回转，同时指示器沿指定方向的理想素线连续移动，由指示器在给定的方向上测得的最大与最小示值之差。

# 第 2 篇　MWorks-DMIS 手动版软件

## 第 5 章　MWorks-DMIS 手动版软件简介

## 5.1　MWorks-DMIS 手动版软件的主要功能特性

### 5.1.1　基于三维 CAD 平台

　　MWorks-DMIS 手动版软件基于国际先进的 CAD 开发平台，可以直接输入输出 CAD 数据模型，实时显示测量元素的几何形状，测量过程运动轨迹实时仿真，所测即所见，使计算机检测工作变得更直观、更易于学习和使用，同时可以与 CAD/CAM/CAE 软件更好地集成。

　　1）支持美国国家尺寸测量接口标准（DMIS）最新版本，为客户提供与国际接轨的零件测量程序，学习及重复模式使用单一用户界面，测量程序的超强编辑功能。

　　2）支持中国几何与公差测量的国家标准，提供近 20 种的几何公差评估方法及结果分析，根据国际公差代码自动寻找并显示公差值。

　　3）可以对复杂曲线和曲面进行扫描，并对测量点进行曲线拟合，提供与逆向工程软件的接口数据，如 IGES，STEP，SAT 和 TXT 格式。

　　4）所测即所见。实时模拟测头的运动轨迹，检测完毕后在计算机屏幕上立即画出被测几何元素的图形和树状测量结果。图形化地进行几何元素构造，构造的几何图形可以实时在屏幕上显示。同时实测元素可以按要求进行放大、缩小或者隐藏。

　　5）两重工作界面，图形窗口界面和程序窗口界面，而且两者之间可以互相切换；用户可以根据自己的实际需要和使用经验灵活地选择方便的软件的界面。

　　6）测量结果的多种格式输出。如：TEXT，EXCEL，HTML 等，超差部分直观显示等。

　　7）基于流行的 Windows XP 编程风格。美观的软件外观及客户化选择。

### 5.1.2　支持国家尺寸公差标准

　　MWorks-DMIS 手动版软件支持中国几何与公差测量的国家标准，提供近 20 种的几何公差评估方法及结果分析。能够实现基本几何元素（点、线、面、圆、椭圆、圆柱、圆锥、孔系等）、形位误差（直线度、平面度、平行度、对称度、同轴度、垂直度、位置度、圆跳动等）、复杂产品轮廓（曲线、曲面等）的测量与评定。

　　根据国际公差代码自动寻找并显示公差值，超差部分的直观显示以及测量结果的多种格式输出，如 TEXT、EXCEL、HTML 等。

### 5.1.3　支持 DMIS 语言

MWorks-DMIS 手动版软件支持美国国家尺寸测量接口标准（DMIS），为客户提供与国际接轨的零件测量程序。DMIS（Dimensional Measuring Interface Standard）是由国际计算机辅助制造公司（CAM-I）质量保证计划资助开发的尺寸测量接口规范课题。从 1985 年 2 月开始，作为尺寸测量接口规范课题，它是由尺寸测量设备（Dimensional Measuring Equipment，缩写为 DME）供应厂商与用户联合共同开发的成果。DMIS 的目标是作为一套计算机系统和测量设备之间检测数据双向通信的标准，提供一种标准的数据格式，形成各类不同系统之间进行数据交换的中性文件。这类似于 CAD 领域中的 IGES 格式或 STEP 格式。其内容涉及到检测规程和检测结果两部分，检测规程是由计算机系统提供给测量设备的，而检测结果则是测量设备反馈给计算机系统的。DMIS V2.1 于 1990 年成为美国国家标准，目前 DMIS 最新版本为 V5.0。有关 DMIS 语言的内容，已在第 3 章中详细说明。

### 5.1.4　测量程序的语法检验与编译系统

MWorks-DMIS 手动版软件支持测量程序的语法检验，对测量程序进行编译、存储以及调用。

## 5.2　MWorks-DMIS 手动版软件的安装与启动

### 5.2.1　软、硬件配置

要运行 MWorks-DMIS 手动版软件，必须具备以下的软、硬件配置：

1）操作系统为 Windows 2000 或 Windows XP。

2）Pentium 4 或者更好的微处理器，或相应兼容的微处理器。

3）建议使用 256MB 内存，512MB 及其以上更佳。

4）至少具有 200MB 以上的硬盘空间和足够的磁盘交换空间。

5）Windows 支持的 800×600 VGA 视频彩色显示器，具有 256 种颜色；使用 1024×768 和独立显卡则更好。

6）CD-ROM 驱动器，鼠标或者其他定标设备。

7）CMM 控制板以及软件安全模块。

### 5.2.2　安装方法

在使用 MWorks-DMIS 手动版软件之前，必须将其安装到计算机的硬盘中。以下是在 Windows XP 上进行单用户安装的基本过程：

1）在 CD-ROM 驱动器中插入 MWorks-DMIS 手动版软件的 CD 盘。

2）如果机器 Autorun（自动运行）是打开的，则插入 CD 盘后，Windows XP 将自动运行安装程序；如果 Autorun 是关闭的，则单击"开始"按钮，找到其中的"运行"对话框，在弹出的"运行"对话框中指定 CD 盘符和路径名，键入 setup（例如键入 h：\ setup），然后单击"确定"按钮来运行安装程序。

3）安装程序运行后，将弹出"欢迎使用"对话框，单击"下一步"按钮，出现文件安装位置选项，此时可以通过"浏览"按钮，将软件安装至目标磁盘位置。然后再单击"下一步"按钮，系统开始安装 MWorks-DMIS 手动版软件并复制文件到硬盘中，直至安装结束。

4）在安装过程中，如果不想继续安装，可以随时点击"取消"按钮终止安装。

5）重新启动计算机。

### 5.2.3　启动与退出

MWorks-DMIS 软件安装完成后，将自动在 Windows XP 桌面上建立 MWorks-DMIS 的快捷图标，并在程序文件夹中形成一个 MWorks-DMIS 软件程序组。

当要启动 MWorks-DMIS 手动版软件时，只需双击桌面上的 MWorks-DMIS 手动版软件快捷图标；也可以打开程序组，选择执行其中的 MWorks-DMIS 手动版程序项。

当要退出 MWorks-DMIS 软件时，可打开"文件"菜单，选择执行"退出"项，或者鼠标左键单击窗口右上角的"关闭"按钮。

## 5.3　MWorks-DMIS 手动版软件的用户界面

MWorks-DMIS 手动版软件具有一体化的测量显示环境。在一个 MWorks-DMIS 手动版软件测量的过程中，用户可以实时观察到测量元素的直观显示以及测量结果的公差评估，同时对于测量的程序可以进行编译、修改以及存储调用等。

### 5.3.1　窗口的内容与布局

MWorks-DMIS 手动版的用户界面可以显示两种形式的窗口：图形窗口和程序窗口。两种窗口可以随意切换。

（1）程序窗口　程序窗口主要包括零件程序区和结果输出区两个部分（见图 5-1）。零件程序窗口是将当前所有测量动作用 DMIS 语言表达出来，在这里，可以对它进行编辑、修改、存储等操作。结果输出区窗口包含测量元素以及相应公差评估的详细信息，这些信息可以被保存为 TEXT、EXCEL、HTML 等格式或直接打印出来。测量程序记录了用户在软件中的所有操作，如果将它保存为文件，以后无论是用 MWorks-DMIS 手动版软件还是其他公司的软件（当然这个软件要支持 DMIS 标准）打开这个文件，执行它就能立刻重复以前的操作，能大大的提高测量效率。

（2）图形窗口　图形窗口可以显示用户测量的各种元素、实物的 CAD 模型，机器坐标系、用户坐标系等，同时还可以对窗口中显示的图形进行缩放、旋转、平移等各项操作。当前位置窗口所显示的是测头所处的空间位置坐标，当三坐标测量机的测头移动时，它的数值会随之变化。一个基本的 MWorks-DMIS 手动版软件图形界面如图 5-2 所示。

### 5.3.2　菜单与工具栏

对照图 5-2，下面介绍 MWorks-DMIS 手动版软件的标题行、菜单以及工具栏。

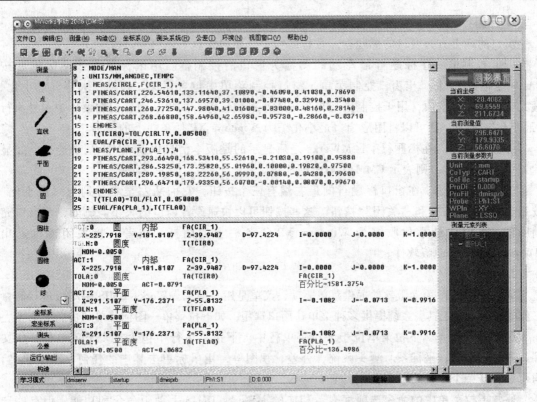

图 5-1　MWorks-DMIS 手动版软件程序界面

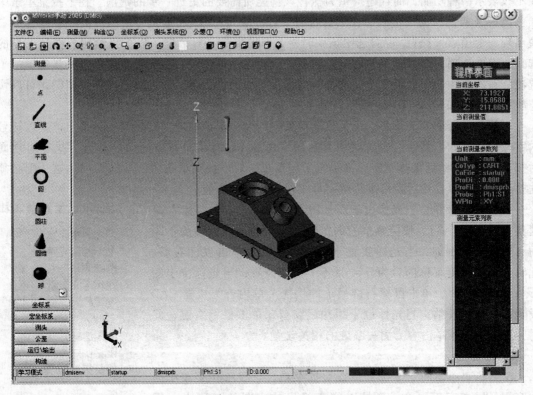

图 5-2　MWorks-DMIS 手动版软件图形界面

**1. 标题行**

窗口的最上方为窗口的标题行。在标题行中主要包含以下内容：

（1）控制框　在标题行最左端的图标为窗口的控制框。用鼠标单击该图标或者按"Alt + 空格键"，将弹出窗口控制菜单。窗口控制菜单中包含还原、移动、大小、最小化、最大化和关闭等选项，用于控制图形窗口的大小和位置等。如果从窗口控制菜单中选择执行"最小化"命令，则可以将图形窗口最小化缩为 Windows XP 任务栏上的图标。

（2）文件名　在标题行上，MWorks 之后显示的是版本信息以及 CMM 是否连接，如显示"CMM：OFF"，则表示 CMM 未与电脑连接。

（3）控制按钮　在窗口标题行的最右端有三个按钮，它们从左至右分别为"最小化"按钮、"还原"按钮和"关闭"按钮。这些按钮可以快速设置窗口的大小。例如，使窗口充满屏幕，将窗口最小化收缩为 Windows XP 任务栏上的图标，或者直接关闭窗口退出 MWorks-DMIS 手动版软件。

**2. 菜单**

MWorks-DMIS 手动版软件提供菜单驱动，菜单是用户使用 MWorks-DMIS 手动版进行测量工作的一个主要工具。系统提供多种菜单让用户选用，如下拉菜单、图标菜单和快捷菜单等。

（1）下拉菜单　下拉菜单位于下拉菜单行中。下拉菜单行中包含有多个菜单名，如文件、测量、构造、坐标系、测头系统、公差、视图等，用鼠标单击其中的任何一个菜单名，均可以打开一个下拉菜单条。

通常下拉菜单中的命令选项都表示相应的 MWorks-DMIS 手动版命令和功能，但有些选项不仅表示一种功能，而且还提供为执行该功能所需要的更进一步的选项。在下拉菜单条中颜色暗淡（灰色）的选项表明在当前状态下对应的 MWorks 功能是不可执行的。有些选项右边出现三个黑点"…"，说明选中该项时将会弹出下一个对话框，以提供给用户作进一步的选择。有些选项右边带有小的右向黑三角，表明选中该项时，将会弹出可供进一步选择的子选项。有些右边选项出现字母，这是与该选项对应的快捷键。通过按相应的快捷键，可以快速执行相应的 MWorks-DMIS 手动版命令和功能。

下拉菜单行中的菜单名以及下拉菜单条中的命令选项都定义有热键。屏幕上热键以括号内字母标出，如：文件（F），表明其热键字母为 F。对菜单行中的命令热键，执行时须同时按下 Alt 键，然后按热键字母来引出下拉菜单；对下拉菜单条中的功能选项热键，则必须先打开下拉菜单，然后直接按热键字母来执行相应的功能。

（2）快捷菜单　当光标位于图形屏幕区域时，单击鼠标右键所显示的小型菜单称为快捷菜单（见图 5-3）。快捷菜单的内容随光标当前所在位置的不同而有所差异。例如，当光标放置于状态行上时，单击鼠标右键，此时弹出的快捷菜单内容为开、关各个状态设置；当光标位于图形显示窗口中时，单击鼠标右键显示的快捷菜单内容为机器 CAD 设置以及公差评估；当光标位于缓冲区窗口，单击鼠标右键，此时弹出的快捷菜单内容为测头系统的相关设置。

**3. 工具栏**

工具栏菜单不同于下拉菜单或快捷菜单。它显示在菜单中的内容不是以文字表示的，而是以像素绘出的小图像（称为"图

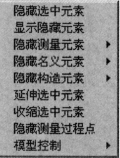

图 5-3　快捷菜单

标")来表示的。它直观形象，使操作者易于理解图标的含义，因此被广泛用于用户交互界面技术中。图 5-4 所示的就是一组工具栏图标。

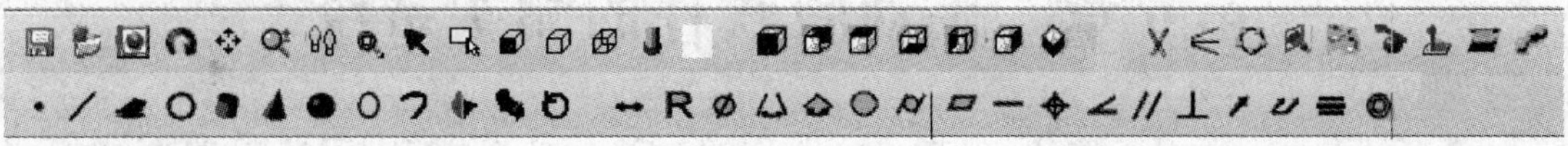

图 5-4    工具栏图标菜单

工具栏图标的选择操作简便直观，用户移动鼠标，将光标置于欲选择的图标按钮上，然后按一下拾取键（即鼠标左键），则与此图标相对应的菜单命令或功能即被执行。

用户可以通过鼠标右键单击软件窗口空白处选择调用所需要的工具条。当工具条的名称前显示有"√"时，则表明该工具条已经被调用；如果不想使用某个工具条菜单，则只需找到其对应的工具条名称，将其前面的"√"除去即可，如图 5-5 所示。

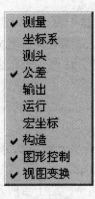

图 5-5    显示/隐藏工具条

# 第6章 手动版软件的测头系统

三坐标测量机本身没有任何可用于测量的测头信息文件，在测量之前，需要对测头长度、方向以及测头直径等信息进行定义和校验，这些文件信息可以由 MWorks-DMIS 手动版软件保存。

创建测头系统文件的方法有如下两种：

1）传统手动分步设置。此种方法共五步，分别为定义基准球、检验基准球、定义测针、选择测针、校验测针。选择每步操作的相关信息并予以保存，便可以完成测头系统文件的创建。

2）使用"创建测头文件"向导。这个程序可以很方便地创建测量测头文件，用户只需要按照相应的提示逐步进行操作便可以完成测头系统文件的创建。

下面就这两种创建测头系统文件的方法逐一进行介绍。

## 6.1 分步式配置测头系统

选择下拉菜单中的"测头系统"选项开始测头系统的配置，首先选择"定义基准球"选项，弹出定义基准球直径的窗口，如图 6-1 所示。

在该窗口中，需要输入基准球的直径。至于当前基准球位置以及基准球方向，采用默认设置即可，然后单击"确认"按钮进入下一步操作。

第二步校验基准球。从"测头系统"下拉菜单中选择"校验基准球"，弹出校验基准球对话框，如图 6-2 所示。

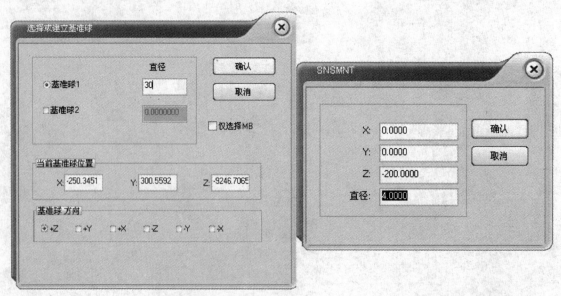

图 6-1  定义基准球直径窗口          图 6-2  校验基准球的对话框

校验基准球只能由主测针（S1）完成，它定义了基准球在机器坐标系中的位置，并校准了主测针。该窗口中的 $X$、$Y$、$Z$ 数值直接采用默认数值，"直径"栏中填写测针测球的直径数值，单击"确认"按钮，弹出主测针设置窗口，如图 6-3 所示。

在"直径"栏中填写主测针测球的直径数值（与上一步填写的数值保持一致），单击"确认"按钮，弹出测量基准球对话框（见图 6-4），此时手动测量基准球，以得到当前基准球在机器坐标系中的位置，为下一步校验测针提供基准。

图 6-3　主测针设置窗口

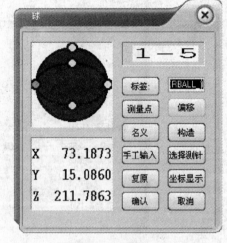

图 6-4　测量基准球对话框

第三步定义测针。从"测头系统"下拉菜单中选择"定义测针"选项，弹出定义测针对话框，如图 6-5 所示。

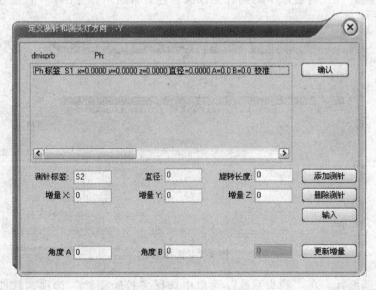

图 6-5　定义测针对话框

在该对话框中除了上一步定义的测针 S1，还可以增加新的测针。在"测针标签"栏中填写新增测针的标签（不要与已定义的测针标签重名），"直径"栏中填写新增测针的测球直径，"旋转长度"栏中填写测针转体长度。"角度 A"与"角度 B"是测针的两个旋转角，用户按实际需要填写，完成之后单击"更新增量"按钮，此时"增量 X"、"增量 Y"、"增量 Z"三个窗口中的数值就会相应变化，最后单击"添加测针"按钮或者"输入"按钮将新增测针的相关信息添加到测针列表框中。完成之后的列表对话框如图 6-6 所示。

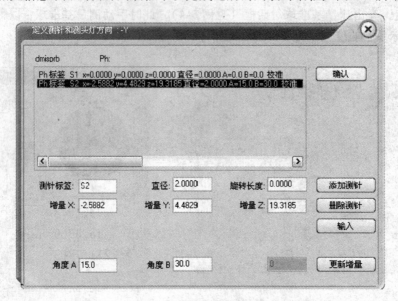

图 6-6　添加新测针示例

第四步选择测针。从"测头系统"下拉菜单中选择"选择测针"选项，弹出"选择测针"窗口。该窗口中会将上一步中添加的所有测针全部列出，在列表框中单击鼠标左键选中需要校验的测针（此时被选中的测针会以深蓝色背景显示，见图 6-7）按钮退出。

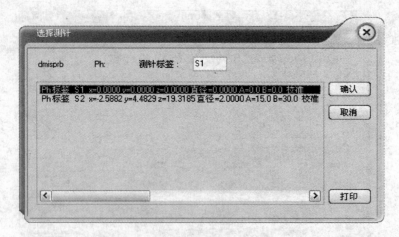

图 6-7　选择测针

第五步校验测针。在"测头系统"菜单中选择"校验测针"选项，软件将会弹出"定义测针"窗口。在选取测针后，如果该测针还没有被校准，则需要对该测针进行校准。如果测针的定义语句已"校准"结束，则可以重新校准选择的测针。要校准测针，通过鼠标选取加亮要校准的测针，单击"确认"按钮即可。一旦接受了测针校准对话框，一个测球的对话框将显示出来。该显示的对话框与用主菜单→测量→测量球的对话框很相似。不同处在于被测量的球采用5个点和默认的名字被用于CAL_X（X连续的）。这个命令生成下面的程序语句：

$$CALIB/SENS,S(S2),FA(CAL\_1)$$

测针校准以后，就可以开始测量元素特征。

## 6.2 向导式创建测头系统

"测头文件向导"可以生成或更新测头文件。在创建测头文件时，与当前坐标测量机没有相连的测座类型是变灰色的，如下图中的Ph9测座类型。利用"测头系统"菜单中的"创建测头文件"选项，可以十分快捷地配置测头系统。单击"创建测头文件"，软件会弹出如图6-8所示窗口。

如果测头文件名已经存在，出现警告信息。这个命令生成下面的程序语句：
RECALL/P(MANUAL1)SNSLCT/S(S1)SAVE/P(MANUAL1)

这表明系统发现要载入的当前测头文件已经存在。然后内存中自动创建一个新测头文件并生成测针"S1"作为当前测针。最后，测头文件被存储在磁盘里。

当新的测头文件生成和当前测针选取时，基准球需要重新校验，测针需要重新校准。MWorks-DMIS手动版软件会自动产生测头文件替换确认提示（见图6-9），来确认是否校验基准球。

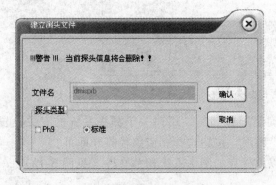

图6-8 测头文件向导

图6-9 测头文件替换确认提示

选择"确定"按钮，MWorks-DMIS手动版软件将进入校验基准球部分（详细操作见前部分）。

如果选中"取消"，软件假定基准球已经校验，并产生下一步的请求来校准当前的测针。如果选中"是"，MWorks-DMIS手动版软件会进入校准测针部分。如果拒绝，测针就没有被校准，直到测头被执行校准后方可使用。

调用：选择"调用"按钮，此时MWorks-DMIS手动版软件将出现如下界面（见图6-10）。

从中可以选择以前保存在机器中的有关测头资料，单击"确定"按钮即可调用。如果选中"取消"，软件则退出该界面。

存盘：选择"存盘"按钮，出现下图所示界面（见图6-11）。

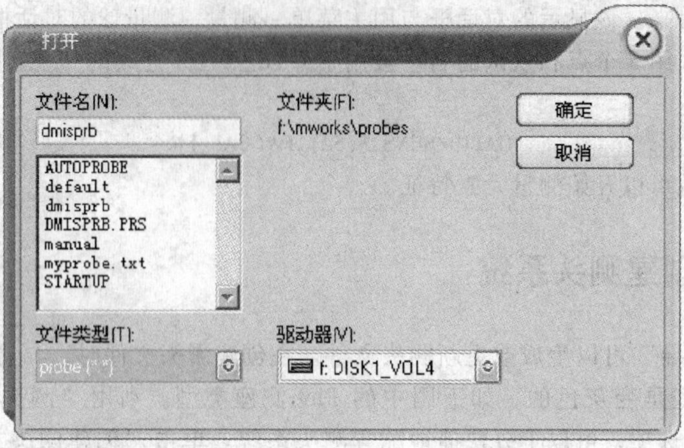

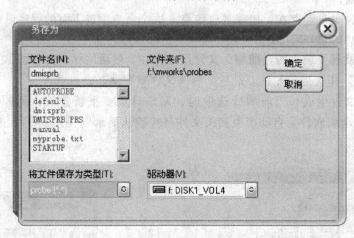

图 6-10　打开测头文件

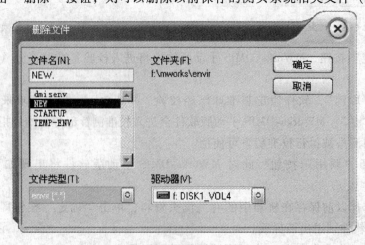

图 6-11　存储测头文件

　　用户可以自行选择保存的路径，单击"确定"按钮后，用户关于测头系统的有关设置将被保存到指定路径，以后若需使用，单击"调用"按钮选择相应路径打开即可。

　　删除：单击"删除"按钮，则可以删除以前保存的测头系统相关文件（见图 6-12）。

图 6-12　删除测头文件

# 第 7 章　手动版软件坐标系的建立与变换

## 7.1　坐标系的建立

在 MWorks-DMIS 手动版软件中，用户坐标系的建立方法有两种：传统方法和宏坐标方法。下面就这两种方法分别予以介绍。

### 7.1.1　传统方法建立坐标系

传统方法建立坐标系是首先测量一个平面，再测量一条直线和一个点，然后利用"坐标系"下拉菜单中的"校准"选项建立坐标系。测量的平面可以作为所建坐标系的任意工作平面，即 XY、YZ、ZX 平面均可；测量的直线可以作为 X、Y、Z 三轴中的任意一轴；而测量的点可以作为坐标系的原点，这样用户坐标系便建立起来。

#### 1. 校准基面

"校准基面"窗口的功能是可以把已有的零件特征平面确定为坐标系的基准平面，如 XY 面（见图 7-1）。

"基准标签"是用于定义坐标基面的标签，它的默认设置值为"BPLANE"，但也可以由操作人员调整。这个名称将用于用这个命令建立的坐标平面。

基面通过已有的特征定义，通过"特征标签"框输入或选择。这个特征必须是可以简化为向量的。平面或圆柱体通过法向向量和轴线来表现这种特性。像球体这样的几何特征是不能使用的。在"基平面"组中，单选按钮定义被校准的基平面特征。

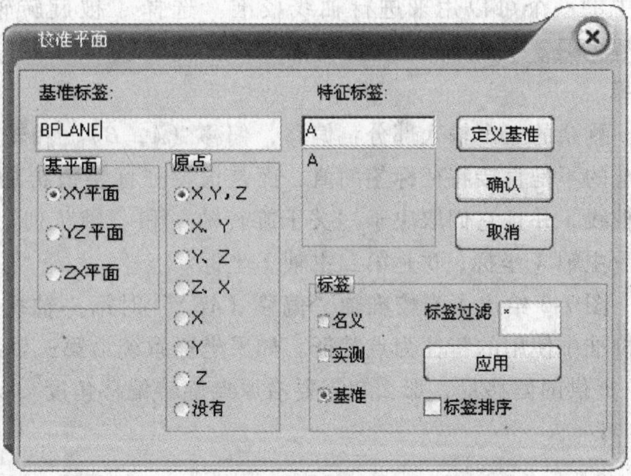

图 7-1　校准坐标系基平面

"定义基准"用于定义一个可以用作坐标基面的标签。根据 DMIS 语言的规定，作为坐标基面的特征必须是定义之后的基准面。

另外，基面的原点可以通过选择"原点"实现。单坐标值，双坐标值或三坐标值 X、Y 和 Z 都可以通过它来设定。

对话框的最后部分是帮助选择或过滤在"特征标签"框中显示的几何特征标签。可以选择显示名义的、实际的或基准特征。通过"标签过滤"设置，可以减少这一系列名称。

在"标签过滤"栏中键入通配符"*"来显示零或更多的字符。

接收上述对话框中各种值后，MWorks-DMIS 手动版软件的零件测量程序窗口显示类似如下的一行，然后完成基面的定义。

D（BPLANE）= DATSET/FA（PLA_1），ZDIR，XORIG，YORIG，ZORIG

### 2. 校准轴

"校准轴"窗口的功能是将已知的直线特征校准为坐标系的一个轴线。校准轴窗口如图7-2所示。

基准标签、特征标签和标签的输入域与校准基面具有相同的功能，并用于对选择的现有特征的坐标系统进行校准。

坐标轴的校准可以通过沿其中的一条轴线旋转来实现。轴的旋转是通过在"旋转中心轴"区域的单选按钮来选择轴线。

确定旋转轴之后，其余两

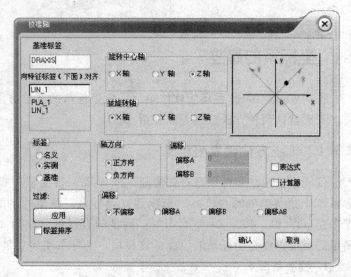

图 7-2　校准轴窗口

轴中的一个可以用来进行轴线校准。选择"被旋转轴"单选按钮完成此项操作。需要提醒的是，一旦旋转轴被确定，"被旋转轴"中的三种选择中会有一个被加灰而无法选择。

剩余的三个输入部分：偏移，偏移（A，B），和轴方向一起也可以校准坐标轴，不过校准的不是直接特征标签的值，而是该特征标签值再加减一个偏移量。A 和 B 为第一和第二轴线，并且它们取决于"关于旋转轴"和"轴队列"的选择。如 Z 是校准轴线，则 A 为第一主轴 X 坐标，B 是第二主轴 Y 坐标。

图 7-3 给出了当校准轴"偏移（AB）"时第一轴线与第二轴线的关系和旋转轴的方向。在校准中使用的特征为点特征。如果坐标系统沿第三轴线旋转，且 'A' 是特征的由"偏移 A"提供的偏移量，那么它需要沿原点旋转偏移角度 $\varphi$ 以通过点 'P'。如果 'B' 是被用来

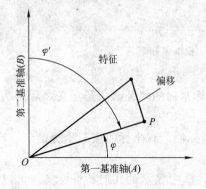

图 7-3　校准轴线偏移

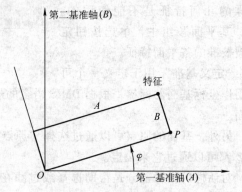

图 7-4　校准轴线偏移 $A+B$

校准由"偏移 B"提供的偏移量的特征，则旋转 $\varphi$ 是必要的。

图 7-4 演示了校准轴线偏移 $A+B$ 的情形。坐标系统沿原点旋转，从特征而来的其角度的偏移量 $A$ 和 $B$ 与对话框输入的值为一比例。

接受"校准轴线"对话框后，如下的命令将在 MWorks-DMIS 手动版软件的零件测量程序中产生，然后执行建立新坐标系。

D（DRAXIS）= ROTATE/ZAXIS, F（PNT_ 1）, XDIR, POS, 0.50000

**3. 校准原点**

"校准原点"功能是对已知特征的点进行坐标原点校准（见图 7-5）。

基准标签、特征标签和标签区域与"校准基面"具有相同的功能。它们利用已知几何特征来创建坐标系一个、两个或者三个坐标轴。

采用的特征必须是点或简化点，也就是说有可能在要素中找到一点。例如，圆心和球心被认为是要找的原点。如果直线的第一点也被定义为选择点，这条直线也可以进行上述操作。

只有在"基准标签"框选择的坐标值才能转化为坐标系的原点。如果"特征标签"的简化点的坐标为 (1，2，3)，并且

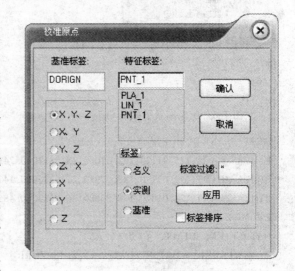

图 7-5　校准原点

单选按钮选择了 Z，那么坐标系中仅有 Z 坐标值被设定为 3。如果单选择按钮选择了 X，Y 和 Z，那么坐标系的原点就被设定为 (1，2，3)。

一旦接受对话框的设置，系统就会生成并执行下面的命令：

D（DORIGN）= TRANS/XORIG, FA（LIN_ 1）, YORIG, FA（LIN_ 1）, ZORIG, FA（LIN_ 1）

## 7.1.2　宏坐标方法建立坐标系

宏坐标方法不同于传统方法的地方是可以一步就将用户坐标系建立起来，而不用像传统方法那样先逐个测量所需要的元素，然后再校准建立坐标系。选择"宏"下拉菜单中的"宏坐标系"选项，会出现如图 7-6 所示的一系列方法，下面逐一进行介绍。

（1）平面线线　选择"平面线线"子菜单选项，用户就可以使用"平面线线"宏坐标程序，快捷地实现基于一个平面和两条直线的测量以及坐标系统的建立。"平面线线"窗口如图 7-7 所示。

启动"平面线线"宏坐标系的方法：

第一步：定义一待测平面为基平面，由此确定 Z 轴方向和 XY 平面；

第二步：定义基平面内的一条直线，由此确定 X 轴的方向；

第三步：定义基平面内的另一条直线，使它与已知直线垂直相交于原点位置，由此确定 Y 轴方向。

在完成以上步骤后，零件窗口界面将显示如下所示的平面线线宏坐标程序段。

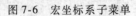

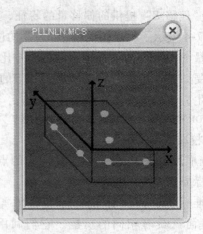

图 7-6　宏坐标系子菜单　　　　　　图 7-7　"平面 线 线"示意图

MEAS/PLANE,F(BUF_PLA_1),3

PTMEAS/CART,125.91120,202.51000,25.58170,0.74290,0.40360,0.53410

PTMEAS/CART,179.03330,188.67910,24.83860,0.14770,-0.26980,0.95150

PTMEAS/CART,124.01070,138.83080,26.06830,0.48520,0.80550,0.34020

ENDMES

DATDEF/FA(BUF_PLA_1),DAT(AA)

D(NEWLABEL)=DATSET/DAT(AA),ZDIR,ZORIG

WKPLAN/XYPLAN

F(BUF_LIN_1)=FEAT/LINE,UNBND,CART,0.0,0.0,0.0,0.0,1.0,0.0,1.0,0.0,0.0

MEAS/LINE;F(BUF_LIN_1),2

PTMEAS/CART,158.23335,197.52071,1.06228,0.43578,0.77927,0.45040

PTMEAS/CART,130.63895,208.69795,0.55604,0.62387,0.22779,0.74756

ENDMES

D(NEWLABEL)=ROTATE/ZAXIS,FA(BUF_LIN_1),XDIR

F(BUF_LIN_2)=FEAT/LINE,UNBND,CART,0.0,0.0,0.0,-1.0,0.0,0.0,0.0,0.0,1.0,0.0

MEAS/LINE,F(BUF_LIN_2),2

PTMEAS/CART,-105.51788,-191.93253,0.16861,-0.35965,0.05382,0.93151

PTMEAS/CART,-107.35159,-148.96800,0.75491,-0.36567,-0.69162,0.62289

ENDMES

F(BUF_P_2)=FEAT/POINT,CART,0.0,0.0,0.0,0.0,0.0,0.0,1.0

CONST/POINT,FA(BUF_P_2),INTOF,FA(BUF_LIN_2),FA(BUF_LIN_1)

D(DORIGN)=TRANS/XORIG,FA(BUF_P_2),YORIG,FA(BUF_P_2)

（2）平面 圆 线　选择"平面 圆 线"子菜单选项，用户就可以使用（平面圆线）宏坐标程序段，快捷地实现基于一个平面、一条线和一个圆的测量以及宏坐标系建立。"平面 圆线"宏坐标系示意如图 7-8。

启动"平面 圆 线"宏坐标系的方法：

第一步：定义一待测平面为基平面，由此确定 $Z$ 轴方向；

第二步：定义基平面内的一个圆，由圆心确定坐标原点的位置；

第三步：定义基平面内的一条直线，由此确定 $X$ 轴方向。

在完成以上步骤后，零件窗口界面将显示如下所示的（平面圆线）宏坐标程序段。

MEAS/PLANE,F(PLA_1),3

PTMEAS/CART,5.43921,4.42126,4.50000,0.00000,0.00000,1.00000

PTMEAS/CART,2.07874,4.42126,4.50000,0.00000,0.00000,1.00000

PTMEAS/CART,2.07874,0.57874,4.50000,0.00000,0.00000,1.00000

ENDMES

D(BPLANE) = DATSET/FA(PLA_1),ZDIR,XORIG,YORIG,ZORIG

PRPLAN/XYPLAN

MEAS/CIRCLE,F(CIR_1),3

PTMEAS/CART,6.43921,4.42126,4.50000,0.00000,0.00000,1.00000

PTMEAS/CART,4.07874,4.42126,4.50000,0.00000,0.00000,1.00000

PTMEAS/CART,3.07874,0.57874,4.50000,0.00000,0.00000,1.00000

ENDMES

D(NEWLABEL) = TRANS/XORIG,FA(CIR_1),YORIG,FA(CIR_1),ZORIG,FA(CIR_1)

MEAS/LINE,F(LIN_1),2

PTMEAS/CART,5.43921,4.42126,4.50000,0.00000,0.00000,1.00000

PTMEAS/CART,2.07874,4.42126,4.50000,0.00000,0.00000,1.00000

ENDMES

D(NEWLABEL) = ROTATE/ZAXIS,FA(LIN_1),XDIR

（3）平面 圆 圆　选择“平面 圆 圆”子菜单选项，用户就可以使用（平面圆圆）宏坐标程序，快捷地实现基于一个平面和两个圆的测量以及坐标系的建立。“平面 圆 圆”宏坐标系如图 7-9 所示。

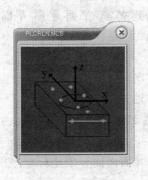

图 7-8　“平面 圆 线”宏坐标系示意图

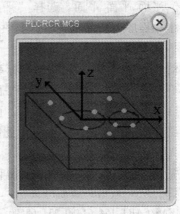

图 7-9　“平面 圆 圆”示意图

启动“平面 圆 圆”宏坐标系的方法：

第一步：定义一待测平面为基平面，由此确定 Z 轴方向。

第二步：定义基平面内的一个圆，由该圆圆心确定坐标原点的位置。

第三步：定义基平面内的另外一个圆，两圆圆心的连线确定 X 轴方向。

在完成以上步骤后，零件窗口界面将显示如下所示的（平面圆圆）宏坐标程序段。

MEAS/PLANE,F(BUF_PLA_1),3

PTMEAS/CART,211.64410,238.77970,25.50120,-0.60540,0.49940,0.61980

```
PTMEAS/CART,167. 65120,256. 01420,25. 47790,0. 38220, -0. 69150,0. 61300
PTMEAS/CART,166. 68540,181. 24770,25. 19490,0. 28570,0. 63400,0. 71860
ENDMES
DATDEF/FA(BUF_PLA_1),DAT(AA)
D(NEWLABEL) = DATSET/DAT(AA),ZDIR,ZORIG
WKPLAN/XYPLAN
F(BUF_CIR_1) = FEAT/CIRCLE,INNER,CART,. 0,. 0,0. 00,. 0,. 0,1. 0,. 5
MEAS/CIRCLE,F(BUF_CIR_1),3
PTMEAS/CART,171. 79868,204. 41802,0. 77303,0. 45467,0. 63091,0. 62873
PTMEAS/CART,199. 83873,226. 37031,0. 85441, -0. 01590,0. 81956,0. 57282
PTMEAS/CART,168. 37696,240. 36001,0. 23434, -0. 11003, -0. 46584,0. 87799
ENDMES
CONST/CIRCLE,F(BUF_CIR_1),PROJCT,FA(BUF_CIR_1)
D(NEWLABEL) = TRANS/XORIG,FA(BUF_CIR_1),YORIG,FA(BUF_CIR_1)
F(BUF_CIR_2) = FEAT/CIRCLE,INNER,CART,. 0,. 0,0. 00,. 0,. 0,1. 0,. 5
MEAS/CIRCLE,F(BUF_CIR_2),3
PTMEAS/CART, -4. 20578, -74. 17617,1. 47298,0. 34911,0. 87702,0. 33022
PTMEAS/CART, -7. 01052, -62. 35820,1. 01928,0. 84136,0. 03583,0. 53924
PTMEAS/CART,7. 20896, -67. 02352,0. 58934, -0. 53591,0. 24289,0. 80852
ENDMES
CONST/CIRCLE,F(BUF_CIR_2),PROJCT,FA(BUF_CIR_2)
D(NEWLABEL) = ROTATE/ZAXIS,FA(BUF_CIR_2),XDIR
```

（4）平面 平面 平面　选择"平面 平面 平面"子菜单选项，用户就可以使用（面面面）宏坐标程序，快捷地实现三个平面的测量及坐标系的建立。"平面 平面 平面"宏坐标系如图 7-10 所示。

启动"平面 平面 平面"宏坐标系的方法：

第一步：定义一待测平面为基平面，由此确定 $Z$ 轴方向。

第二步：定义第二个测量平面，由两者的交线确定 $X$ 轴方向。

第三步：定义第三个平面，由此确定原点位置，构造 $Y$ 轴使其位于基平面内并通过原点，与 $X$ 轴垂直。

在完成以上步骤后，零件窗口界面将显示如下所示的（面面面）宏坐标程序段。

```
MEAS/PLANE,F(BUF_PLA_1),3
PTMEAS/CART,154. 61480,234. 65590,24. 79300,0. 13790, -0. 10150,0. 98520
PTMEAS/CART,180. 95360,193. 45910,25. 94400,0. 36200,0. 83740,0. 40940
PTMEAS/CART,210. 47700,242. 73110,25. 08510, -0. 53540,0. 01000,0. 84450
ENDMES
DATDEF/FA(BUF_PLA_1),DAT(AA)
D(NEWLABEL) = DATSET/DAT(AA),ZDIR,XORIG,YORIG,ZORIG
WKPLAN/XYPLAN
MEAS/PLANE,F(BUF_PLA_2),3
PTMEAS/CART,34. 80908,24. 86367, -6. 84904,0. 21582,0. 96822,0. 12643
PTMEAS/CART, -20. 29821,38. 75224, -5. 62083,0. 91518,0. 38738, -0. 11131
```

PTMEAS/CART,7. 52660,31. 63321, − 24. 37146,0. 66470,0. 74670,0. 02558

ENDMES

F(BUF_LIN_1) = FEAT/LINE,UNBND,CART,. 00000,. 00000,. 00000,1. 00000,. 00000,. 00000,. 00000,

1. 00000,0. 00000

CONST/LINE,F(BUF_LIN_1),INTOF,FA(BUF_PLA_2),FA(BUF_PLA_1)

D(DRAXIS) = ROTATE/ZAXIS,FA(BUF_LIN_1),XDIR

MEAS/PLANE,F(BUF_PLA_3),3

PTMEAS/CART,36. 36622,20. 14095, − 4. 18351,0. 61298, − 0. 78982,0. 02335

PTMEAS/CART,36. 11699, − 34. 77895, − 7. 55064,0. 82049,0. 48381,0. 30450

PTMEAS/CART,36. 11544,4. 05018, − 25. 97761,0. 82380, − 0. 51054,0. 24617

ENDMES

F( BUF _ LIN _ 2 ) = FEAT/LINE, UNBND, CART, . 00000, . 00000, . 00000, 0. 00000, 1. 00000, . 00000,

1. 00000,0. 00000,0. 00000

CONST/LINE,F(BUF_LIN_2),INTOF,FA(BUF_PLA_1),FA(BUF_PLA_3)

F(BUF_P_2) = FEAT/POINT,CART,0. 0,0. 0,0. 0,0. 0,0. 0,1. 0

CONST/POINT,F(BUF_P_2),INTOF,FA(BUF_LIN_2),FA(BUF_LIN_1)

D(DORIGN) = TRANS/XORIG,FA(BUF_P_2),YORIG,FA(BUF_P_2)

（5）平面 平面 补偿点　选择"平面 平面 补偿点"子菜单选项，用户就可以使用（面面补偿点）宏坐标程序，快捷地实现基于两个平面和一个补偿点的测量及坐标系的建立。"平面 平面 补偿点"宏坐标如图 7-11 所示。

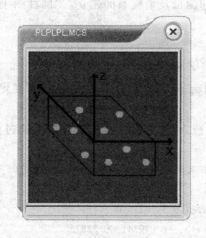

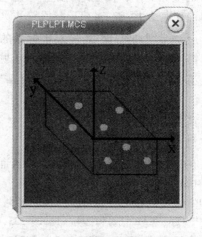

图 7-10　"平面 平面 平面"示意图　　　　图 7-11　"平面 平面 补偿点"示意图

启动"平面 平面 补偿点"宏坐标系的方法：

第一步：定义一待测平面为基平面，由此确定 $Z$ 轴方向。

第二步：定义第二个测量平面，由两者的交线确定 $X$ 轴方向。

第三步：定义补偿点，由此确定原点位置，构造 $Y$ 轴使其位于基平面内并通过原点，与 $X$ 轴垂直。

在完成以上步骤后，零件窗口界面将显示如下所示的（面面补偿点）宏坐标程序段。

MEAS/PLANE,F(BUF_PLA_1),3

PTMEAS/CART,55. 87430, − 119. 92320, − 4. 86630,0. 21110, − 0. 09400,0. 97290

PTMEAS/CART,88. 56790, - 90. 33710, - 4. 05000, - 0. 48460,0. 62630,0. 61070

PTMEAS/CART,65. 86490, - 31. 06750, - 4. 12100, - 0. 15810, - 0. 75890,0. 63170

ENDMES

DATDEF/FA( BUF_PLA_1) ,DAT( AA)

D( NEWLABEL) = DATSET/DAT( AA) ,ZDIR,ZORIG

WKPLAN/XYPLAN

MEAS/PLANE,F( BUF_PLA_2) ,3

PTMEAS/CART,112. 66374, - 231. 18655,99. 87955, - 0. 45228,0. 84363,0. 28934

PTMEAS/CART,102. 54653, - 229. 09718,181. 37668,0. 93099, - 0. 07764,0. 35672

PTMEAS/CART,36. 89278, - 213. 41310,142. 09678, - 0. 08057,0. 86603,0. 49351

ENDMES

F( BUF_LIN_1) = FEAT/LINE, UNBND, CART,. 00000,. 00000,. 00000,1. 00000,. 00000,. 00000,
1. 00000,0. 00000

CONST/LINE,F( BUF_LIN_1) ,INTOF,FA( BUF_PLA_1) ,FA( BUF_PLA_2)

D( DRAXIS) = ROTATE/ZAXIS,FA( BUF_LIN_1) ,XDIR

MEAS/CPOINT,F( CPT_1) ,1,AXDIR

PTMEAS/CART, - 128. 71596,156. 32748,0. 45894,0. 17252,0. 33661,0. 92575

ENDMES

D( DORIGN) = TRANS/XORIG,FA( CPT_1) ,YORIG,FA( CPT_1) ,ZORIG,FA( CPT_1)

（6）圆柱 平面 线　选择"圆柱 平面 线"子菜单选项，用户就可以使用（圆柱平面线）宏坐标程序，快捷地实现基于圆柱、平面、线的测量及坐标系的建立。"圆柱 平面 线"宏坐标如图 7-12 所示。

启动"圆柱 平面 线"宏坐标系的方法：

第一步：通过测量一个圆柱，由圆柱的轴线确定 Z 轴方向。

第二步：定义一个测量平面为基平面，该平面与圆柱求交，由两者的交点确定坐标原点。

第三步：通过测量一直线，确定 X 轴方向，构造 Y 轴使其位于基平面内并通过原点，与 X 轴垂直。

在完成以上步骤后，零件窗口界面将显示如下所示的（圆柱平面线）宏坐标程序段。

MEAS/CYLNDR,F( BUF_CYL_1) ,6

PTMEAS/CART,96. 75731, - 510. 15575,15. 20256, - 0. 81281,0. 57182, - 0. 11117

PTMEAS/CART,78. 91094, - 519. 91533,18. 92405, - 0. 94113, - 0. 07934, - 0. 32875

PTMEAS/CART,73. 62609, - 548. 54048,16. 98517, - 0. 89874, - 0. 40160, - 0. 17619

PTMEAS/CART,75. 80603, - 546. 64036,179. 79378, - 0. 71750,0. 62096,0. 31570

PTMEAS/CART,92. 07712, - 510. 46191,181. 83611, - 0. 97316, - 0. 20529, - 0. 10455

PTMEAS/CART,123. 72848, - 516. 84638,182. 45177,0. 65843,0. 75269, - 0. 00190

ENDMES

DATDEF/FA( BUF_CYL_1) ,DAT( AA)

D( NEWLABEL) = DATSET/DAT( AA) ,ZDIR,XORIG,YORIG

MEAS/PLANE,F( BUF_PLA_1) ,3

PTMEAS/CART,4. 70645,125. 14113,1. 43272,0. 70538,0. 65031,0. 28205

PTMEAS/CART, - 54. 72320,102. 63063, - 1. 09397, - 0. 18144, - 0. 24915,0. 95128

PTMEAS/CART, – 71. 35965, – 2. 39833,0. 57374,0. 95695,0. 28712,0. 04359

ENDMES

F( BUF_P_1) = FEAT/POINT,CART,0. 0,0. 0,0. 0,0. 0,0. 0,1. 0

CONST/POINT,F( BUF_P_1),INTOF,FA( BUF_PLA_1),FA( BUF_CYL_1)

D( DORIGN) = TRANS/ZORIG,FA( BUF_P_1)

WKPLAN/XYPLAN

F( BUF_LIN_1) = FEAT/LINE,UNBND,CART,0. 0,0. 0,0. 0,0. 0,1. 0,0. 0,1. 0,0. 0,0. 0

MEAS/LINE,F( BUF_LIN_1),2

PTMEAS/CART, – 7. 47424,80. 34917,1. 76383,0. 65482,0. 75566,0. 01094

PTMEAS/CART,11. 20233,171. 12817,1. 28436,0. 40647,0. 80181,0. 43800

ENDMES

D( NEWLABEL) = ROTATE/ZAXIS,FA( BUF_LIN_1),XDIR

（7）圆柱 平面 圆　选择"圆柱 平面 圆"子菜单选项，用户就可以使用（圆柱平面圆）宏坐标程序，快捷地实现基于圆柱、平面、圆的测量及坐标系的建立。"圆柱 平面 圆"宏坐标如图 7-13 所示。

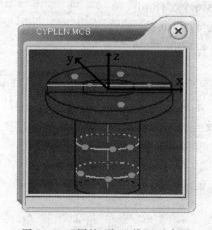

图 7-12　"圆柱 平面 线"示意图

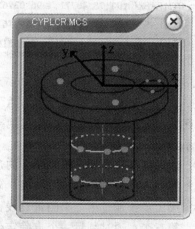

图 7-13　"圆柱 平面 圆"示意图

启动"圆柱 平面 圆"宏坐标系的方法：

第一步：通过测量一个圆柱，由圆柱的轴线确定 $Z$ 轴方向。

第二步：定义一个测量平面为基平面，该平面与圆柱求交，由两者的交点确定坐标原点。

第三步：通过测量一圆，由圆心与坐标原点的连线确定 $X$ 轴方向，构造 $Y$ 轴使其位于基平面内并通过原点，与 $X$ 轴垂直。

在完成以上步骤后，零件窗口界面将显示如下所示的（圆柱平面圆）宏坐标程序段。

MEAS/CYLNDR,F( BUF_CYL_1),6

PTMEAS/CART,28. 91192, – 6. 59365,16. 99943,0. 87091, – 0. 27084, – 0. 41017

PTMEAS/CART,22. 12606,20. 11960,18. 58675,0. 29571,0. 56789, – 0. 76812

PTMEAS/CART, – 25. 22668,14. 13798,13. 27140, – 0. 93163, – 0. 01733,0. 36298

PTMEAS/CART, – 26. 73694,4. 85457,187. 61264, – 0. 81956,0. 39302,0. 41706

PTMEAS/CART,12. 01240,25. 15734,189. 93121,0. 26335,0. 94243,0. 20615

PTMEAS/CART,25. 12638, – 14. 43476,190. 12450,0. 02850, – 0. 45063, – 0. 89222

ENDMES

DATDEF/FA( BUF_CYL_1) ,DAT( AA)

D( NEWLABEL) = DATSET/DAT( AA) ,ZDIR,XORIG,YORIG

MEAS/PLANE,F( BUF_PLA_1) ,3

PTMEAS/CART,95. 30862, – 50. 49530,2. 95983,0. 97601, – 0. 10889,0. 18843

PTMEAS/CART,98. 29728,37. 83788,0. 21538, – 0. 92544, – 0. 15288,0. 34655

PTMEAS/CART, – 104. 65179, – 6. 08267,0. 97773, – 0. 38458,0. 03179,0. 92255

ENDMES

F( BUF_P_1) = FEAT/POINT,CART,0. 0,0. 0,0. 0,0. 0,0. 0,1. 0

$ $ UPDATE_FROM_CONST

CONST/POINT,F( BUF_P_1) ,INTOF,FA( BUF_PLA_1) ,FA( BUF_CYL_1)

D( DORIGN) = TRANS/ZORIG,FA( BUF_P_1)

WKPLAN/XYPLAN

MEAS/CIRCLE,F( BUF_CIR_2) ,3

PTMEAS/CART,78. 40771, – 96. 03765,3. 34299,0. 67313, – 0. 57093,0. 47010

PTMEAS/CART,124. 09528, – 129. 76197,5. 10359,0. 98363, – 0. 17743,0. 03128

PTMEAS/CART,136. 61171, – 55. 93167,1. 89609,0. 38204, – 0. 57220,0. 72569

ENDMES

D( NEWLABEL) = ROTATE/ZAXIS,FA( BUF_CIR_2) ,XDIR

（8）321 法建立坐标系　选择"321 法建立坐标系"子菜单选项，用户就可以使用 321 法建立坐标系宏坐标程序，快捷地实现平面线点的测量及坐标系的建立。321 法建立用户坐标系如图 7-14 所示。

软件内部实现这个宏坐标系的过程是：

第一步：通过测量一个平面，确定 Z 轴方向以及 XY 平面。

第二步：通过第二个测量直线，确定出 X 轴的方向。

第三步：通过测量一个点确定坐标系的原点。

在完成以上步骤后，零件窗口界面将显示如下所示的 321 法建立坐标系的程序段。

MEAS/PLANE,F( BUF_PLA_1) ,3

PTMEAS/CART,281. 70764,369. 27387,0. 00580, – 0. 89857, – 0. 41405,0. 14518

PTMEAS/CART,301. 95634,462. 99097, – 1. 30393, – 0. 53106,0. 82358,0. 19898

PTMEAS/CART,330. 50284,381. 16116,0. 29329,0. 08060,0. 91173,0. 40293

ENDMES

DATDEF/FA( BUF_PLA_1) ,DAT( AA)

D( NEWLABEL) = DATSET/DAT( AA) ,ZDIR,ZORIG

WKPLAN/XYPLAN

F( BUF_LIN_1) = FEAT/LINE,UNBND,CART,0. 0,0. 0,0. 0,0. 0,1. 0,0. 0,1. 0,0. 0,0. 0

MEAS/LINE,F( BUF_LIN_1) ,2

PTMEAS/CART,211. 83883,375. 43720,1. 69486, – 0. 61576, – 0. 78776,0. 01581

PTMEAS/CART,184. 13810,280. 58801, – 0. 09129,0. 42485, – 0. 30330,0. 85289

ENDMES

D( NEWLABEL) = ROTATE/ZAXIS,FA( BUF_LIN_1) ,XDIR

F( BUF_LIN_2) = FEAT/LINE,UNBND,CART,0.0,0.0,0.0,-1.0,0.0,0.0,0.0,1.0,0.0

MEAS/CPOINT,F( BUF_P_1),1,AXDIR

PTMEAS/CART,-566.45667,150.35084,3.35995,-0.38955,-0.85469,-0.34305

ENDMES

D( DORIGN) = TRANS/XORIG,FA( BUF_P_1),YORIG,FA( BUF_P_1)

（9）孔轴类工件建立坐标系　选择"轴孔类工件建立坐标系"子菜单选项，用户就可以使用轴孔类工件建立坐标系宏坐标程序，快捷地实现圆柱、点的测量及坐标系的建立。孔轴类工件建立用户坐标系如图 7-15 所示。

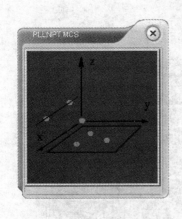

图 7-14　"321"示意图

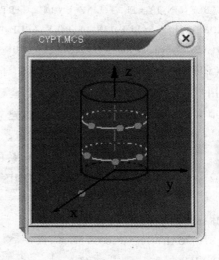

图 7-15　孔轴类工件建立用户坐标系示意图

软件内部实现这个宏坐标系的过程是：

第一步：通过测量一个圆柱，由轴线确定 $Z$ 轴方向。

第二步：通过测量的点作圆柱轴线的垂面作为 $XY$ 坐标平面，垂面与圆柱轴线的交点为原点。

第三步：测量点与交点的连线为 $X$ 轴。

在完成以上步骤后，零件窗口界面将显示如下所示的孔轴类工件法建立坐标系的程序段。

MEAS/CYLNDR,F( BUF_CYL_1),6

PTMEAS/CART,548.89318,-129.43299,14.04402,-0.54207,0.74684,0.38514

PTMEAS/CART,539.98574,-150.68311,16.53505,-0.93915,-0.34283,0.01977

PTMEAS/CART,561.49835,-179.94370,13.37923,-0.61456,-0.46663,0.63602

PTMEAS/CART,569.59145,-117.02935,177.56035,0.77152,-0.11944,-0.62492

PTMEAS/CART,597.64012,-154.71303,188.05111,0.73680,0.62580,-0.25577

PTMEAS/CART,572.09955,-177.20349,185.93780,0.87111,-0.20851,-0.44450

ENDMES

DATDEF/FA( BUF_CYL_1),DAT( AA)

D( NEWLABEL) = DATSET/DAT( AA),ZDIR,XORIG,YORIG

WKPLAN/XYPLAN

MEAS/POINT,F(BUF_P_1),1

PTMEAS/CART, -77. 75479,9. 42497,0. 46579, -0. 38723,0. 83762,0. 38530

ENDMES

F(BUF_PLA_1) = FEAT/PLANE,CART,0. 0,0. 0,0. 0,0. 0,0. 0,1. 0

CONST/PLANE,F(BUF_PLA_1),PERPTO,FA(BUF_CYL_1),THRU,FA(BUF_P_1)

F(BUF_P_2) = FEAT/POINT,CART,0. 0,0. 0,0. 0,0. 0,0. 0,1. 0

CONST/POINT,F(BUF_P_2),INTOF,FA(BUF_CYL_1),FA(BUF_PLA_1)

D(DORIGN) = TRANS/XORIG,FA(BUF_P_2),YORIG,FA(BUF_P_2),ZORIG,FA(BUF_P_2)

F(BUF_LIN_1) = FEAT/LINE,UNBND,CART,0. 0,0. 0,0. 0,0. 0,1. 0,0. 0,1. 0,0. 0,0. 0

CONST/LINE,F(BUF_LIN_1),BF,FA(BUF_P_2),FA(BUF_P_1)

D(NEWLABEL) = ROTATE/ZAXIS,FA(BUF_LIN_1),XDIR

（10）点 点 点　选择"点点点"子菜单选项，用户就可以使用（点点点）宏坐标程序，快捷地实现三个点的测量及坐标系的建立。"点点 点"建立用户坐标系如图 7-16 所示。

对于软件内部如何实现该宏坐标系的过程，用户只需了解即可。建立坐标系的 DMIS 程序段如下：

MEAS/POINT,F(BUF_P_1),1

KEYPT/CART,10,5,0. 000

ENDMES

MEAS/POINT,F(BUF_P_2),1

KEYPT/CART,50,20,50

ENDMES

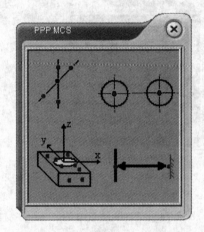

图 7-16　"点 点 点"示意图

F(BUF_LIN_1) = FEAT/LINE,UNBND,CART,0. 0,0. 0,0. 0,0. 0,0. 0,1. 0,0. 0,0. 0,0. 0

CONST/LINE,F(BUF_LIN_1),BF,FA(BUF_P_2),FA(BUF_P_1)

DATDEF/FA(BUF_LIN_1),DAT(AA)

D(NEWLABEL) = DATSET/DAT(AA),XDIR,XORIG,YORIG

WKPLAN/XYPLAN

MEAS/POINT,F(BUF_P_3),1

KEYPT/CART,100,100,100

ENDMES

F(BUF_LIN_2) = FEAT/LINE,UNBND,CART,0. 0,0. 0,0. 0,0. 0,0. 0,0. 0,1. 0,0. 0,0. 0,0. 0

CONST/LINE,F(BUF_LIN_2),PERPTO,FA(BUF_LIN_1),THRU,FA(BUF_P_3)

F(BUF_P_4) = FEAT/POINT,CART,0. 0,0. 0,0. 0,0. 0,0. 0,1. 0

CONST/POINT,F(BUF_P_4),INTOF,FA(BUF_LIN_1),FA(BUF_LIN_2)

D(DORIGN) = TRANS/XORIG,FA(BUF_P_4),YORIG,FA(BUF_P_4),ZORIG,FA(BUF_P_4)

F(BUF_LIN_3) = FEAT/LINE,UNBND,CART,0. 0,0. 0,0. 0,0. 0,0. 1. 0,0. 0,0. 0,0. 0

CONST/LINE,F(BUF_LIN_3),BF,FA(BUF_P_4),FA(BUF_P_3)

D(NEWLABEL) = ROTATE/XAXIS,FA(BUF_LIN_3),YDIR

## 7.2　坐标系的旋转、平移、清零与转换

用户坐标系建立之后，还可以对它进行旋转、平移和清零等相关操作，同时用户坐标系中的数值与机器坐标系数值还可以相互转换。

### 7.2.1　坐标系旋转

"旋转"功能是根据输入的数值来旋转当前坐标系三个轴中的任何一个。旋转的数值和角度可以给定，也可在"表达式"中选择，算术表达式包括三角函数功能和在程序中的定义值和指定值（见图 7-17）。

"基准标签"用于给此命令创建的基准命名。通过使用对话框生成下面的命令，并执行旋转坐标系的命令。

D(DROTAT) = ROTATE/ZAXIS,45.0000

### 7.2.2　坐标系平移

"平移"功能是指沿三个坐标轴线中的任何一个，根据输入值平移当前的坐标系统。平移量可以给定，或者在"表达式"框中选择。算术表达式包括三角函数功能和在程序中定义的变量和指定值（见图 7-18）。

图 7-17　坐标系旋转　　　　　　　　图 7-18　坐标系平移

"基准标签"用于给此命令创建的基准命名。通过使用对话框生成下面的命令，并执行平移坐标系的命令。

D(DTRANS) = TRANS/XORIG,1.0000,YORIG,1.0000,ZORIG,1.0000

### 7.2.3　坐标系清零

"坐标清零"功能是将用户坐标系的原点平移到机器当前测针所处的位置。

### 7.2.4 坐标转换

"坐标转换计算"功能是指用户可以将坐标值在当前用户坐标与机器坐标之间相互转换，可以通过手动输入当前用户坐标的 $X$、$Y$、$Z$ 数值或者机器坐标的 $X$、$Y$、$Z$ 数值，实现两者之间的相互转换（见图7-19）。

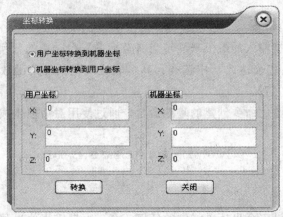

图7-19　坐标转换窗口

# 7.3 坐标系的存储、调用与删除

### 7.3.1 坐标系存储

最后修改的坐标系统可以永久地保存在磁盘里。"存储"按钮的作用是将当前的坐标系统文件存储在磁盘指定的文件夹下（见图7-20）。

保存坐标系统：

第一步：在"坐标系"下拉菜单中选择"存储"选项。

第二步：给坐标系统文件输入文件名。

第三步：单击"确认"按钮，完成坐标系统的保存。

对话框"存储文件类型"和"盘区"只是提供信息，这些值无法改变。这样做的目的是可以保证已保存的坐标系统文件存储在一个集中位置。

图7-20　存储当前坐标系文件

### 7.3.2 坐标系调用

"调用"按钮的功能是载入已经保存的坐标系统。

文件选择栏列出了文件目录中所有的坐标系统文件。通过列表可以选择坐标系统的文件名，或者通过路径进入编辑框（见图7-21）。

载入坐标系：

第一步：从"坐标系"下拉菜单选择"调用"选项。

第二步：选择需要的坐标系文件。

第三步：单击"确认"按钮完成调用。

对话框"文件类型"和"驱动器"只是获取信息，这些项不能修改是为了保证保存的坐标系在固定的文件目录中，方便调用。

图 7-21　调用已存坐标系文件

### 7.3.3　坐标系删除

对于不再需要的坐标系统文件可以将它删除。"删除"菜单的作用就是删除已经没有价值的已存储的坐标系统文件（见图 7-22）。

删除坐标系统文件：

第一步：在"坐标系"下拉菜单中选择"删除"选项。

第二步：从文件列表对话框中选取要删除的文件。

第三步：单击"确认"按钮完成删除操作。

图 7-22　删除坐标系文件

# 第8章 手动版软件几何特征的测量

## 8.1 点、线、面测量

零件测量程序的基本组成部分就是几何特征的测量。一个加工件由孔、螺栓、凹槽等组成，这些特征都需要测量并且和设计说明相比较。本章讨论几何特征的测量、创建和定义。

MWorks-DMIS 手动版软件的"测量"菜单如图 8-1，目前支持的测量特征有：点、点云、补偿点、直线、平面、圆、圆柱、圆锥、球、椭圆、曲线、曲面以及数模对比测量。

### 1. 测量对话框概述

下面的部分描述了所有几何特征的一般功能。可以从不同的位置选取特征命令。一旦一个几何特征被选取，对应该特征的相应窗口就会出现，例如，执行一个关于平面特征测量的操作（见图 8-2），从下拉菜单中选择"测量—平面"，便出现下面的对话框。如果需要连续测量同样的几何特征，可以选中"连续测量"按钮（测量工具条中最后一个图标）。

该特征窗口又被分为几个区域，这些区域不可以被移动或是改变大小。它包含以下几个与被测特征相关的功能：

① 一个包含该特征类型的标题按钮。

② 一个关于该特征的图形表示，它包含了该特征可变测点的数量。

③ 一个在机器坐标系或零件坐标系统下测针的当前位置信息的窗口，该位置信息可以在笛卡儿坐标系或极坐标系下显示。

④ 一个测点显示区显示了目前所测点的序号以及预期要测点的总数。点的个数会在测完后累加起来。

⑤ 一个在测量过程中可以进行参数选择的测量参数选项区。

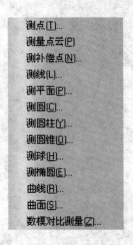

图 8-1　测量菜单

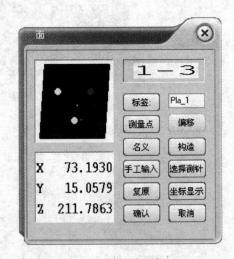

图 8-2　测量平面窗口

下面对测量参数选项区的内容进行介绍。

1）标签："标签"按钮可以使几何特征附带一个用户定义的标签，可从键盘直接进入"标签"，定义内部指针，定义标签名类型。另外，也可以选择"标签"按钮激活"选择标签"窗口来选择一个已定义了的标签（见图 8-3）。

有一些零件测量程序有几百个标签，为了方便查找某一类型的元素，标签过滤是很有用的。"应用"按钮窗口首先过滤了除了原来已经定义了名义标签的特征外的所有特征。如果想用的标签是一个实际特征，那么单击"标签"下的"实测"选项。名义公差、实际公差和基准选项是不可用的。

一般来说，当一个标签选项被选择后，星号"＊"就是一个通配符号。如果屏蔽没有该通配符号，比如"cir_ 2"，那么过滤器在最初过滤结果中只能找到一个与该屏蔽精确相等的标签，这对找出一个给定名称的标签是很适用的。在很多时候，必须键入一个过滤屏蔽如"P＊"，这样就能将第一个字母是 P 的标签全部显示出来。

单击"选择标签"窗口中的"自动标签"按钮可以自动生成标签。通过选择"自动标签"，自动标签重设窗口将会出现（见图 8-4）。

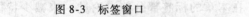
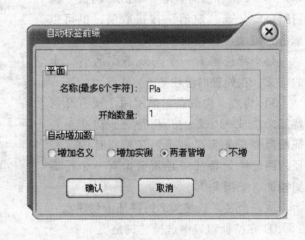

图 8-3　标签窗口　　　　　　　　　　图 8-4　自动标签窗口

设置自动标签的步骤：

① 在选择标签对话框中选择自动标签。

② 在名称栏输入标签特征的重设文本。例如，"pla"就是一个平面元素的自动标签重设值，重设值最多不能超过 6 个字符。

③ 输入值，使得自动标签能够运行。

④ 在自动编号版块中，选择的标签类型应该是自动的，以下的选项是可用的。

名义标签　　　　　　　　只有名义标签增加

实际标签　　　　　　　　只有实际标签增加

两者皆增　　　　　　　　名义上和实际上的标签都增加

不增　　　　　　　　　　不能够自动增加标签

⑤ 选择"确认"返回到几何特征窗口。

"测量点选项"对话框（见图 8-5）可以设置目前被测特征的最大测点数量，最大值是

10000（点云的测量点最多为99999）。在该对话框中输入测量点数量，单击"确认"按钮回到特征窗口之后，计数器的显示和几何特征的点数图将被输入的"最大测量点"的值更新。

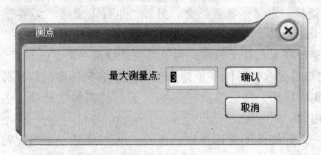

图8-5 修改测量点数量

2）名义值："名义值"按钮定义了一个名义上的特征值。在特征窗口内选择"名义"按钮就可以显示出"名义特征定义窗口"（见图8-6）。

用户可以键入几何特征的名义值信息，如x、y、z值和法向量等。单击"确认"按钮结束定义或"取消"按钮取消，也可以单击"继续"按钮继续定义。

每个特征都有一个与众不同的名义上的定义，在处理时应注意。

3）构造：构造点是采用两个现有几何特征来生成一个新的几何特征。构造点特征前需要事先定义一个名义值，且构造特征的两个原始特征中必须至少有一个是实测特征（见图8-7）。

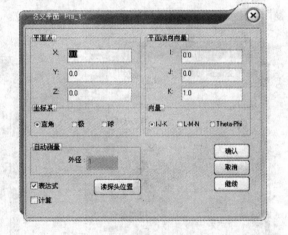

图8-6 名义特征定义窗口

从一个名义或是实测的特征中创建点：

① 在特征窗口中选择"构造"。

② 如果需要的话，可以使用不同的过滤器（在本章的标签部分曾讨论过）来减少特征标签清单中的可用的选项。

③ 选择可以用来创建点的特征。在这里窗口选择方式是可用的。例如，CTRL + 鼠标左键可单个选取，SHIFT + 鼠标左键可用来选取多个对象。

④ 单击"确认"返回到特征窗口。

回到主测量特征窗口以后，可以发现点计算器增加了一个点。

4）坐标显示：该按钮能控制当前活动坐标和显示窗口中显示的坐标系类型（见图8-8）。

当前坐标系显示设置：

① 在特征窗口中选取"坐标显示"。

② 在"坐标系"部分中选择坐标系来实时显示测针的位置。"机器"指的是机器坐标系，而"当前"默认状态下是指当前的坐标系。

③ 在"坐标"部分中选择坐标系来实时显示测针的位置。默认状态下是笛卡儿坐标系。

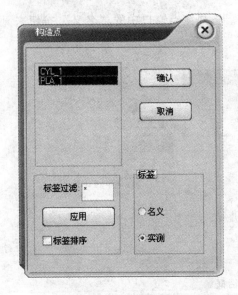

图 8-7　构造点

图 8-8　显示当前坐标系

④ 向量的默认状态下是 I-J-K

⑤ 单击"确认"返回到特征窗口。

转换到"坐标系"后在实时显示窗口中的"坐标"栏就可见到修改后的结果。

5）取消：要取消所有的测量程序，可单击"取消"按钮关闭测量特征窗口，回到主屏幕。

点、线、面是测量学中最基本的三个几何元素，它们是构成很多复杂图形的基础。在机械检测过程中，点的测量最为重要，因为像直线、面、圆等其他元素，都是通过测量点数量的不同而构造出来的。在几何学当中，由于两点就可以确定一条直线，三点可以确定一个平面，因此，如果想要测量某条直线或者某个平面，通过测量这条直线上的两点或者平面中的三个点，便可以将这条直线或平面构造出来。下面通过具体的图例来讲解在 MWorks-DMIS 手动版软件中点、线、面这三个基本几何特征的测量。

**2. 点的测量**

打开"测量"下拉菜单，选择其中的"测点"选项，MWorks-DMIS 手动版软件会弹出"测点"对话框，如图 8-9 所示。

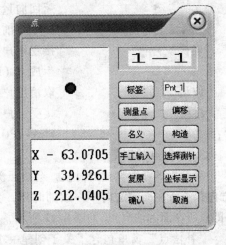

图 8-9　测点对话框

测量"点"窗口包含了关于创建一个点特征的一些功能。一旦窗口出现，就能使用测针或是选择公共特征栏描述的特征之一来开始测量。

在测量特征完成之后，就会回到主屏幕，除非选择了"连续测量"图标。在这种情况下，特征窗口就会再次打开来测量下一个点特征。点特征的详细操作在下面的部分描述。

其中，"名义"按钮允许定义一个名义的点特征。选择测点窗口中的"名义"按钮来显示"名义点窗口"，如图 8-10 所示。

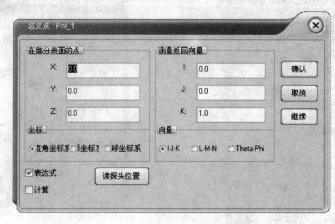

图 8-10 名义点对话框

名义点窗口包含以下内容：

| | |
|---|---|
| 在部分表面的点 | 包含名义点坐标的数值栏 |
| 坐标系 | "坐标系"按钮显示了名义点的表示方法。选项有直角坐标系，极坐标和球坐标系 |
| 测量返回向量 | 包含向量坐标的数值栏，且是点所在平面的法向 |
| 向量 | "向量"按钮显示了测量收缩向量的表示方法，选项有 I-J-K，L-M-N 或者 Theta-Phi |
| 表达式 | 复选框使数学表达式能被录入到"在部分表面的点"和"测量返回向量"栏 |
| 读探头位置 | 读取当前机器测针的位置 |
| 确认 | 接受用户的输入，关闭"名义点"窗口和"点"窗口，并且生成 F（LABEL）= FEAT/POINT 命令 |
| 取消 | 取消用户的输入，回到点窗口 |
| 继续 | 接受用户的输入，关闭"名义点"窗口，生成 F（LABEL）= FEAT/POINT 命令，回到点窗口 |

**3. 补偿点的测量**

手动机器在测量点的时候，会按照测头的回退方向来进行半径补偿，这样，当测球运动方向跟点所在面的法向不一致的时候，会产生测量误差。为了准确测量，应该指定补偿方向（即点所在面的法向），如图 8-11 所示，1 代表实际回退方向补偿后的点，2 代表期望点。

"补偿点"窗口包含了关于创建一个补偿点特征的一些功能。一旦测量窗口出现，用户就可以使用操纵杆或是选择公共特征栏描述的特征之一来开始测量。该测量窗口的"偏移"项是激活的，在该项中可以设定测量点的补偿方向。

在测量特征完成之后，就会回到主屏幕，除非选择了"连续测量"图标，在这种情况下，特征窗口就会再次打开来测量下一个点特征。测补偿点特征的详细操作在下面的部分描述。

"偏移"按钮允许定义点的补偿方向，如图 8-12 所示。

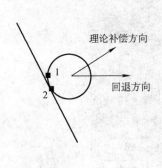

图 8-11　补偿方向

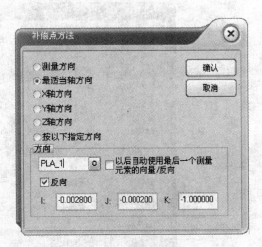

图 8-12　补偿点方法设置

窗口由以下内容组成：

测量方向　　　　按照测头的回退方向进行补偿

最适当轴方向　　按回退方向向量分量最大的那个轴方向进行补偿（软件默认为该项）

$X$ 轴方向　　　　按当前坐标系 $X$ 方向进行补偿

$Y$ 轴方向　　　　按当前坐标系 $Y$ 方向进行补偿

$Z$ 轴方向　　　　按当前坐标系 $Z$ 方向进行补偿

指定方向　　　　用户自己输入补偿方向

确认　　　　　　接受用户的输入，关闭"补偿点方法"窗口，回到"测量补偿点"窗口

取消　　　　　　取消用户的输入，回到"补偿点"窗口

### 4. 直线的测量

从"测量"下拉菜单中选择"测直线"选项，会弹出"测直线"对话框，如图 8-13 所示。与"测点"对话框不同的是，在"测直线"对话框中有一"空间"选项。勾选上"空间"标签，此时测量图形界面上显示的直线就是该直线在空间的实际位置，如果不勾选"空间"标签，得出的直线将是该直线相对于当前工作平面的投影。

在测量特征完成之后，就会回到主屏幕，除非选择了"连续测量"图标，在这种情况下，特征窗口会再次打开来测量下一个线特征。线的方向从第一点指向最后一点。线特征的详细操作在下面的部分里描述。

可以从测直线对话框中选择"名义"按钮，弹出"名义直线"对话框，如图 8-14 所示。"名义"按钮允许定义一条名义线特征。

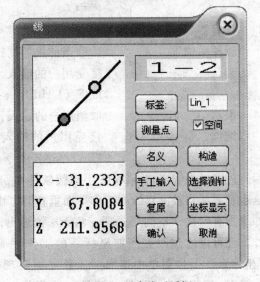

图 8-13　测直线对话框

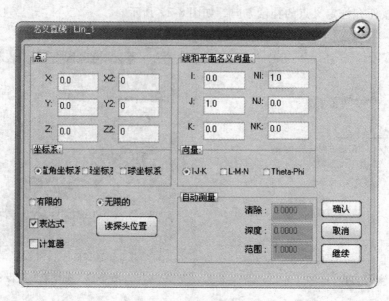

图 8-14　名义直线对话框

"名义直线"窗口包含以下内容：

| 点 | 包含名义直线的起始点和终点坐标的数值栏 |
| --- | --- |
| 坐标系 | "单选"按钮显示了起点和终点的表示方法。选项有笛卡儿，极坐标和球坐标 |
| 线和平面名义向量 | 包含直线方向向量的数值栏和表示补偿平面的平面法向向量。直线测量就是在补偿平面内进行的 |
| 向量 | "向量"按钮显示了直线向量和平面法向向量的表示方法，选项有 I-J-K，L-M-N 或者 Theta-Phi |
| 表达式 | 复选框允许数学表达式被录入到"点"和"线和平面法向向量"栏中 |
| 计算器 | 只有当"表达式"被选择后，表达式才能被计算 |
| 读探头位置 | 读取当前机器测针的位置 |
| 确认 | 接受用户的输入，关闭"名义线"窗口和"线"窗口，并且生成 F（LABEL）= FEAT/LINE 命令 |
| 取消 | 取消用户的输入，回到线窗口 |
| 继续 | 接受用户的输入，关闭"名义线"窗口，生成 F（LABEL）= FEAT/LINE 命令，回到线窗口 |

注意：在 MWorks-DMIS 手动版软件中，直线和圆的测量都是与工作平面密切相关的，这也就意味当被测直线与工作平面垂直时，由于它在工作平面上的投影变成了一个点，此时如果没有勾选"空间"选项，将无法测量出该直线的实际位置。除了勾选"空间"选项之外，还可以通过改变当前坐标系的工作平面，达到测量出该直线的目的。其方法是：从"坐标系"下拉菜单中选取"工作平面"项，修改当前坐标系工作平面为 $YZ$ 平面，单击"确定"按钮退出，再从"测量"拉菜单中选取"测直线"项进行测量即可。有关测量圆

的过程中需要注意的问题，将在后面详细介绍。

**5. 平面的测量**

面窗口包含关于创建平面特征的一些功能。从"测量"下拉菜单中选择"测平面"选项，会弹出"测平面"对话框（见图 8-15），此时就能使用操纵杆或是选择公共特征栏描述的功能之一来开始测量。

测量提示：在测量一个平面时，测量点最好能均布在被测物体表面而不能位于同一条直线上，否则会影响测量精度。

名义平面：测平面对话框中的"名义"按钮允许用户定义一个名义平面特征。在窗口中选择"名义"按钮来显示"名义平面"窗口，如图 8-16 所示。

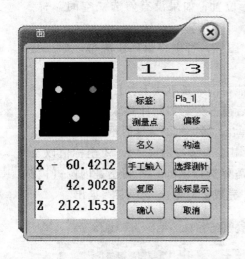

图 8-15　测量平面窗口

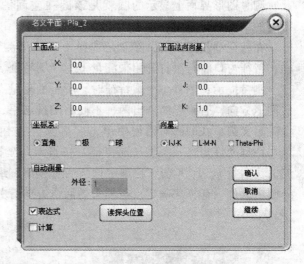

图 8-16　名义平面窗口

"名义平面"窗口包含以下内容：

| | |
|---|---|
| 平面点 | 包含平面上点的坐标的数值栏 |
| 坐标系 | 单选按钮显示了平面坐标系的 表示方法。选项有笛卡儿，极坐标和球坐标 |
| 平面法向向量 | 拟测平面法向向量在各个坐标轴上的分量 |
| 向量 | 单选按钮显示了平面法向向量的表示方法，选项有 I-J-K，L-M-N 或者 Theta-Phi |
| 表达式 | 复选框允许数学表达式被录入到"平面点"和"平面法向向量"栏中 |
| 计算 | 只有当"表达式"被选择后，表达式才能被计算 |
| 读探头位置 | 读取当前机器测针的位置 |
| 确认 | 接收用户的输入，关闭"名义平面"窗口和"平面"窗口，并且生成 F（LABEL）= FEAT/PLANE 命令 |
| 取消 | 取消用户的输入，回到平面窗口 |
| 继续 | 接收用户的输入，关闭"名义平面"窗口，生成 F（LABEL）= FEAT/PLANE 命令，回到平面窗口 |

## 8.2　圆、圆柱、圆锥的测量

圆、圆柱、圆锥三者的测量过程有很多相似之处，因此将这三者放在一起，下面就分别介绍这三个元素的测量过程。

**1. 圆的测量**

从"测量"下拉菜单中选择"测圆"选项，会弹出测圆对话框（见图 8-17）。该对话框包括的功能是为测量圆特征服务的。一旦窗口出现，就可以使用操纵杆或选择其中一个特征命令选项中的命令来进行测量。同"测直线"功能窗口一样，当勾选上"空间"标签，此时测量图形界面上显示的圆就是该圆在空间的实际位置；如果没有勾选"空间"标签，得出的圆将是该圆相对于当前工作平面的投影。

在特征测量完成后，除非是选择了"连续测量"图标，否则将返回主屏幕。如果是这样，特征窗口将再次打开用来测量下一个圆特征。

测量提示：测量一个圆特征时，所有的测量点不能在同一条直线上。且一定要注意测针的回退方向，否则可能得出两种不同的测量结果，二者差值为两倍测针测球的直径。

名义圆：在测圆对话框中单击"名义"按钮，弹出"名义圆"对话框（见图 8-18），该对话框允许定义一个名义圆特征。在笛卡儿坐标系中输入圆心的 $X$、$Y$、$Z$ 坐标值以及对应的法向量 $I$、$J$、$K$ 值，再确定该圆的直径值，最后需要选择该圆是外圆还是内圆（内圆、外圆由软件内部算法确定，与测头的回退方向有关），完成之后单击"确定"退出。

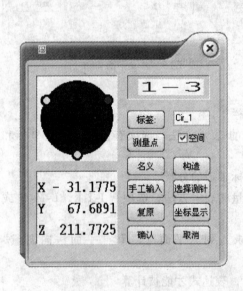

图 8-17　测圆对话框

图 8-18　名义圆窗口

名义圆对话框包含以下选项：

中心　　　　　数字区显示的是圆心的坐标
坐标系　　　　单选按钮指示的是圆心坐标的表示，有直角坐标、极坐标、球坐标选项
法向矢量　　　数字区显示的是圆所在坐标平面法向向量的坐标。

向量　　　　　单选按钮指示的是圆法向向量的表示方法，有 I-J-K，L-M-N 以及 Theta-Phi

圆的尺寸　　　数字区显示的是圆的直径或半径的值

半径/直径　　单选按钮指示的是表示圆的大小种类，有直径或半径两种选择

内或外　　　　单选按钮指示的是圆的内切/外切属性，有内切或外切两种选择

表达式　　　　复选框能通过数学表达式输入中心、法向量以及圆的大小到数据区

计算器　　　　计算表达式，只有在表达式被选择的情况下可用

读探头位置　　读取当前机器测针的位置

确定　　　　　接收用户的输入，关闭标定圆窗口和圆窗口，并生成一个 F（LABEL）= FEAT/CONE 命令

取消　　　　　取消用户的输入，返回到圆窗口

继续　　　　　接收用户的输入，关闭标定圆窗口，并生成一个 F（LABEL）= FEAT/CONE 命令，返回到圆窗口

### 2. 圆柱的测量

从"测量"下拉菜单中选择"测圆柱"选项，会弹出测量圆柱对话框（见图 8-19），测量圆柱窗口包括的功能是为测量或创建一个圆柱特征服务的。当测量窗口弹出后，就能使用操纵杆或选择其中一个特征命令选项中的命令来进行测量。特征测量完成后，除非选择了"连续测量"图标，否则将返回主屏幕。如果是这样，特征窗口将再次打开用来测量下一个圆柱特征。

测量提示：测量一个圆柱时，所测的点最好是 3 的倍数。每组的三个点应尽量在一个圆周上，具有一个圆的测量特征。比如，这些点不能在同一条直线上。每个圆彼此应该是平行的，尽可能沿着圆柱广泛分布，以便得到最精确的测量结果。

名义圆柱：名义按钮允许定义一个名义圆柱的特征。在测量圆柱窗口中选择"名义"按钮将显示名义圆柱窗口（见图 8-20）。与名义圆对话框唯一不同的是，名义圆柱对话框中所要输入的是圆柱轴线上任意一点的坐标以及它的法向矢量。名义圆柱对话框中的内容请参考名义圆对话框。

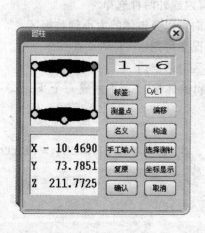

图 8-19　测量圆柱对话框

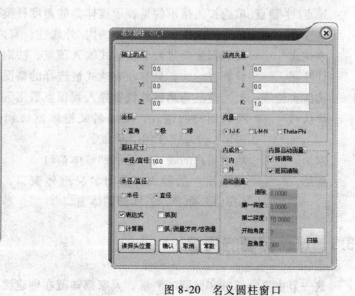

图 8-20　名义圆柱窗口

### 3. 圆锥的测量

从"测量"下拉菜单中选择"测圆锥"选项,会弹出测量圆锥对话框,它与测圆柱对话框完全相同,二者测量过程中的唯一区别在于"名义"模式。单击测量圆锥对话框中的"名义"按钮,弹出"名义圆锥"对话框。在该对话框中需要给定圆锥的顶角角度值,而不是圆锥的底圆直径值。测量完成后,除非选择了"连续测量"图标,否则将返回主屏幕。如果是这样,特征窗口将再次打开用来测量下一个锥体的特征,测量锥体时也需要注意同测量圆柱体同样的问题,在这就不再赘述。

名义圆锥:名义按钮允许定义一个名义锥体的特征。在锥体窗口中选择"名义"按钮将显示名义锥体窗口(见图 8-21)。

图 8-21　名义圆锥窗口

名义圆锥窗口包含以下内容:

| | |
|---|---|
| 顶点 | 数字区显示的是锥体顶点的坐标 |
| 坐标 | 单选按钮指示的是最高点坐标的表示方式,有直角坐标、极坐标、球坐标选项 |
| 法向矢量 | 数字区显示的是锥体中心轴向量的坐标 |
| 向量 | 单选按钮指示的是锥体中心轴方向向量的表示方式,有 I-J-K,L-M-N 以及 Theta-Phi |
| 圆锥尺寸 | 数字区显示的是圆锥的顶点或半顶点的角度值 |
| 顶点/半顶点 | 单选按钮指示的是表示锥体角的角度种类,有顶点或半顶点两种选择 |
| 内或外 | 单选按钮指示的是锥体的内/外属性,有内或外两种选择 |
| 表达式 | 复选框能通过数学表达式输入顶点、法向量以及锥体的大小到数据区 |
| 计算器 | 计算表达式,只有在表达式被选择的情况下可用 |
| 读探头位置 | 把当前机器测针的位置导入到顶点数据区对话框内 |
| 确认 | 接收用户的输入,关闭名义锥体窗口和锥体窗口,并生成一个 F (LABEL) = FEAT/CIRCLE 命令 |
| 取消 | 取消用户的输入,返回到锥体窗口 |
| 继续 | 接收用户的输入,关闭名义锥体窗口,生成一个 F (LABEL) = FEAT/CIRCLE 命令,返回到锥体窗口 |

## 8.3　球、椭圆的测量

这一节主要介绍球和椭圆的测量,大家都知道在创建测头系统的时候就用到校验基准球这一项，这就涉及到球体的测量，下面开始介绍球的测量步骤。

### 1. 球的测量

从"测量"下拉菜单中选择"测球"选项，会弹出测球对话框（见图8-22），测球窗口包括与球体有关的参数。一旦这个窗口出现，就可以用操纵杆或者选择一个能描述球面特征的功能来进行测量。当测量特征完成后，将回到主屏幕除非选择了"连续测量"图标。在这种情况下，特征窗口将再次打开以便测量下一个球体的特征。

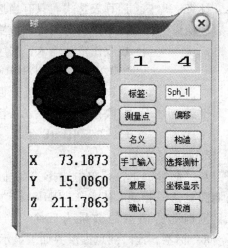

图 8-22　测球对话框

测量提示：当测量一个球体特征时，所有的测量点不能共面。应尽量采集球体上一个圆周上的几点和一个球的顶点，在测量过程中要注意测头的回退方向（沿被测点的外法线方向回退），否则会出现与测圆相同的情况（外部或内部）。

名义球：名义按钮允许定义一个名义球的特征，名义球对话框如图8-23所示。

图 8-23　名义球窗口

名义球窗口包含以下内容：

| | |
|---|---|
| 中心 | 数字区包括相对应的球的圆心坐标值 |
| 坐标系 | 单选按钮指示顶点的坐标系，默认为直角坐标系 |
| 球的尺寸 | 数字区包括球的半径或者直径 |
| 半/直 | 单选按钮显示球的尺寸大小：可选半径或者直径 |
| 内或外 | 单选按钮显示球的内/外特征：可选内或者外 |

| 表达式 | 在复选框中输入能表达球的中心和大小的数学表达式 |
| --- | --- |
| 计算 | 计算表达式。只有当选择表达式后才执行 |
| 读探头位置 | 把当前机器测针的位置导入到中心数据区对话框内 |
| 确认 | 接收用户的输入，关闭指定的球体和球体窗口，并且产生名义的 F（LABEL）= FEAT/SPHERE 命令 |
| 取消 | 退出用户的输入并返回球体窗口 |
| 继续 | 接收用户的输入，关闭指定的球体窗口，并且产生名义的 F（LABEL）= FEAT/SPHERE 命令，并返回到球体窗口 |

**2. 椭圆的测量**

从"测量"下拉菜单中选择"测椭圆"选项，会弹出测椭圆对话框（见图 8-24），它与测圆对话框相同。MWorks-DMIS 手动版软件默认测椭圆所需点的数量为五个，当勾选上"空间"标签，此时测量图形界面上显示的椭圆就是该椭圆在空间的实际位置；如果没有勾选"空间"标签，得出的椭圆将是该椭圆相对于当前工作平面的投影，这时得出的测量结果是不准确的。当前测量特征完成后，将回到主屏幕除非选择了"连续测量"图标。在这种情况下，特征窗口将再次打开以测量下一个椭圆特征。

图 8-24　测椭圆对话框

测量提示：在测量椭圆的时候，所有的测量点不能位于同一直线上，否则会影响测量精度。

**名义椭圆**：单击测量椭圆对话框中的"名义"按钮，弹出名义椭圆窗口（见图 8-25），在该窗口中，需要确定椭圆的两个焦点坐标（X1，Y1，Z1）和（X2，Y2，Z2）及法向量 I、J、K 值，还有椭圆的长轴直径以及内外方向，便可以得出一个名义椭圆。

名义椭圆窗口包含以下内容：

| 焦点 | 数字区包含相对应的椭圆的焦点 |
| --- | --- |
| 坐标系 | 单选按钮指示焦点的坐标：可选择笛卡儿坐标，极坐标或者是球坐标 |
| 法向矢量 | 数字区包含标准向量的面，这个面就是椭圆所在的面 |
| 向量 | 单选按钮显示椭圆的标准向量：可选 I-J-K，L-M-N 或 Theta-Phi |
| 椭圆的尺寸 | 数字区包含椭圆的长轴或半径，或者短轴或半径 |
| 半/直 | 单选按钮显示椭圆的尺寸大小：可选半径或直径 |
| 主要/次要 | 单选按钮显示椭圆轴的类型：可选长轴或短轴 |
| 内或外 | 单选按钮显示椭圆内/外的特性：可选内或者外 |
| 确定 | 接收用户的输入，关闭指定的椭圆窗口，并且产生一个名义的椭圆 F（LABEL）= FEAT/ELLIPS 命令 |
| 取消 | 退出用户的输入并且返回椭圆窗口 |

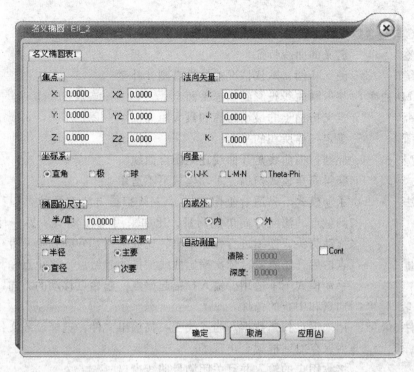

图 8-25  名义椭圆窗口

## 8.4  曲线、曲面的测量

除了前面介绍的那些基本几何元素的测量之外，在实际测量零件过程中，有很多的曲线

和曲面也必须去测量，下面这一节就讲解 MWorks-DMIS 手动版软件中关于曲线和曲面测量的内容。

**1. 曲线的测量**

从"测量"下拉菜单中选择"测曲线"选项，会弹出测量曲线对话框（见图 8-26），该对话框包含建立和测量曲线有关的功能。它由两个窗口制表组成：G 曲线和创建曲线或曲面。下面就分别对这两个窗口进行介绍。

G 曲线：G 曲线提供一个表格用来输入限定参数使 CMM 能

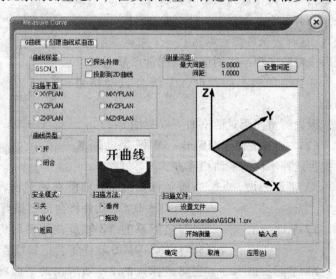

图 8-26  测曲线对话框

够扫描一个复杂的，非棱柱的复杂曲面。每个扫描点都保存在 MEAS/GCURVE-ENDMES 区

段内。

G 曲线窗口包含以下几个部分：

| | |
|---|---|
| 曲线标签 | 名义的曲线特征 |
| 测针补偿 | 测针补偿，默认情况曲线没有测针补偿 |
| 投影到 2D 曲线 | 将所测曲线投影到扫描平面上 |
| 测量间距 | 定义扫描点的最小距离和最大距离 |
| 扫描平面 | 确定扫描所在的平面 |
| 曲线类型 | 控制扫描曲线是开曲线还是闭合曲线 |
| 安全模式 | 获得安全模式扫描，手动模式下不适用 |
| 扫描方法 | 手动模式下只适合垂向扫描。CMM 扫描方法有两种类型：一种是沿测量点的法向方向单点测量，比如采用 PH1 测头。另一种是沿曲线拖动测头，连续进行数据采集，比如采用 SP600 扫描测针 |
| 开始测量 | 点击后开始测量，依次确定曲线扫描的起始点，终止点和测量点 |
| 输入点 | 手动模式下不适用。输入扫描起始点，起始点移动的方向，终点，方向点和中止的条件 |
| 扫描文件 | 用来保存扫描数据。为了改变扫描输出文件，选择设置文件按钮。然后保存对话框就会出现了 |
| 确定 | 接收用户的输入并且关闭测量曲线窗口 |
| 取消 | 退出曲线测量窗口 |

下面再详细介绍该窗口中的相关内容。

（1）测量间距 根据零件尺寸大小来确定测量点之间的距离，两个测量点之间的距离应该大于最小间距并且小于最大间距。

当距离大于最大间距时，软件会提示"太快"，当距离小于最小间距时，会提示"太慢"。这时应该将测针退到上一个测量点附近，然后按合适间距继续测量。当测量点靠近结束点，并且小于最小间距时，系统会自动结束测量。

设置测量间距对话框如下（见图 8-27）：

（2）扫描平面 MWorks-DMIS 手动版软件提供六种不同的平面扫描方式。

图 8-27 设置曲线测量点间距

| | |
|---|---|
| XY 平面扫描 | 当前坐标系的 XY 轴所在的平面将会用做扫描平面。如选择投影，MWORKS-DMIS 软件将会把扫描点的 Z 坐标值固定 |
| YZ 平面扫描 | 当前坐标系的 YZ 轴所在的平面将会用做扫描平面。如选择投影，MWORKS-DMIS 软件将会把扫描点 X 坐标值固定 |
| ZX 平面扫描 | 当前坐标系的 ZX 轴所在的平面将会用做扫描平面。如选择投影，MWORKS-DMIS 软件将会把扫描点 Y 坐标值固定 |
| RZ 平面扫描 | 手动模式下不适用。目前坐标系的 Z 轴以及与之成一定角度的半径所在的平面将会用做扫描平面。MWORKS-DMIS 软件将会维持扫描 |

的点的与 Z 轴所成的角度为一个固定的值

TZ 平面扫描　　　　手动模式下不适用。目前坐标系的 Z 轴与定长半径所在的平面将会用做扫描平面。MWORKS-DMIS 软件将会维持扫描的点与 Z 轴之间的距离为一个固定的值。这个设置必须用来扫描有连续值的圆柱体的横切面

自定义平面扫描　　手动模式下不适用。将先前定义的名义上或特征上的实际平面定义为扫描平面

（3）开始测量　　选择了开始测量后，完成下列步骤中的一个来扫描曲线特征。对于闭合和未闭合的轮廓来说，一旦开始、结束和方向点已经从 CMM 中得到，扫描位置对话框将会出现。这个是用来确认开始、结束和方向点的正确性。如果需要的话，用户可以用键盘来对这些值做最后的修订。选择"确认"来接收输入，否则选择"取消"不接收输入，并控制程序返回到 G 曲线对话框。

扫描开曲线的步骤：

第一步：单击"开始测量"按钮，弹出测量对话框（见图 8-28），选择一个测量点作为此次曲线测量的终止点。

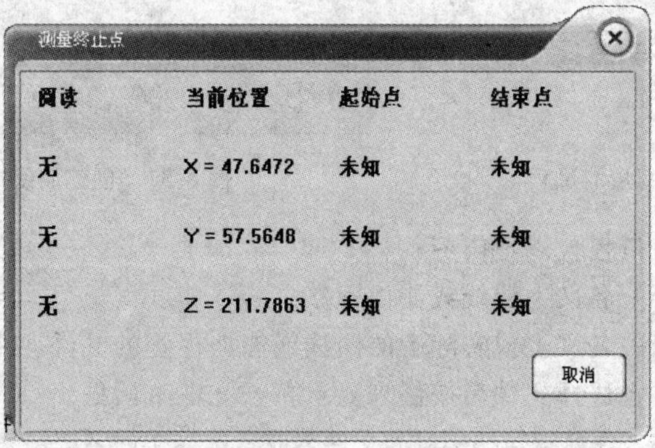

图 8-28　测量曲线终止点

第二步：使用机器操纵杆（测头）选择被测曲线的起始测量点（见图 8-29）。

图 8-29　测量曲线起始点

第三步：从测量起始点往测量终止点采点，所采测量点之间的间距必须在最小间距与最大间距之间，直至此次曲线测量完成（见图 8-30）。

扫描闭合曲线的步骤与扫描开曲线的步骤唯一不同之处在于它不用选择测量终止点，而直接将测量起始点作为测量终止点，其余测量的操作步骤两者完全相同。

创建曲线或曲面：创建曲线或曲面对话框为用户定义名义上的或实际的曲线或平面提供了一个工具。另外用户能够从已经存在的曲线文件（.CRV）、ASCII 文件（.TXT）、DXF 文件（.DXF）或 IGES 文件（.IGS）创建名义上或实际的曲线文件（见图 8-31）。

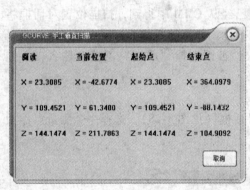

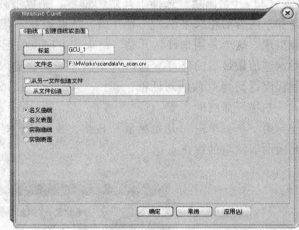

图 8-30　曲线测量的过程　　　　　图 8-31　创建曲线或曲面对话框

创建曲线或曲面窗口包含以下内容：

| | |
|---|---|
| 标签 | 分配名义上曲线或曲面标签 |
| 文件名 | 有关名义上或实际上的曲线或曲面标签的文件。在编辑框中键入文件名或者选择文件名按钮来显示打开文件对话框 |
| 从文件中创造 | 在文件名编辑框中键入文件名或者选择文件名按钮来显示打开文件对话框 |
| 类型 | 选择曲线特点或者平面的类型来创建。（例如：名义的或实际的） |
| 确定 | 接收用户输入，关闭测量曲线对话框并根据类型的选择生成下面 DMIS 命令之一。 |

F（CIRC_ CRV）= FEAT/GCURVE,' SCANDATA/SCANCIRC. CRV'

或

F（CYL_ SURF）= FEAT/GSURF,' SCANDATA/SCANCYL. SRF'
SS（PATCHLB）= SCNSURF/PATCHES, 100, 10, 10

取消　　　　　　不接收用户输入，并返回测量曲线对话框

**标签：**使用默认的标签或者直接选择"标签"按钮来显示"选择标签"对话框（见图 8-32）。在该对话框中，选择与标签相关的名义或实际的曲线或曲面，这些可以通过键盘或过滤或分类机制来完成。

**创建扫描曲线：**现有的点群扫描文件是一个作为名义上的实际扫描。当起作用时，名义上的文件，较早定义，也不再是空的，它将包含现有文件的内容。

为实现这种转换，选择"从文件创建"，把文件名和包含的全路径键入。

**输入扫描数据**：MWorks-DMIS 手动版软件支持可编程输入 IGES（116 或 126 体）的 DXF 和 ASCII 文件格式转换为 MWorks-DMIS 手动版自定义的曲线文件格式（.CRV）。它也可以支持可编程输入 IGES（128 体）的格式转换为 MWorks-DMIS 软件自定义的面文件格式（.SRF）。有 5 个命令可以完成这些操作。

曲线命令：

SF(label) = SCNFNC/GENCUR,FA(label1),filename

F(label) = FEAT/DCURVE,filename

F(label) = FEAT/GCURVE,filename

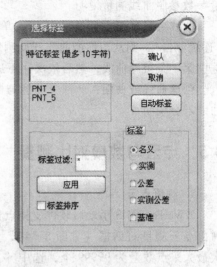

图 8-32  选择标签

文件扩展名是".TXT"，采用 ASCII 文本格式；文件扩展名是".DXF"，采用 DXF 格式；文件扩展名是".IGS"（或者.IGES），采用 IGES 格式（116 体或 120 体），其他采用 MWorks-DMIS 手动版自定义的曲线格式（.CRV）。

面命令：

SF(label) = SCNFNC/GENSRF,FA(label1),filename

F(label) = FEAT/GSURF,filename

文件扩展名是".IGS"（或".IGES"），采用 IGES 格式（128 体）。其他采用 MWorks-DMIS 手动版自定义面文件格式。

**2. 曲面的测量**

从"测量"下拉菜单中选择"测曲面"选项，会弹出测量曲面对话框（见图 8-33），它也是由两窗口组成：轮廓线测量和创建曲线或曲面。通过测量曲面上的多条曲线来构造出被测曲面。

**轮廓线测量**：该对话框中的曲面文件用来指定保存曲面数据的文件。目前的曲面功能不支持直接生成曲面，而是通过保存多条曲线来实现的。用户在测量完成后，应将曲线导入其他的逆向工程软件中进行修改与拟合，以达到所需要求。

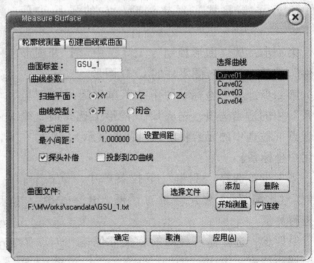

图 8-33  轮廓线测量

MWorks-DMIS 手动版软件保存的曲面数据为 ∗.txt，此数据文件将所有曲线的点信息收集在一起，在同一目录下，又生成了同名的文件夹，用来保存各曲线数据。

如图所示的情况，MWorks-DMIS 手动版软件会在∗:\ exec \ scandata \ GSU_ 1.txt 中保存所有点信息，并生成 ∗:\ exec \ scandata \ GSU_ 1 文件夹，存放 A_ GSU_ 1_ Curve01.crv 和 A_ GSU_ 1_ Curve02.crv 两条曲线。

选择曲线栏中用来增加、删除要测量的曲线数目。每一曲线可以单独调整测量参数，测量参数参照曲线测量说明。

曲线数目、参数设定完毕后，单击"开始测量"可以测量当前选中的曲线，如选中"连续测量"，则从当前的曲线开始测量，直到测量结束（在单击"连续测量"之后，应先选中第一条被测曲线，然后依次往下进行测量，以免漏测）。

**创建曲线或曲面**：此部分功能与曲线测量中的"创建曲线或曲面"功能一致，请参考曲线部分说明。

## 8.5　点云与数模对比测量

### 1. 测量点云

MWorks-DMIS 手动版软件支持点云的采集。从"测量"下拉菜单中选取"测量点云"，弹出点云测量对话框（见图 8-34），点云测量的一次最大采点数量为 99999 个，选中"扫描式"进行测量，可以非常方便快捷地采取零件或者模型表面的点，测量结束时单击"确认"按钮退出。然后可以将所采集到的点存储为（.sat）等格式，导入其他的逆向工程软件进行后续处理。

图 8-34　测点云对话框

### 2. 数模对比测量

数模对比测量主要进行实体模型与 CAD 图形（如 igs、stp 等格式）对比测量。它的操作步骤如下：

第一步：从"图形控制"工具条中"打开图形文件"按钮，导入被测零件的 CAD 图形。

第二步：从"坐标系"下拉菜单中选择"宏坐标系"中的适当选项，先从 CAD 图形上选择面、线或者点（被选中的元素将以红色背景显示），然后在实体零件上找到相对应的元素位置，建立用户坐标系。

第三步：选择"测量"下拉菜单中"数模对比测量"，弹出测量对话框，开始进行测量。

第四步：选择需要评测的相关部位，直至评测结束。

数模对比测量窗口如图 8-35。

测量提示：数模对比测量的设置位于"公差"菜单下，可以对测量的上、下偏差以及统计分数段进行设定，评测结果可以从"视图窗口"下拉菜单中"输出缓冲"项用"EXCEL 报表"形式输出。

点PNT_1

| 参数 | 实际值 | 名义值 | 偏差 |
|---|---|---|---|
| X | 49.3322 | 49.3318 | 0.000400 |
| Y | -4.7266 | -4.7290 | 0.002400 |
| Z | -0.0204 | -0.2584 | 0.238000 |
| dL | | | 0.238012 |

图 8-35　数模对比测量窗口

# 第9章　手动版软件几何特征的构造

MWorks-DMIS 手动版软件中有着丰富的构造功能。在很多测量过程中都需要用到构造，有些需要的元素可能无法通过直接测量得出（如圆柱的轴线），这个时候就可以通过"构造"菜单下的种种方式，达到测量目的。MWorks-DMIS 手动版软件中通过两个元素去构造一个新的元素，这两个元素中至少得有一个是实际测量的元素。

## 9.1　求交

从"构造"下拉菜单中选择"求交"选项，会弹出"求交"对话框，求交可以构造出的元素有四种，分别为点、直线、圆和椭圆。同一平面内的两条不相互平行的直线求交得出的是点，不平行的空间两平面求交得出的是直线，圆柱与平面求交可以得出一个椭圆或者圆。

"求交"对话框如图 9-1 所示，"标签"中显示的是所构造元素的名称（也可以由用户定义），"构造特征"栏中选择所要构造的元素类型，共有三种：点、直线、圆和椭圆。"特征标签 1"为实际测量值，"特征标签 2"中的元素可以是实际值或者名义值。分别在"特征标签 1"和"特征标签 2"中选中求交所需要的元素（两者中间必须有一个是实测元素），然后单击"名义"按钮，给所构

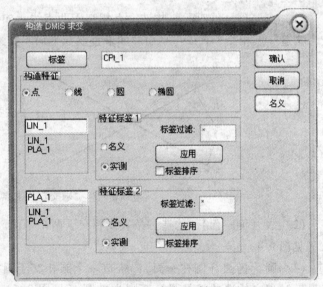

图 9-1　求交对话框

造的元素赋予一个名义值，在弹出的名义对话框中不需要修改任何选项，直接单击"确定"按钮退出"名义"对话框，最后单击"求交"对话框的"确定"按钮完成元素的求交运算。如果"特征标签"栏中的两个元素不相交或者相交的元素类型与在"构造特征"栏中选中的不一致，在单击"确定"按钮后软件会出现相应的错误应用程序提示对话框。

"DMIS 求交"包含下面的内容：

标签　　　　　　在自定义标签中，识别该交叉特征
构造特征　　　　定义构造元素的类型
特征标签 1，2　　用于求交运算的第一与第二几何特征
确认　　　　　　输入确定，关闭"求交"窗口，产生如下格式的命令

CONST/VAR1,F(LABEL). INTOF,FA(LABEL1),FA(LABEL2),FA(LABEL3),…,

取消　　　　　　　　取消输入和返回主窗口

名义　　　　　　　　显示定义名义特征的对话框，在点确定前一定要确保定义了名义值。

在"特征标签"栏中还有"标签过滤"和"标签排序"两项，"标签过滤"是为了方便用户在诸多测量出来的元素中选用某一类型元素，此时不是该类型的元素都会自动被隐藏。"标签排序"的功能是将这一类型的元素按顺序排列。图9-2（左）中"特征标签"中有直线、平面、圆柱三种元素，现在在标签过滤栏中输入"p＊"接着单击"应用"按钮，结果如图9-2（右）所示。

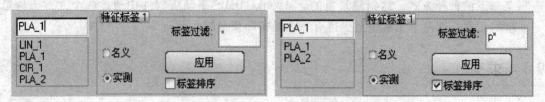

图9-2　标签过滤

求交特征的定义：

（1）点（线—线/面）　构造一点相交于两直线。如果两直线不交叉，则显示错误信息。或者构造一点相交于直线与平面。如果直线与平面不交叉，则显示错误信息（见图9-3）。

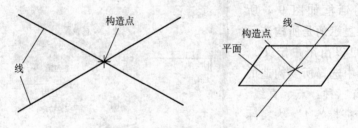

图9-3　"求交"构造点

（2）线（面—面）　构造一条直线相交于两个平面。如果两平面不交叉，则显示错误信息（见图9-4）。

（3）圆、椭圆（圆柱—面）　构造一个圆相交于圆柱与平面。其中当平面平行于圆柱底平面时相交构造的就是圆，否则为椭圆（见图9-5）。需要注意的是，在求交构造圆或者椭圆的时候，应在特征标签1中应选择平面"PLA_1"，特征标签2中选择圆柱"CYL_1"，如果顺序颠倒，MWorks-DMIS手动版软件将会出现"构造元素返回类型错误"的提示窗口。

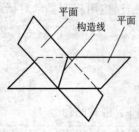

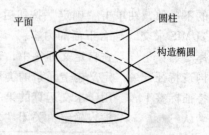

图9-4　"求交"构造直线　　　　　图9-5　"求交"构造圆或圆柱

## 9.2 平分

"平分"函数是在两个几何特征之间构造出等分部分，如点、直线、平面。从"构造"下拉菜单中选择"平分"选项，会弹出平分对话框（见图9-6），"名义"、"标签过滤"等相同部分的功能操作这里就不再重复介绍。

"DMIS 平分"窗口包含下面的内容：

标签　　　　　　　确定拟构造平分的几何特征标签

构造特征　　　　　定义构造元素的类型

特征标签 1，2　　　使用标签的第一、第二特征

确认　　　　　　　确认输入量，关闭 Construct DMIS Bisection 窗口，并产生如下的命令

$$CONST/POINT,F(LABEL),MIDPT,BF,FA(LABEL1),FA(LABEL2)$$

取消　　　　　　　取消输入量，并返回主菜单

名义　　　　　　　显示定义名义特征的对话框

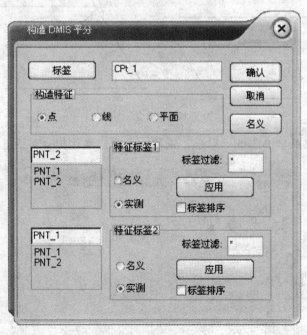

图 9-6　等分对话框

利用"平分"对话框构造的点、线、面分别如下所述：

（1）点（点—点）　构造一点平分于两点，也就是这两点连线的中点。如果这两点重合，则 MWorks-DMIS 手动版软件会显示错误信息，如图9-7所示。

（2）线（线—线）　构造一直线平分于两条直线，即构造出两直线组成夹角的角平分线。如果两直线不交叉，MWorks-DMIS 手动版软件则会显示错误信息，如图 9-8 所示。

（3）面（面—面）　构造出一个平面平分两个已知平面。如图9-9所示。

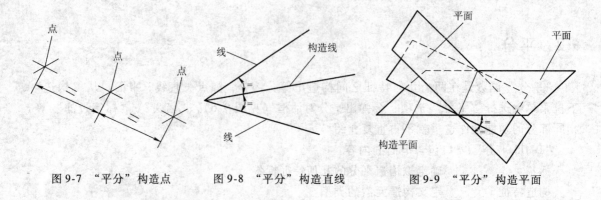

图 9-7　"平分"构造点　　　　图 9-8　"平分"构造直线　　　　图 9-9　"平分"构造平面

## 9.3　拟合

　　"拟合"功能是在两个或两个以上的几何特征中构造出一个最优拟合的特征，如多点拟合出直线、圆，如图 9-10 所示。

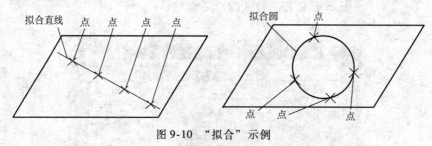

图 9-10　"拟合"示例

　　从"构造"下拉菜单中选择"拟合"选项，会弹出最优拟合对话框（见图 9-11）。

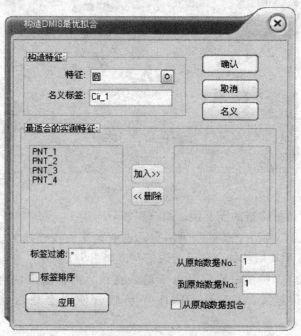

图 9-11　最优拟合对话框

"DMIS 拟合"包含如下的内容：

| | |
|---|---|
| 特征 | 定义构造元素的类型 |
| 名义标签 | 拟构造元素的标签 |
| 最适合的实测特征 | 根据实际特征的计算部分，选择一到两个实际特征作为最优计算的依据 |
| 从原始数据 NO. | 从原始数据第* |
| 到原始数据 NO. | 到原始数据第*，只有原始数据与最终数据一致，数据才有价值 |
| 从原始数据拟合 | 利用原始数据最优拟合构造特征 |
| 确认 | 确认输入量，关闭"DMIS 拟合"窗口，并产生如下的命令 |

$$CONST/VAR1,F(LABEL),FA(LABEL1),FA(LABEL2),...$$

| | |
|---|---|
| 取消 | 取消输入量并返回主窗口 |
| 名义 | 显示对拟建特征的名义值定义的对话框，在点确定前一定要确保定义了名义值。 |

下面以多点拟合出一个圆为例。在构造特征下的名义标签中选择"圆"，然后从"最佳拟合的实际特征"左边框中选取实际测量的 POT_1、POT_2、POT_3、POT_4，将它们添加到右侧边框中（见图 9-11），然后单击"名义"按钮，给所拟合的圆赋予名义值，再单击"确定"退出。这样在主视图窗口中就可以看到拟合出来的圆了。

需要注意的是，在运用"最佳拟合"功能时，目前 MWorks-DMIS 手动版软件只支持通过测量点来拟合其他的几何元素。可以通过六个测量点去拟合圆柱或者圆锥，但不能通过用两同心圆去构造圆柱或者圆锥。

## 9.4 投影

"投影"功能是将实测元素在工作平面或工件特征平面上产生拟建特征的投影，可以是点、直线或者平面，如图 9-12 所示。

从"构造"下拉菜单中选择"投影"选项，会弹出投影对话框，如图 9-13 所示。

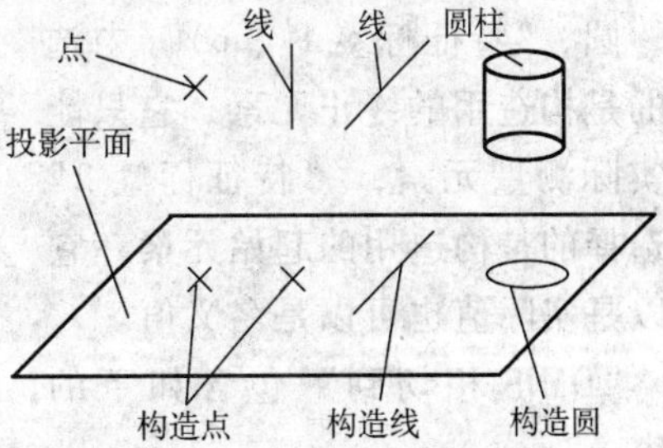

"DMIS 投影"包含如下的内容：

| | |
|---|---|
| 标签 | 拟建特征的标签 |
| 构造特征 | 定义构造元素的类型 |
| 特征标签 1 | 被投影特征的标签 |
| 特征标签 2 | 投影面。这只适合于投影到"特征平面"。对"工作平面"可忽略 |

图 9-12 "投影"示例

| | |
|---|---|
| 投影到 | 指定投影面。例如对"工作平面"，特征将被投影到"工作平面"。如果是"特征平面"，则被投影到该特征平面。 |
| 确认 | 确定输入。关闭"DMIS 投影"窗口，并产生如下格式的命令 |

$$CONST/POINT,F(LABEL),PROJPT,FA(POINT\_LABEL),...$$

| | |
|---|---|
| 取消 | 取消，返回主窗口 |

名义　　　　　显示名义特征定义对话
框，在点确定前一定要
确保定义了名义值。

构造特征包括点、直线、圆三种几何
元素，"特征标签1"中可供选择的是实际
测量元素，"特征标签2"中选择投影平面
（该平面可以是实测的，也可以是名义
的），投影平面可以选择工作平面或者特
征平面，当选择投影平面为用户坐标系的
工作平面时，"特征标签2"左侧方框将会
隐藏，再单击"名义"按钮赋予构造特征
名义值，最后确定退出。

在构造不同的几何特征时，"特征标
签"左侧方框中的内容会自动筛选。使用
投影功能构造几何特征需要注意，所选的
构造特征必须与实际投影特征一致，否则
软件会出现错误提示。

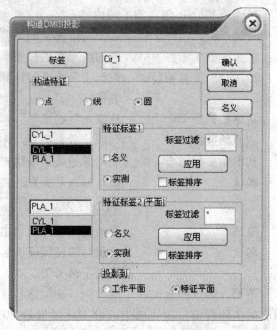

图 9-13　"投影"对话框

## 9.5　相切到

"相切到"是利用两个已知特征去构造切线、平面、圆。前提条件是这两个已知特征必
须位于同一个平面内。从"构造"
下拉菜单中选择"相切到"选项，
会弹出"相切到"对话框（见图
9-14）。构造特征包括直线、平
面、圆，"特征标签1（to）"中选
择的是构造用的终止元素，它只能
是实际测量元素；"特征标签2"
中选择的是构造用的起始元素，它
可以是实际值也可以是名义值。

"DMIS 相切到"包含如下的
内容：

标签　　　　　拟构造特征的
标签

构造特征　　　定义构造要素
的类型

特征标签1　　构造新特征的
第一部分

特征标签2　　构造新特征的

图 9-14　"相切到"对话框

第二部分

确认　　　　　输入确认，关闭窗口，并产生下面的命令格式：

$$CONST/POINT,F(LABEL),TANTO,FA(LABEL1),FA(LABEL2)$$

取消　　　　　放弃，返回主窗口

（1）相切到特征的定义：

线（圆—圆）　构造四条直线切于两圆周。若两已知圆周交差，则只有两条线存在。取离名义直线定义最近的那条线为构造结果，如图 9-15 所示。

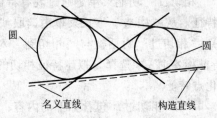

图 9-15 "相切到"构造直线

（2）面（圆—圆）　构造四个平面与两圆周相切。若两圆周交差，则只能构造出两个平面。选取离名义平面定义最近的那个平面为构造结果，如图 9-16 所示。

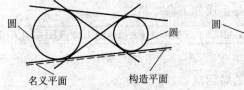

图 9-16 "相切到"构造平面

（3）圆（线—线）　构造四个名义直径的圆周与两条已知直线相切。最靠近名义值定义的圆周作为构造的结果。如果这两条直线不相交，则 MWorks-DMIS 手动版软件会显示错误信息，如图 9-17 所示。

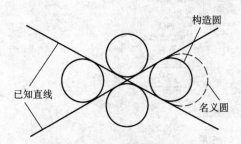

图 9-17 "相切到"构造圆（线—线）

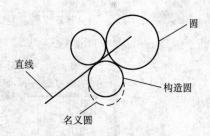

图 9-18 "相切到"构造圆（线—圆）

（4）圆（线—圆或圆—线）　构造两个名义圆周，使它们与直线相切和切于靠近圆周的部分。最后取离名义圆周定义最近的那个圆为构造结果。如果直线与圆周不相交，则显示错误信息，如图 9-18 所示。

（5）圆（圆—圆）　构造两个名义圆，使它们与两个已知圆周相切。取距离名义圆周定义最近的那个圆为构造结果。如果两个圆周不交差，则软件会出现错误信息，如图 9-19 所示。

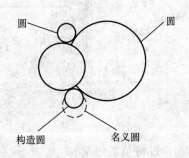

图 9-19 "相切到"构造圆（圆—圆）

## 9.6   相切过

"相切过"功能菜单是通过现有特征与指定的特征相切，构造出新的直线、平面、圆周等特征。从"构造"下拉菜单中选取"相切过"选项，会弹出"相切过"对话框（见图9-20），"相切过"对话框与"相切到"对话框完全相同，它们构造出的元素特征也是一致的。"特征标签1"中选择与拟建特征相切的原特征，"特征标签2"中选择拟建特征经过的点或简化点特征。

"DMIS 相切过"包含如下的内容：

标签            定义拟建特征的标签

构造特征        定义构造要素的类型

特征标签 1      与拟建特征相切的原特征

特征标签 2      拟建特征经过简化点特征

确认            确认，关闭窗口，并生成如下命令格式：

> CONST/CIRCLE,F(LABEL),TANTO,FA(LABEL1),THRU,FA(POINT_ LAB)

取消            取消，返回主菜单

名义            显示定义名义特征的对话框

需要注意的是，用来构造的两个几何特征必须位于同一个平面内，如果它们不共面，则会出现错误提示。

图 9-20  "相切过"对话框

相切过特征的定义：

（1）线（圆—点）  构造两条直线过已知点（简化点）且与圆周相切。最靠近名义值

定义的直线作为构造的结果。如果点在圆周内，则显示错误信息（见图 9-21）。

（2）面（圆—点）　构造两个面过已知点且与圆周相切。最靠近名义值定义的面作为构造的结果。如果点位于圆周内部，则会显示错误信息（见图 9-22）。

（3）圆（圆—点）　在含有点和圆周的平面内，构造两个名义的圆周，使它们过已知点且与圆周相切。最靠近名义值定义的圆周作为构造的结果。如果该点位于圆周上，软件则会显示错误信息（见图 9-23）。

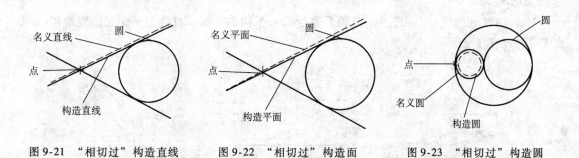

图 9-21　"相切过"构造直线　　　图 9-22　"相切过"构造面　　　图 9-23　"相切过"构造圆

## 9.7　垂直过

"垂直过"菜单是构造线或平面垂直于指定的特征，构造的特征通过指定的另一特征。从"构造"下拉菜单中选取"垂直过"，会弹出"垂直过"功能对话框（见图 9-24）。"垂直过"功能菜单可以构建的特征有直线和平面，对话框中"特征标签 1"选择与拟建特征垂直的原特征，"特征标签 2"选择拟建特征通过的特征，如过一点构造一条直线垂直于某个平面，则应该在"特征标签 1"中选择平面，在"特征标签 2"中选择该点。

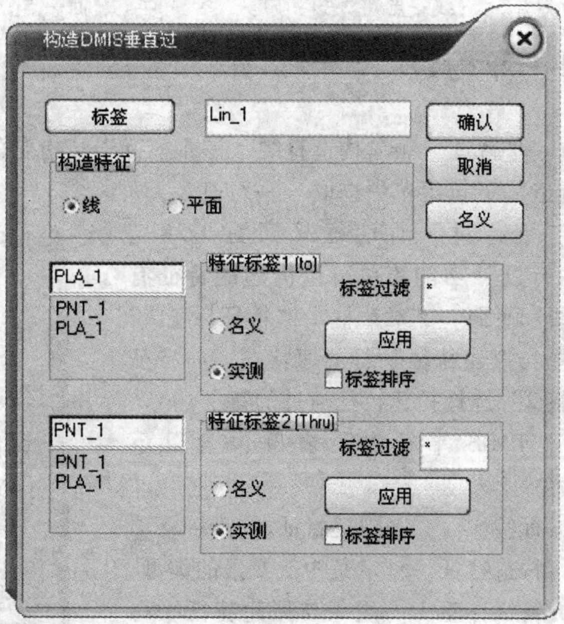

"DMIS 垂直过"包含如下的内容：

| | |
|---|---|
| 标签 | 定义拟建特征的标签 |
| 构造特征 | 定义构造要素的类型 |
| 特征标签 1 | 与拟建特征垂直的原特征 |
| 特征标签 2 | 拟建特征经过的特征 |
| 确认 | 确认，关闭窗口，并生成如下命令格式： |

图 9-24　"垂直过"对话框

CONST/LINE,F(LABEL),PERPTO,FA(LABEL1),THRU,FA(POINT_ LAB)

取消　　　　　取消，返回主菜单

名义　　　　　显示定义名义特征的对话框

"垂直过"特征的定义：

（1）线（线—点）　构造过某点且垂直于已知直线的直线。如果点在直线上，则显示错误信息（见图9-25）。

（2）线（面—点）　构造过某点垂直于已知平面的直线。如果点在面上，则显示错误信息（见图9-26）。

（3）面（面—线）　构造过某直线垂直于已知平面的平面。直线与平面无位置要求（见图9-27）。

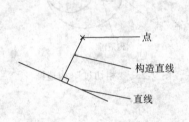 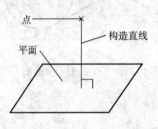 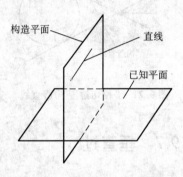

图9-25　"垂直过"构造直线　　　图9-26　"垂直过"构造直线　　　图9-27　"垂直过"构造平面
　　　　（线—点）　　　　　　　　　　　（面—点）

## 9.8　平行过

"平行过"菜单构造直线、平面平行于某指定的特征，并且经过另外一个指定特征。从"构造"下拉菜单中选取"平行过"，弹出"平行过"对话框（见图9-28）。"平行过"功能菜单可以构建的特征有直线和平面，其对话框中"特征标签1"选择与拟建特征平行的原特征，"特征标签2"选择拟建特征通过的特征。

"DMIS 平行过"窗口包含以下内容：

标签　　　　　拟建特征的标签

构造特征　　　定义构造要素的类型

特征标签1　　用于与拟建特征平行的原特征

特征标签2　　拟建特征经过的特征标签

确认　　　　　确认，关闭窗口，并产生如下的命令格式

图9-28　"平行过"对话框

CONST/PLANE,F(LABEL),PARTO,FA(PLANE_ LAB),THRU,FA(POINT_ LAB)

"平行过"特征的定义：

（1）线（线—点）　构造过一点且平行于另一条直线的直线，点不能位于已知直线上（见图 9-29）。

（2）面（面—点）　构造一个平面，过一点且平行于另一平面，点不能位于已知平面内（见图 9-30）。

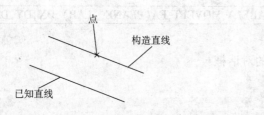

图 9-29　"平行过"构造直线

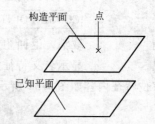

图 9-30　"平行过"构造平面

# 9.9　移位

"移位"功能是根据偏移量的大小以及方向将某个特征移动到一个新的位置。从"构造"下拉菜单中选取"移位"，弹出"移位"对话框（见图 9-31）。对话框中"构造特征"项为拟建特征，"被移动实测特征"是用来构建新特征的原特征，dx、dy、dz 项分别填写三

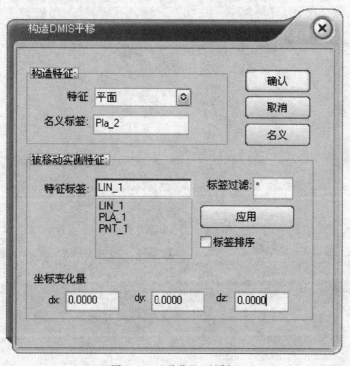

图 9-31　"移位"对话框

个坐标轴方向上的变化量。正数表示沿某轴的正方向移动，负数则表示沿轴的反方向移动。

"DMIS 移位"窗口包含以下内容：

名义标签　　　　定义一个拟建特征的标签

特征　　　　　　拟建特征的类型

特征标签 1　　　待移动的特征

特征标签 2　　　偏移量

确认　　　　　　确认，关闭窗口，并产生下面的命令格式

CONST/POINT,F(LABEL),MOVEPT,FA(PLANE_ LAB),DX,DY,DZ

取消　　　　　　取消，返回主窗口

名义　　　　　　显示名义特征定义的对话框

点移位特征内容如图 9-32 所示。

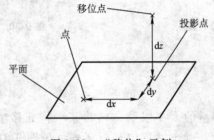

图 9-32　　"移位"示例

# 第10章 手动版软件的公差分析

本章讨论在 MWorks-DMIS 手动版软件中怎样定义公差和进行公差计算评估。

MWorks-DMIS 手动版软件的公差菜单如图 10-1 所示,基本包含了国家标准规定的各种形位公差项目。

当使用公差菜单对特征进行评估时,必须定义一个名义公差标签,通过名义公差和实际特征值的对比,"评估特征"命令计算出实际的公差值。

## 10.1 尺寸公差

尺寸公差,顾名思义它控制着几何特征的尺寸大小。尺寸公差子菜单如图 10-2 所示。

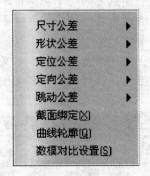

图 10-1  公差菜单                    图 10-2  尺寸公差子菜单

尺寸子菜单包含距离、半径、夹角等特征评估,下面就分别予以介绍。

**1. 距离**

当某两个几何特征的距离在某一确定范围内变化时距离公差也就相应地确定。距离公差的名义公差必须定义,而构成该距离的两个特征的名义值则不是必须的。距离公差通常应用于点到点、线、面等特征的测量评估中。距离公差窗口如图 10-3 所示。

特征间的距离公差计算必须是三维的距离或沿某一个确定的坐标轴方向。距离通常包括平均距离、最小距离和最大距离。平均距离是两个几何特征间纯几何中心的测量距离。最小距离是两个特征的最近表面点之间的距离。最大距离是两个特征表面最远点的距离。当距离偏差在某一确定的上限和下限中变化时,那么

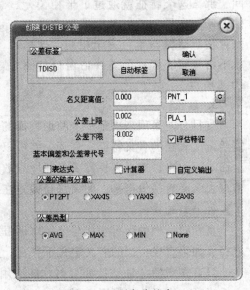

图 10-3  距离公差窗口

两个几何特征间的距离即达到公差要求。

距离公差评估对话框内容解释如下：

公差标签　　　　　　　　用户自定义的名义公差标签

名义距离值　　　　　　　距离的名义值

公差上限　　　　　　　　距离公差使用值的上限

公差下限　　　　　　　　距离公差使用值的下限

基本偏差和公差带代号　　用户定义的基本偏差以及公差带代号

评估特征　　　　　　　　程序对在列表框中显示的两个几何特征的公差进行评估

表达式　　　　　　　　　该复选框选中时表示公差带的输入区允许使用数学表达式

计算器　　　　　　　　　只有在表达式复选框选中时该功能可用

公差轴向分量　　　　　　指定沿某一坐标轴方向的距离

公差类型　　　　　　　　指定球体、圆柱、圆锥等特征的距离公差类型（当使用公
　　　　　　　　　　　　差轴时无最大最小距离公差选项）

平均　两个测量几何特征间纯几何中心的测量距离

最小　两个特征的最近表面点之间的平均测量距离

最大　两个特征的最远表面点之间的平均测量距离

### 2. 半径

半径公差是用来决定一个圆形特征的尺寸是不是位于指定的范围内的。名义半径是用来定义名义特征的，当选中评估特征以后，名义按钮将被激活，就可以单击名义按钮赋予被评估特征一个名义值。半径公差可以用于圆、圆柱、球、椭圆。当半径公差用在椭圆时，大半径或小半径需要由环境设置来决定。半径偏差是通过由测量特征的实际半径减去名义半径所得到的。如果半径偏差在上下界限之间，那么这个特征就通过了半径公差的检验。直径公差以及圆锥顶角公差的评估对话框与半径完全相同，这里就不再介绍。半径公差评估窗口如图10-4 所示。

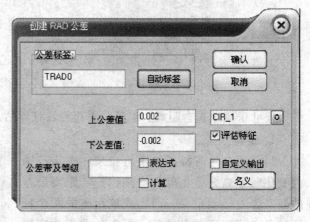

图 10-4　半径公差窗口

### 3. 直径

直径公差是用来决定一个圆形特征的直径尺寸是不是位于指定的范围内。名义直径首先需要定义直径的名义特征。直径公差可以用于圆、圆柱、球、椭圆等。当直径公差用在椭圆上面时，大直径或小直径需要由环境参数来决定。直径偏差的计算是通过由特征的实际直径值减去名义直径值得来。如果直径偏差在公差的上下界限之间，那么这个特征的直径就通过了直径公差的检验。

直径对话框的所有功能与半径对话框的相同。凡是定义里面显示为半径的地方都替换为直径。如果直径特征的名义定义不存在，那么用户可以通过单击"名义"按钮来输入信息。这个只有在激活"评估特征"时才能应用。

半径、直径公差可以应用于如下各个元素：圆、圆柱、椭圆、球。

**4. 夹角**

当某两个特征的夹角在某一确定范围内变化时，夹角公差也就相应确定。夹角公差通常使用较多，除了在没有相关方向的点和球体的测量中不涉及外，其他特征中均可使用。夹角偏差的计算是由实际夹角值减去名义夹角值得来。当夹角偏差在某一确定的公差上限和下限中变化时，特征的夹角偏差即达到公差要求。夹角公差评估窗口如图 10-5 所示。

夹角公差评估窗口的内容解释如下：

| | |
|---|---|
| 公差标签 | 用户自定义的名义公差标签 |
| 角度名义值 | 角度的名义值 |
| 角度公差上限 | 角度公差使用值的上限 |
| 角度公差下限 | 角度公差使用值的下限 |
| 实际特征列表 | 一个包含实际测量特征的列表 |
| 评估特征 | 程序在列表框中对显示实际特征进行公差评估 |
| 表达式 | 该复选框选中时表示公差带的输入区允许使用数学表达式 |
| 计算器 | 只有在表达式复选框选中时该功能可用 |
| 向量方向 | 由方向向量构成的内角值，这是系统默认选项 |
| 补偿 | 指定显示补角值即 180° – 测量值得到的角度值 |

**5. 圆锥顶角**

圆锥顶角公差用来决定圆锥的顶角是否在指定的角度范围之内。圆锥顶角只能应用于圆锥特征。顶角公差仅仅用在圆锥上。如果角度偏差在公差上下界限之间，那么这个圆锥通过了公差检验。

圆锥顶角对话框的内容较为简单（见图 10-6）。如果一个圆锥特征的名义定义不存在，那么用户可以通过单击"名义值"按钮来输入信息。这个只有在激活"评估特征"时才能应用。

图 10-5　夹角公差窗口

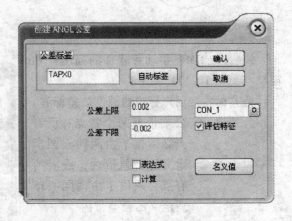

图 10-6　圆锥顶角公差窗口

## 10.2　形状公差

形状公差是单一实际被测要素对理想被测要素的允许变动。

形状公差带是单一实际被测要素允许变动的区域。它的方向和位置都是浮动的。

MWorks-DMIS 手动版软件的形状公差子菜单包含内容如图10-7所示。

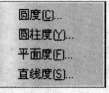

图 10-7　形状公差子菜单

### 1. 圆度公差

圆度公差用以描述一个圆形特征接近一个理想圆的程度，而不考虑圆的位置和大小。圆度公差适应于任何有圆形截面的物体，如圆锥、圆柱、球。在做圆的测量时，投影面的选取应尽量减小测量误差。圆度公差也可以应用于球体，以控制球在各个截面上的圆度偏差，也被称之为球度公差，它决定球的任意截面的圆度精度。

（1）圆的圆度　所测点必须位于由公差带决定的两同心圆内。如果所测点不再在同一平面上或未指定投影平面，其必须投影到最小截面的平面上。实际公差值是所测点到同心圆的最小距离，与圆的大小、位置无关。使用的是 Chebyshev 算法，即最小偏差算法。当使用 Chebyshev 算法计算圆时，圆的变化范围就是实际的环状公差。如果实际公差值小于名义公差值，这个圆在公差范围内（见图10-8）。

（2）球的圆度　所测点必须位于由公差所决定的两同心球带内。实际公差值是所测点到同心球的最小距离，与其大小位置无关。使用的是 Chebyshev 算法，即最小偏差算法。当使用 Chebyshev 算法计算球时，球的变化范围就是实际的球状公差。如果实际公差小于名义公差，则这个球在公差范围内（见图10-9）。

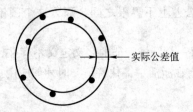

图 10-8　圆的圆度公差

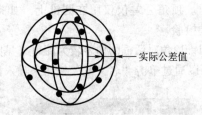

图 10-9　球的圆度公差

MWorks-DMIS 手动版软件的圆度评估窗口（见图10-10）如下：

公差标签　用户标识的圆度公差标签

公差带　　公差带有两个特点：所有点必须位于由两同心圆所定义的公差带内，或者所有点必须位于由两同心球所定义的公差带内

主参数　　被测要素以其长度或直径的基本尺寸作为主参数

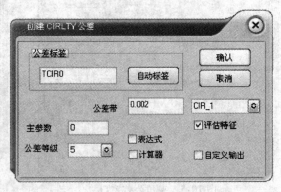

图 10-10　圆度评估窗口

评估特征　MWorks-DMIS 软件评估特征列表框中各特征的公差

### 2. 圆柱度公差

圆柱度是描述圆柱形特征与理想圆柱体的近似程度，而不考虑圆柱体尺寸、位置和定位方式。圆柱度只适用于圆柱体，它可以同时控制圆柱截面的圆度和圆柱高度方向的直线度。

圆柱的测量点必须位于由公差带决定的两个同心的圆柱体内。实际公差值是所测点到同

心圆柱体的最小距离，与其大小、位置、定位无关。使用的是 Chebyshev 算法，即最小偏差算法。当使用 Chebyshev 算法计算圆柱体的圆柱度时，圆柱体的变化范围就是实际的圆柱体偏差。如果实际偏差小于名义公差，这个圆柱体就在公差范围内（见图 10-11）。

圆柱度公差对话框与圆度公差对话框相同。

**3. 平面度公差**

平面度是描述一个平面特征接近理想平面的近似程度，与平面的位置和定位方式无关。平面度仅适用于平面。除了公差限值外，平面度公差的所有对话框与圆度公差相同，公差限值是物体必须位于由于公差产生的两平行平面之间的距离。

平面上的测量点必须位于由公差确定的两平行面之间。实际公差就是该点到平行平面的最小距离，与位置和定位无关。使用的是 Chebyshev 算法，即最小偏差算法。当使用 Chebyshev 算法计算平面时，平面的变化范围就是实际的平面公差。如果实际公差小于名义公差，这个平面就在公差范围内（见图 10-12）。

平面度公差评估对话框与圆度、圆柱度公差评估对话框相同。

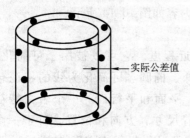

图 10-11 圆柱度公差

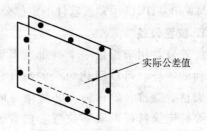

图 10-12 平面度公差

**4. 直线度公差**

直线度公差是用来计算一个线特征与一条完美的直线的接近程度，它不依赖于直线的方向和位置。直线度公差可以应用于任意面的具有直线性质的剖面。如果直线特征是手动测量的，应该指定一个投影面，目的是消除任何垂直于投影面的测量误差。直线度公差也可应用到导出的中心线上，它控制圆柱的外形，导出的中心线是从圆柱中构造的。目前，直线度仅可以用于 RFS 情形，不用考虑形体尺寸。MWorks-DMIS 手动版中的直线度公差评估对话框如图10-13所示。

图 10-13 直线度公差窗口

直线度评估窗口内容解释如下：

公差标签　用户标识的直线度公差标签

公差带值　公差区域有两种选择：通过两条平行线来定义公差区域的宽度，所有的点必须位于其中（投影面开启）。导出中心线的所有点必须在圆柱公差区域的直径范围内（投影面关闭）

　　实体状态　当前为 RFS，不考虑其形体尺寸，是唯一可用的材料条件

　　评估特征　计算评估特征列表框中各个特征的公差

## 10.3　定位公差

　　定位公差是指被测实际要素相对基准在位置上允许的变动全量。定位公差是用来控制被测要素相对基准的位置关系，定位公差带可同时限制被测要素的形状、方向和位置，因此，通常对同一被测要素给出定位公差后，不再对该要素给出定向和形状公差。若根据功能要求需对其形状或（和）方向提出进一步要求，则应在给出定位公差的同时，再给出形状公差或（和）定向公差。但需注意，应使所给定的公差值遵循下列关系：

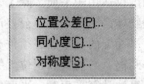

图 10-14　定位公差子菜单

形状公差＜定向公差＜定位公差

MWorks-DMIS 手动版软件的定位公差子菜单包含内容如图 10-14 所示。

**1. 位置公差**

　　位置公差用来衡量一个特征与其理想位置的接近程度。它可以被用于可简化为点、线或面的特征。可以简化为点的特征包括点、圆、球、椭圆。可简化为线的特征包括直线，圆柱，圆锥，阶梯轴。可简化为面的特征包括：平面和平行面。一个名义特征的定义需要确定该特征的真实位置。位置公差同时控制着尺寸，方向和位置。对于一个没有尺寸的特征来说，例如点、线、面、锥面，位置公差可以仅仅用在 RFS 基准中，不考虑其特征尺寸。

　　MWorks-DMIS 手动版软件的位置度公差评估对话框如图 10-15 所示。

图 10-15　位置度公差窗口

位置度公差窗口内容解释如下：

| | |
|---|---|
| 公差标签 | 用户定义的名义位置公差标签 |
| 二维（TWOD） | 计算两个位置点的三维距离，然后将它投影到包含有实测特征的平面上，这样就变成了二维距离了 |
| 三维（THREED） | 计算两个位置点的三维距离 |
| | 公差区域是下面四种之一： |
| | 以真实位置为中心的圆形或球形公差域的直径，所有中心点必须位于其中； |
| 公差带值 | 以真实位置为中心的平行线公差域的宽度，有界线和线的测量点必须位于其中； |
| | 以真实位置为中心的圆柱公差域的直径，有界轴线必须位于其中； |
| | 以真实位置为中心的平行面区域的宽度，有界面、有界中心面、平面的测量点都必须位于其中 |
| 公差标签（RAD/DIA） | 名义公差列表。选择一个半径或直径的公差类型 |
| 表达式 | 在复选框上选择表达式，就可以在公差区域值处输入公式 |
| 计算器 | 计算公式，只有当表达式被选上时才被激活 |
| 特征列表 | 实测特征的列表 |
| 评估特征 | MWorks-DMIS 手动版计算出现在特征列表框中实测特征的公差 |
| 名义 | 如果一个特征名义定义不存在，用可以单击按钮来输入它的信息。该功能仅仅当"评估特征"被激活时才能使用 |
| 基准 | 被用作参考的第一基准，第二基准和第三基准，必须是圆或圆柱等特征 |
| MMC | 最大的材料许用条件 |
| LMC | 最小材料许用条件 |
| RFS | 不考虑特征尺寸的应用条件 |

被评估特征是实测的点、直线和平面时，位置度公差评估对话框如图 10-16 所示，当选择好被评估元素以后，需要单击"名义"按钮，会弹出与被评估元素相同类型的名义元素对话框，在名义元素对话框中手动填写相关数值，最后"确认"退出。

**2. 同轴（心）度公差**

同轴度公差是限制被测实际轴线偏离其基准轴线的位置。同轴度公差要求被测轴线的位置应该与基准轴线同轴，故其理想位置的定位尺寸（理论正确尺寸）等于零。同轴度误差主要是指被测轴线相对其基准轴线产生平移、倾斜、弯曲的程度。被测要素为轴线，基准要素也为轴线。

同轴度公差可以应用于两种几何特征——点和轴线。

从"公差"下拉菜单中选择"同心度"，弹出同心度公差评估对话框（见图 10-17），在"参考值"栏中选择"实测值"CIR_1，评估特征选择 CIR_2，再输入公差带数值，点"确认"按钮即可。这样从程序窗口的公差评估栏中就可以看到评估的相关结果。

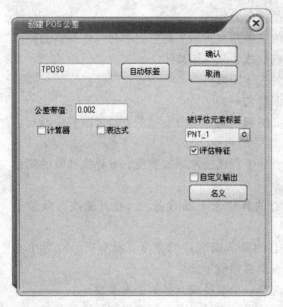

图 10-16 位置度公差评估

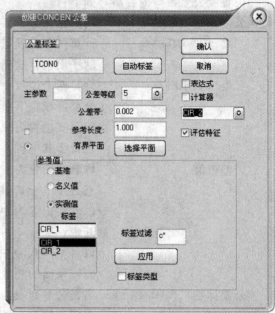

图 10-17 同轴度公差窗口

（1）圆的同心度 圆的同心度公差带是直径为公差值 $t$ 且与基准圆心同心的圆内区域。如图 10-18 所示，测量同一平面内的两圆的同心度公差。浅色小圆为基准圆 CIR_1，深色大圆为被评估特征 CIR_2。

（2）圆柱轴线的同轴度 轴线的同轴度公差带是直径为公差值 $t$ 的圆柱面内的区域，该圆柱面的轴线与基准轴线同轴。

如图 10-19 所示，测量两圆柱的同轴度公差。大圆柱为基准圆柱 CYL_1，小圆柱为被评估特征 CYL_2。

图 10-18 圆的同心度

图 10-19 圆柱轴线的同轴度

选择"同轴度"公差，弹出如图 10-20 所示的对话框："参考值"选择"实测值"CYL_1，评估特征为 CYL_2，点确定按钮，完成评测。

**3. 对称度公差**

对称度公差是限制被测中心要素偏离其基准中心要素的变动量。对称度公差要求被测要素的位置应与基准要素共面，故其理想位置的定位尺寸（理论正确尺寸）为零。对称度误差主要是指被测要素相对基准要素产生平移、倾斜的程度。

被测要素为中间平面或轴线（以中间平面应用较多），基准要素为轴线或中间平面。公差带形状为相对基准对称配置两平行平面之间的区域。

通常，对称度公差仅可以用在 RFS，它不依赖特征的尺寸。

MWorks-DMIS 手动版软件的对称度公差评估窗口如图 10-21 所示。

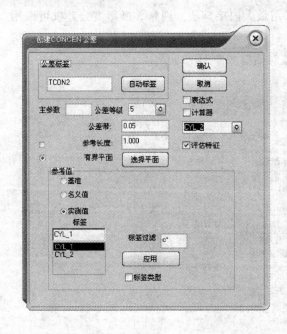

图 10-20   圆柱轴线的同轴度评估

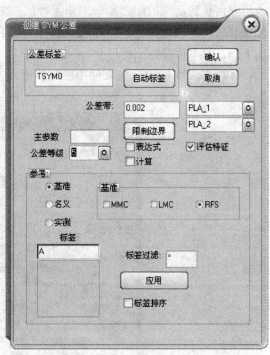

图 10-21   对称度公差窗口

中间平面的对称度公差：中间平面的对称度公差带是距离为公差值 $t$ 且相对基准的中间平面对称配置的两平行平面之间的区域。在 MWorks-DMIS 手动版软件中，如果平面没有被界定，则公差计算是以实际测量点的位置为依据的。当实际公差小于给定公差要求时，那么这个中间平面就通过了对称度公差的检验。

## 10.4　定向公差

定向公差是指被测实际要素对基准的方向上允许的变动全量。由于被测要素和基准要素均可能有直线和平面之分，因此，两者之间就有可能出现线对线、线对面、面对线和面对面四种形式，在使用 MWorks-DMIS 手动版软件评估定向公差的时候，如果评估特征是圆柱或者圆锥的轴线，则必须进行边界限定；而对实测的平面和直线，则是按实际测量点的位置来计算评估特征。

MWorks-DMIS 手动版软件的定向公差子菜单包含内容如图 10-22 所示。

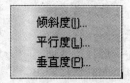

图 10-22   定向公差子菜单

**1. 倾斜度公差**

倾斜度用来计算一个特征的方向与一个指定角度适应的接近程度（指定的角度与参考特征有联系），它不依赖于特征的尺寸和位置。倾斜度可以用在任何有唯一向量的特征。这个向量可以是直线的方向，圆柱、圆锥、阶梯轴、圆环或抛物面的轴线，或是一个平面或平行面的一般法向向量。

为了正确地确定一个具有尺寸属性的特征的适合性或功能，如圆柱或平行面特征，需要采用几何算法已知的配合形面来测量特征。对一个外部特征，例如销、凸台，需要采用最小外接算法。对内部特征，例如孔或槽，需要采用最大内接算法。通常，倾斜度公差仅可以用在 RFS，它不依赖特征的尺寸。

MWorks-DMIS 手动版软件中的倾斜度公差对话框如图 10-23 所示。

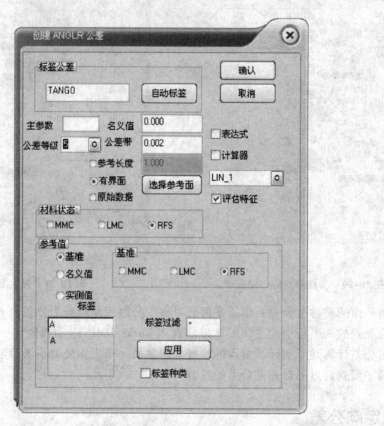

图 10-23　倾斜度公差窗口

倾斜度评估窗口内容解释如下：

| | |
|---|---|
| 公差标签 | 用户自定义的名义公差标签 |
| 角度名义值 | 角度的名义值 |
| 公差带 | 角度公差使用值的上限 |
| 选择参考面 | 角度公差使用值的下限 |
| 实际特征列表 | 一个包含实际测量特征的列表 |
| 评估特征 | 程序在列表框中对显示实际特征进行公差评估 |
| 表达式 | 该复选框选中时表示公差带的输入区允许使用数学表达式 |
| 计算器 | 只有在表达式复选框选中时该功能可用 |
| 向量方向 | 由方向向量构成的内角值，这是系统默认选项 |

补偿　　　　　　　指定显示补角值即 180° – 测量值得到的角度值

倾斜度公差能被用于如下几何特征：圆锥、圆柱、直线、平面。在使用倾斜度公差评估圆柱、圆锥的轴线特征时要注意限定边界，否则将出现错误提示，在后面的平行度公差与垂直度公差评估时也同样需要注意这个问题。

**2. 平行度公差**

平行度是限制实际要素相对基准在平行方向上的变动量。被测要素是线或面，基准要素是线或面，二者可组合成线对线、线对面、面对线及面对面四种形式。当评估特征是圆柱或者圆锥的轴线时，应对其进行长度方向上的限定（利用截面绑定）。

平行度公差就是用来衡量一个特征的方向与参考特征方向平行的程度，它不依赖于特征的尺寸和位置。平行度可以适用于任何有唯一向量的特征。这个向量可以是直线的方向，圆柱、圆锥、阶梯轴、圆环或抛物面的轴线，或是一个平面或平行面的法向向量。

针对不同的特征，需要采用相应的几何算法配合形面来测量。对一个外部特征，例如销、凸台，需要采用最小外部算法。对内部特征，例如孔或槽，需要采用最大内部算法。通常，平行公差仅可以用在 RFS，它不依赖特征的尺寸。平行度对话框的所有功能与倾斜度对话框的完全相同，在这里就不再赘述。

平行度公差能被用于如下几何特征：圆锥、圆柱、直线、平面。

**3. 垂直度公差**

垂直度是限制实际要素相对基准在垂直方向上的变动量，同倾斜度和平行度一样，垂直度也有线对线、线对面、面对线和面对面四种形式。而垂直度与平行度的区别在于：被测要素与基准要素的几何关系为垂直关系。

垂直度公差就是用来衡量一个特征的方向与参考（基准）特征方向垂直的程度，它不依赖于特征的尺寸和位置。垂直度公差可以适用于任何有唯一向量的特征。这个向量可以是直线的方向，圆柱、圆锥、阶梯轴、圆环或抛物面的轴线，或是一个平面或平行面的法向向量。与倾斜度、平行度公差相同，当评估特征是圆柱或者圆锥的轴线时，应对其进行长度方向上的限定（利用截面绑定）。

为了正确地确定一个尺寸、圆柱、平行面特征或功能，需要采用几何算法已知的配合形面来测量特征。对一个外部特征，例如销、凸台，需要采用最小外接算法。对内部特征，例如孔或槽，需要采用最大内接算法。通常垂直度公差仅可以用在 RFS，它不依赖特征的尺寸。

垂直度公差能被用于如下几何特征：圆锥、圆柱、直线、平面。

## 10.5　跳动公差

跳动公差是一用检测方法命名的公差项目，即当被测实际要素绕基准轴线回转的过程中，测量被测表面给定方向上的跳动量。跳动量的大小等于指示表最大与最小读数之差。根据指示表运动的特点，跳动公差分为圆跳动（指示表静止）和全跳动（指示表运动）两种类型。

**1. 圆跳动**

圆跳动公差是限制被测轮廓圆对其理想圆的跳动变动量。根据测量方向与基准轴线的相对位置，圆跳动分为径向圆跳动（测量方向垂直基准轴线）、端面圆跳动（测量方向平行基准轴线）及斜向圆跳动（测量方向与基准轴线成夹角，但为被测表面的法线方向），在一般机械类零件的检测中运用最多的是径向圆跳动。

径向圆跳动公差的公差带是垂直于基准轴线的任一测量平面内、半径差为公差值 $t$ 且与圆心在基准轴线上的两同心圆之间的区域（见图 10-24）。可用来计算评估一个圆与一个圆心在基准轴线上的完美圆的相似程度。径向圆跳动公差可以用于圆锥、圆柱或球等的横截面。它同时控制着圆度和同轴度而不依赖于圆的尺寸。

径向圆跳动公差可用于圆、圆柱、圆锥等几何特征。

MWorks-DMIS 手动版软件的圆跳动公差对话框如图 10-25 所示，该对话框所包含的内容解释如下：

公差标签　　　用户定义的名义公差标签

公差带　　　　通过两个圆心位于基准轴的同心圆间的宽度来定义，圆上所有点必须位于其中

参考基准　　　选择用户定义过的基准

表达式　　　　在复选框上选择表达式，就可以在公差区域值处输入公式

计算器　　　　计算公式，只有当表达式被选上时才被激活

评估特征　　　MWorks-DMIS 软件计算出现在特征列表框中特征的公差

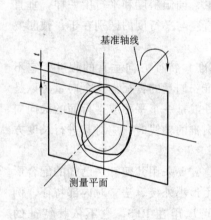

图 10-24　径向圆跳动公差

图 10-25　圆跳动公差窗口

提示：参考基准的定义可以参照"坐标系"下拉菜单中"基准定义"选项的操作部分。

## 2. 全跳动

全跳动公差是限制被测圆柱表面对理想圆柱面的跳动变动量，即用来计算一个圆柱与一个以基准轴为中心的完美圆柱的相似程度。根据测量方向与基准轴线的相对位置，全跳动分为径向全跳动（指示表运动方向与基准轴线平行）和端面全跳动（指示表运动方向与基准轴线垂直）。

MWorks-DMIS 手动版软件中全跳动公差仅可以用于圆柱，它不依赖于圆柱的尺寸，同时控制着圆柱度和垂直度，全跳动对话框（见图 10-26）的所有功能与圆跳动的相同。公差带值是由两个以基准轴为中心的同心圆柱所确定的公差区域的宽度，所有圆柱上面的点必须

位于其中。

### 3. 圆柱的全跳动公差

圆柱上的测量点必须位于一个公差区域中，该公差区域通过两个圆心在基准轴上的同心圆柱来定义。实际公差值不依赖于尺寸，它是两个同心圆柱间的最小距离。如果实际公差小于名义公差，那么这个圆柱就通过了全跳动公差的检验（见图 10-27）。

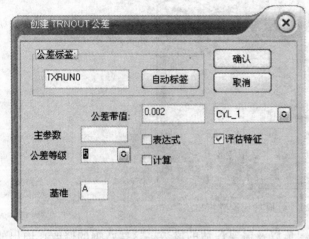
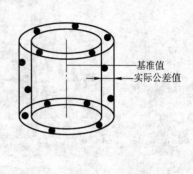

图 10-26　全跳动公差窗口　　　　　　　　　　图 10-27　径向全跳动示例

## 10.6　截面绑定

定位公差和定向公差计算需要有限的特征。当这些公差应用在无限特征如直线、平面和圆柱轴线时，这些元素必须界定。定向公差和定位公差可以用限制平面和参考长度来界定。

MWorks-DMIS 手动版软件中的截面绑定窗口如图 10-28 所示。

图 10-28　截面绑定窗口

对话框说明：截面绑定时首先选择从添加按钮左边的列表框选取元素，选择后单击"添加"按钮，特征将会出现在右边的列表框，取消可以单击"去除"按钮。标签过滤与标签排序是为了方便用户寻找某一类型的特征元素。

## 10.7    数模对比设置

数模对比设置的对话框如图 10-29 所示。

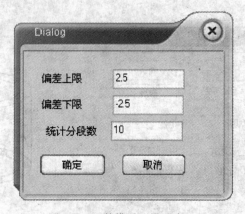

图 10-29    数模对比设置窗口

在该对话框中可以设定偏差的上下限值以及需要评估的段数，这些数据的修改在输出的
公差评估 EXCEL 报表中将得到体现。

# 第 11 章　手动版软件的测量文件

## 11.1　测量文件的存储与调用

　　MWorks-DMIS 手动版软件可以保存测量文件，在需要使用的时候直接调用。单击"文件（F）"下拉菜单，选择下面的"打开零件程序"和"保存零件程序"，用户可以方便地进行文件的存储和环境变量的设置。

　　单击"文件"下拉菜单中的"保存零件程序"，或者通过单击零件程序区窗口的按钮，可以对当前文件进行保存操作。弹出的另存为对话框如图 11-1 所示，在该对话框中，用户可以指定文件名，文件类型以及保存路径，其中文件类型（*.DMI）为零件测量程序文件。

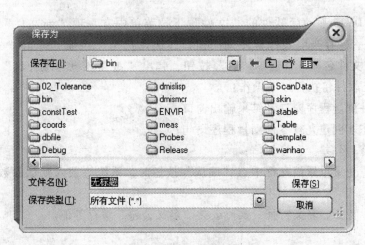

图 11-1　保存零件测量程序

保存零件测量程序步骤：

第一步：输入文件名，保证不与其他文件重名。

第二步：单击"确认"按钮保存零件，该文件可以在后续操作中打开、调用。

　　提示：软件不支持中文文件名和路径名，请在文件和路径名中不要包含中文文字。通常来说，最好在零件测量程序改动后立即保存文件，在程序中系统默认状态下程序每增加 50 行就自动保存一次。

　　单击"打开零件程序"按钮，MWorks-DMIS 手动版软件会弹出一个应用程序窗口（零件程序区窗口顶端的按钮功能与之相同），如图 11-2 所示，如果需要保存当前的测量程序，单击"是"按钮；如果不需要保存当前的测量程序，选"否"按钮；单击"取消"键撤销此次操作。然后软件会弹出打开程序窗口（见图 11-3），打开零件测量程序文件的方法如下：

第一步：选择需要打开的文件；

第二步：双击该文件或者单击"确定"按钮。

这样零件测量程序文件将载入并在零件测量程序窗口中显示。

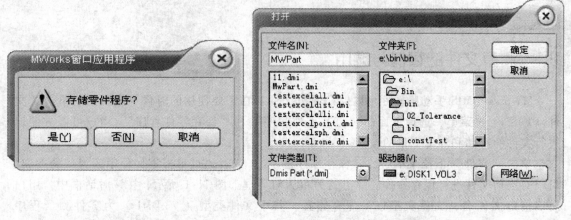

图 11-2  确认存储程序          图 11-3  打开零件测量程序

在 MWorks-DMIS 手动版软件的"文件"下拉菜单中有一项"新文件"选项，选择该项，首先弹出是否保存当前零件程序询问窗口，选择"是"按钮，弹出"另存为"窗口，指定存储路径与文件名即可；选择"否"按钮，弹出"重置环境与缓冲区"窗口，继续选择"是"按钮，软件将执行以下操作：

① 清除零件测量程序窗口和结果输出窗口；

② 默认状态下创建九行零件测量程序语句；

③ 重置特征、公差、和标签值；

④ 当在环境变量重置消息框中点"确认"按钮时，系统将载入默认参数重置相关参数设置；

⑤ 清除实际特征、名义特征、实际公差、名义公差、缓存等值。

## 11.2  测量文件的编辑与修改

在 MWorks-DMIS 手动版软件的"编辑"下拉菜单中，可以对测量程序进行一系列的操作，下面就逐一介绍"编辑"下拉菜单中的各项功能。

剪切：剪切操作是对零件测量程序窗口中选中部分删除，但信息会暂存在剪贴板上。

剪切测量程序文件的部分：

第一步：按下鼠标拖动选中要进行剪切的部分代码；

第二步：单击编辑下拉菜单中的剪切选项；

第三步：剪切的信息暂存在剪贴板上，可以粘贴到测量程序文件的另外部分或其他文件中。

复制：复制命令是把测量程序文件窗口中选中的内容放到剪贴板上。

复制测量程序文件的一部分，其操作步骤如下：

第一步：按下鼠标拖动选中要进行复制的部分代码；

第二步：单击编辑下拉菜单中的复制选项；

第三步：剪切的信息暂存在剪贴板上，可以粘贴到测量程序文件的另外部分或其他文件中。

粘贴在前与粘贴在后：粘贴是把预先剪切或复制到剪贴板上的内容，粘贴到当前文件或另外文件中的当前位置。该部分内容将被粘贴到光标前或后的位置。

粘贴操作步骤：

第一步：把光标移到要粘贴的位置；

第二步：单击编辑下拉菜单中的粘贴选项将剪贴板上的内容插入到当前测量程序文件中的前或后的位置。

删除：删除操作将不会把文件拷贝到剪贴板，因此进行删除操作要谨慎，一旦删除将不能恢复。

删除测量程序文件中的内容步骤如下：

第一步：按下鼠标拖动选中要进行删除的部分代码；

第二步：单击编辑下拉菜单中的删除选项，把选中内容删除。

查找：查找当前零件测量程序中的字符。

第一步：单击"查找"按钮，弹出查找窗口（见图11-4），在查找对话框中输入查找内容；

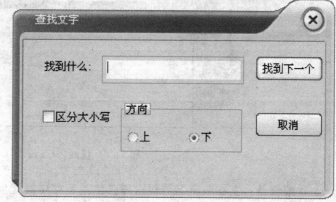

图 11-4　查找窗口

第二步：单击找到下一个按钮，查找下一处包括有相同文字内容的位置。

查找对话框是区分大小写的，查找顺序可以设定为自下而上，或自上而下；即是从光标处开始往上查找到零件测量程序的开始，或从光标处往下查找到文件结束；因此若要在全文查找则应该把光标放到文件的开始，往下查找。

替换：替换像查找一样，就是查找相应文字并用指定文字替换，可以替换一个字符或者一段字符。其操作步骤如下：

第一步：单击"替换"按钮，弹出替换窗口（见图11-5），在寻找对话框中输入查找内容，在替换对话框中输入要替换的内容；如果相符，单选按钮选中就是查找内容要区分大小写；否则，

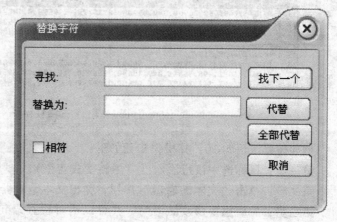

图 11-5　替换窗口

软件查找时不区分大小写；

第二步：单击查找下一处找到下一处；

第三步：单击替换按钮用指定内容替换查到的文字。也可以全部替代，把测量程序中所有符合查找条件处全部替换。

仅插入/仅编辑：仅插入与仅编辑都是一个开关菜单，选中后在零件测量程序可以插入新行（见图 11-6）。

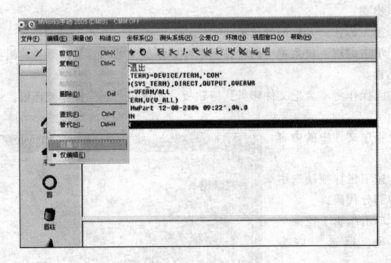

图 11-6    仅插入/仅编辑

文本编辑器：文本编辑器可以对零件测量程序中的任何一行语句进行编辑修改。图11-7是一段零件测量程序：

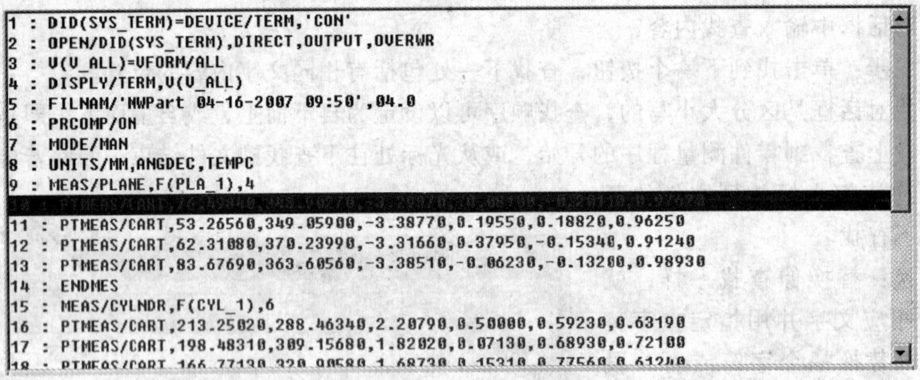

```
1  : DID(SYS_TERM)=DEVICE/TERM,'CON'
2  : OPEN/DID(SYS_TERM),DIRECT,OUTPUT,OVERWR
3  : V(V_ALL)=VFORM/ALL
4  : DISPLY/TERM,V(V_ALL)
5  : FILNAM/'MWPart 04-16-2007 09:50',04.0
6  : PRCOMP/ON
7  : MODE/MAN
8  : UNITS/MM,ANGDEC,TEMPC
9  : MEAS/PLANE,F(PLA_1),4
10 : PTMEAS/CART,74.49840,349.90270,-3.29970,0.68070,0.42691,0.27670
11 : PTMEAS/CART,53.26560,349.05900,-3.38770,0.19550,0.18820,0.96250
12 : PTMEAS/CART,62.31080,370.23990,-3.31660,0.37950,0.15340,0.91240
13 : PTMEAS/CART,83.67690,363.60560,-3.38510,-0.06230,-0.13200,0.98930
14 : ENDMES
15 : MEAS/CYLNDR,F(CYL_1),6
16 : PTMEAS/CART,213.25020,288.46340,2.20790,0.50000,0.59230,0.63190
17 : PTMEAS/CART,198.48310,309.15680,1.82020,0.07130,0.68930,0.72100
18 : PTMEAS/CART,166.77130,320.90580,1.68730,0.15310,0.77560,0.61240
```

图 11-7    零件测量程序

例如想修改语句 10，其操作步骤如下：

第一步：鼠标选中该行语句（背景转变成蓝色）；

第二步：单击"文本编辑器"按钮，弹出文本编辑器窗口（见图 11-8）；

第三步：编辑想要修改的语句，并可以适时检查语句是否有误，单击"确定"完成退出。修改后的程序语句变为如图 11-9 所示。

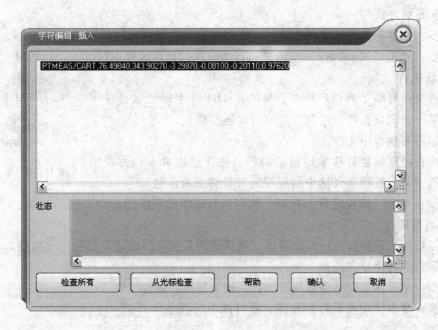

图 11-8　文本编辑器

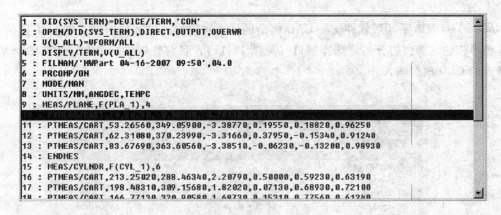

图 11-9　修改后的零件程序

## 11.3　测量文件的重复执行

MWorks-DMIS 手动版软件支持测量程序的重复执行。在图形界面的左侧的"运行/输出"栏中有图 11-10 所示三个按钮，分别是"按步执行"、"按块运行"、"从当前执行"，这三个按钮都支持测量文件的重复执行，只不过在具体方法上稍微有些不同，本节内容就主要介绍它们的功能以及操作方法。

**1. 按步执行**

用户可以在零件程序区窗口的测量程序中把光标移动到指定的行，然后单击"运行"按钮，执行零件测量程序。这也就是一般所说的重复执行模式。

执行测量程序文件：

第一步：把鼠标指针移动到指定的行，单击鼠标左键选中该行；

第二步：单击"按步执行"按钮，执行所有该行以后的程序行。

**2. 按块执行**

除了重复运行整个测量程序外，MWorks-DMIS 手动版软件还可以只执行某一段测量程序，也就所谓的按块运行模式。

按块运行测量程序文件：

第一步：把鼠标指针移动到指定的行，按住键盘 shift 键并单击鼠标左键选中某一段程序（选中的程序行背景将变为蓝色）；

第二步：单击"按块运行"按钮，执行所有选中的程序行。

**3. 从当前运行**

单步运行每次只执行一行测量程序，在调试测量程序时经常要用到这项功能。

单步运行测量程序文件：

第一步：把鼠标指针移动到执行的行，按下鼠标左键选中该行；

第二步：单击"单步运行"按钮，执行选中的程序行。

图 11-10　重复执行

## 11.4　CAD 模型的输入输出

MWorks-DMIS 手动版软件支持 CAD 模型的输入和输出。单击"图形控制"工具条中的打开图形按钮，弹出打开图形选择窗口（见图 11-11），目前软件支持 IGES、STEP、SAT 三种格式的 CAD 模型输入。

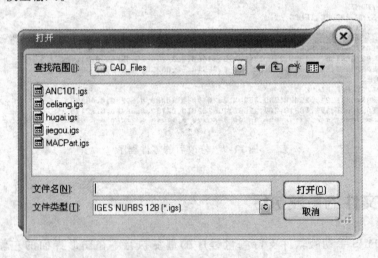

图 11-11　导入 CAD 模型

单击"图形控制"工具条的保存图形文件按钮，可以将所测量的曲线、曲面保存起来（注意保存曲线曲面时应该先选中需要保存的对象），在弹出的一个"另存为"窗口（见图 11-12）中可以指定文件的名称以及存储路径。需要注意的是，软件不支持中文文件名，在指定文件名时应使用英文或者数字。

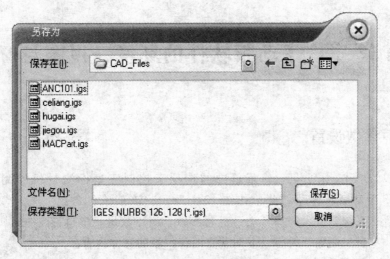

图 11-12　存储 CAD 模型

# 第12章　手动版软件的环境、视图与窗口

## 12.1　环境参数设置

用户可以直接使用环境变量菜单中的选项来控制三坐标测量机的测量参数设置。MWorks-DMIS 手动版软件环境菜单如图 12-1 所示，该菜单包含：系统硬件设置、系统参数、选择算法、机器参数、测点数量、串口设置、调用、存盘、删除等内容，下面就介绍每一项的具体内容。

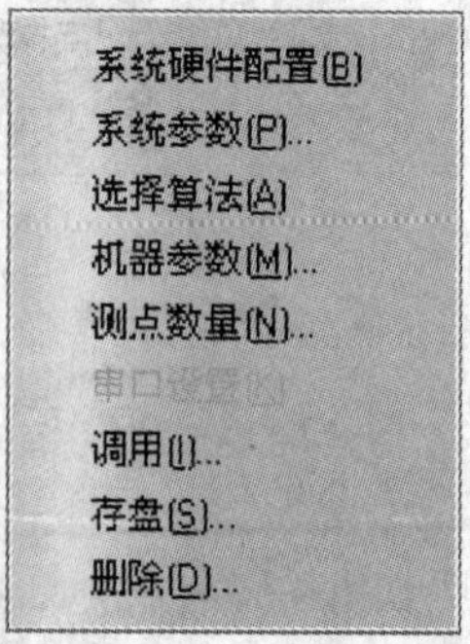

系统硬件配置(B)
系统参数(P)…
选择算法(A)
机器参数(M)…
测点数量(N)…
串口设置(T)…
调用(I)…
存盘(S)…
删除(D)…

图 12-1　环境菜单

**1. 系统硬件配置**

从"环境"下拉菜单中选择"系统硬件配置"，弹出系统硬件配置对话框如图 12-2 所示。

在硬件设备类型中用户可以选择相应的机器类型；光栅尺分辨率根据相应的机器设备进行选择。补偿设置栏中用户可以对机器的 $X$、$Y$、$Z$ 轴进行补偿设置，其中补偿分段点数用户可以修改，默认为 5 段。当用户修改补偿分段点数以后，其后面的对话框格数也就相应变为所修改的数目。垂直度用于校正机器 $X$、$Y$、$Z$ 三轴两两之间的夹角。"温度补偿"栏一般情形下用户可以不用修改。最后的"修改报表信息"按钮用于修改输出报表中的客户信息，如图 12-3 所示。

**2. 系统参数**

从"环境"下拉菜单中选择"系统参数"，弹出系统参数设置窗口，如图 12-4 所示。

在系统参数设置窗口中，可以修改软件的测量长度单位、坐标系类型、角度表示方法、评估数据精确到的小数点后位数以及 EXCEL 报表的格式。

**3. 几何算法**

从"环境"下拉菜单中选择"集合算法"，弹出几何算法选择对话框，如图 12-5 所示。使用几何算法对话框可以选择元素测量时软件的算法，共支持直线、平面、球、椭圆、圆、圆柱、圆锥七种几何特征的算法选择。

**4. 机器参数**

单击"环境"下拉菜单中选择"机器参数"，弹出机器参数设置窗口，如图 12-6 所示。使用机器参数可以设定测针回退距离，数值在 0.05mm～5mm 范围。

**5. 测点数量**

从"环境"下拉菜单中选择"测量数量"，弹出扩展精度设置对话框，如图 12-7 所示。使用精度扩展选项时用户可以自定义某一具体特征测量时需要测的最小点数。例如，测量一个球体时，需要测的最小几何空间点数是 4 个，在这个对话框中，用户就可以自定义任何大于 4 的测量点数以提高测量精度。

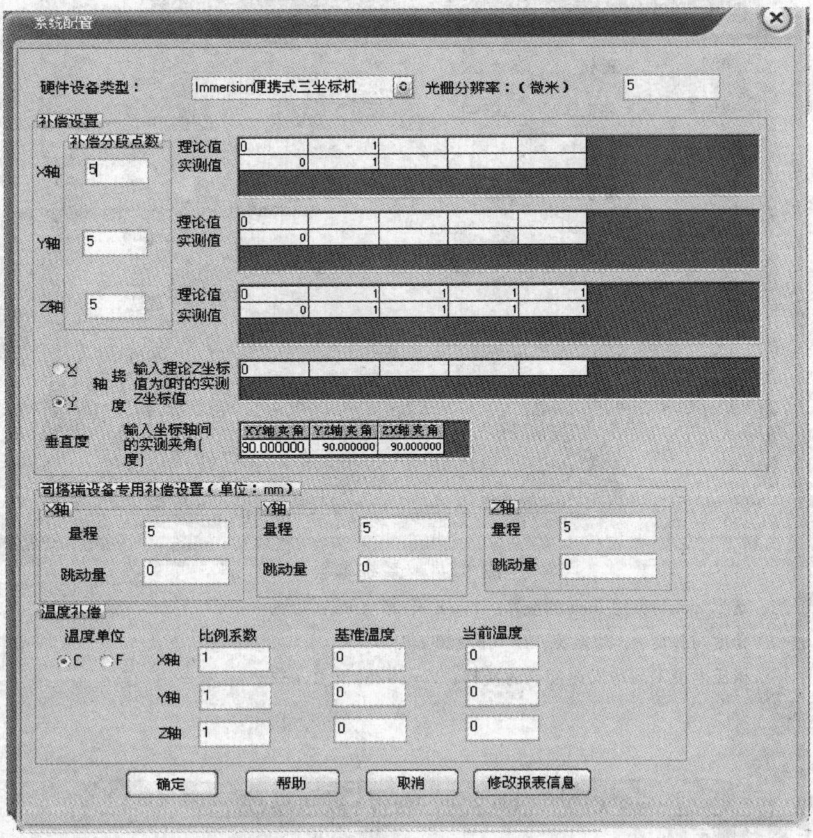


图 12-2　系统硬件配置窗口

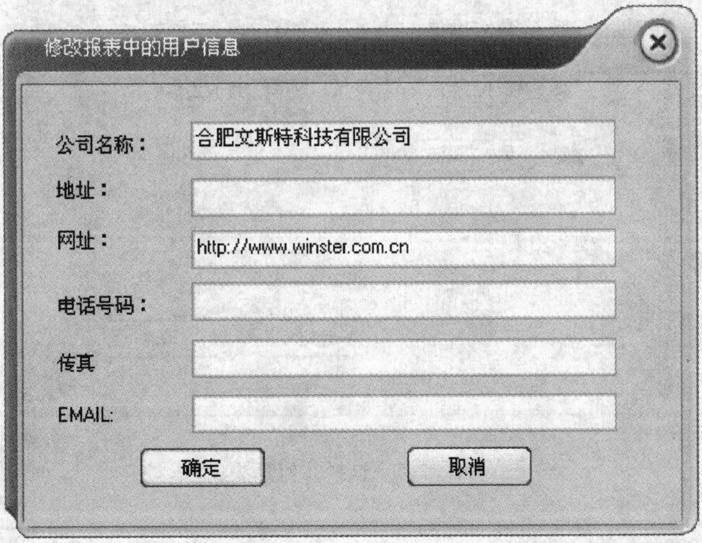


图 12-3　设置输出报表

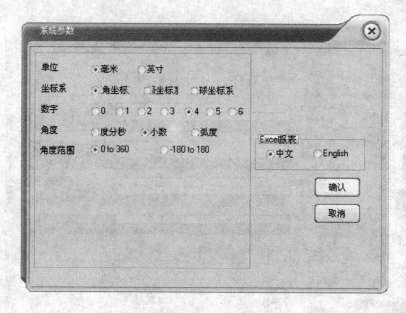

图 12-4　系统参数

注：毫米 mm 与英寸 inch 的换算：1inch = 25.4mm；
角度与弧度 rad 的换算：1° = π/180 rad；
摄氏温度℃与华氏温度 F 的换算：F = (9/5) × ℃ + 32。

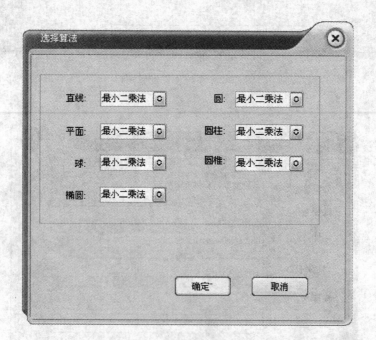

图 12-5　选择几何算法

| LSTSQR | 最小二乘法 | | MAXINS | 最大内接圆法 |
|--------|-----------|---|--------|-------------|
| MINMAX | 最小最大法 | | MINCIR | 最小外接圆法 |

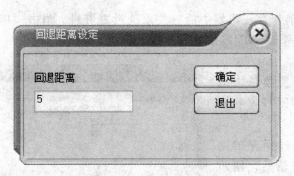

图 12-6　机器参数设置

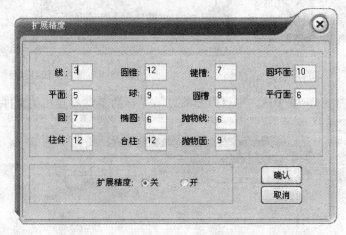

图 12-7　扩展精度窗口

对话框底部的精度扩展单选按钮是选择该功能的控制开关。

改变当前系统扩展精度的方法：

1）选择扩展精度选项。

2）编辑测量点数。

3）单击"确认"按钮。

**6. 调用**

选择"调用"按钮，MWorks-DMIS 手动版将出现如图 12-8 所示的界面。

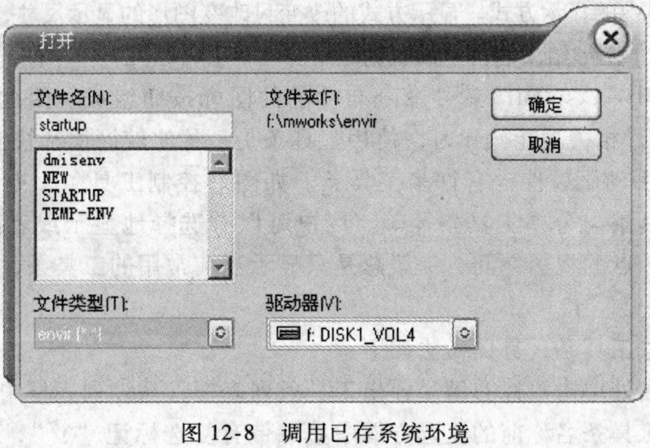

图 12-8　调用已存系统环境

从中可以选择以前保存在机器中的有关系统设置资料，单击"确定"按钮即可调用。如果选中"取消"，MWorks-DMIS 软件程序将会退出该界面。

**7. 存盘**

选择"环境"下拉菜单中的"存盘"选项，出现如图 12-9 所示界面。

用户可以自行选择保存的路径，单击"确定"按钮后，用户关于系统参数的有关设置将被保存到指定文档，以后若需使用，应用"调用"按钮选择相应路径即可。

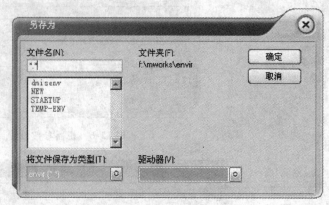

图 12-9　保存系统环境

**8. 删除**

选择"删除"选项，弹出"删除文件"窗口（见图 12-10），则可以删除以前保存的系统设置相关文件。

图 12-10　删除系统环境文件

## 12.2　视图窗口

MWorks-DMIS 手动版软件提供有强大的图形显示和控制功能。显示和控制功能用于控制 CAD 模型在视图窗口中的显示方式。显示方式的改变只改变图形的显示尺寸，并不改变图形的实际尺寸，即仅仅改变了图形给人们留下的视觉效果。本节就介绍几种基本的显示控制功能。

工具条由代表 MWorks-DMIS 软件命令与功能的图标按钮组成。因此，在利用 MWorks-DMIS 手动版软件进行相关功能操作时，使用工具条是一种比较简便和快捷的操作方法。

MWorks-DMIS 手动版软件含有许多工具条。如图形控制工具条、视图变换工具条、文件工件条、测量工具条与公差工具条等等。用户可以有选择地显示或者隐藏任何一种工具条，为了能获得大一点的视图空间，一般总是只显示当前常用的工具条，而把其他暂时不用的工具条隐藏起来。

要显示或者隐藏工具条，具体做法如下：

在标题栏的空白处单击鼠标右键，弹出工具条列表框，从该列表框中单击要显示或者隐藏的工具条名称。工具条名称前的复选方框中如果带有复选标记"√"，则表示显示该工具条，是否将隐藏该工具条。

用户可以将工具条移动到最方便的工作位置。移动工具条的方法如下：

① 将鼠标指针放置于要移动的工具条内，但注意不要置于任何按钮上；

② 按住鼠标左键并移动鼠标，将工具条拖到预定的位置。

如果将工具条拖离原来位置而放置到屏幕的其他位置上，则产生浮动工具条。浮动工具条类似于窗口，它也有边框和标题行。可以通过拖动标题行将其放置到任何位置，或者拖放边框来改变其形状。单击标题行右边的"关闭"按钮，可以关闭浮动工具条。

图 12-11 显示了图形窗口中的各种工具条。

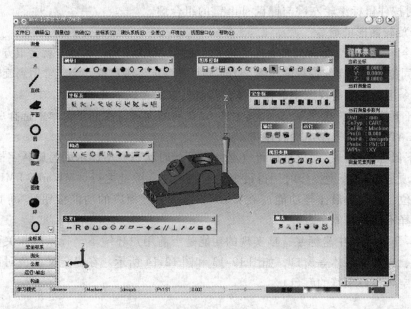

图 12-11　工具条

"视图控制"工具条提供了丰富的视图操作功能，如常用的主视图、俯视图、轴测图以及平移、缩放、旋转等等，除此之外还可以设置主视图窗口的背景颜色，如图 12-12 所示。

下面介绍几种基本的 CAD 模型显示控制功能。

**1. 用于控制图形缩放的命令**

动态缩放命令用于缩小或者放大图形在主视图区的 CAD 模型尺寸，它在 CAD 模型操作时经常用到。其执行方法有以下几种：

1）打开下拉菜单"视图"，选择其中的 CAD 视图选项，这将继续打开一个子菜单，选择其中的动态缩放或者局部放大。

2）在 CAD 工具条上单击动态缩放按钮或者局部放大按钮。

3）使用组合键，同时按下鼠标左键与键盘 Ctrl 键，移动鼠标即可。向左移动为缩小，向右移动为放大。

图 12-12　背景颜色设置

**2. 用于平移图形的命令**

平移命令用于在不改变 CAD 模型缩放显示的条件下平移图形，以便使图中的特定部分位于当前的视区中，方便查看图形的各个部分。如果用缩放命令或者局部放大命令放大了图形，则通常需要用平移命令来移动图形。

平移命令用于在当前缩放显示状态下在图形中漫游。其执行方法有以下几种：

1）打开下拉菜单"视图"，选择其中的 CAD 视图选项，这将继续打开一个子菜单，选择其中的平移。

2）在 CAD 工具条上单击平移按钮。

3）同时按住鼠标滚轮左键与键盘 shift 键的组合键。

**3. 用于旋转图形的命令**

旋转命令用于在不改变模型大小的情况下转换模型的视图角度，这样就会很方便地观察模型的各个不同位置。在离线编程的时候，为了测量模型上各种特征，会经常用到旋转功能。

旋转命令用于在当前视图中的模型体，其执行方法有以下几种：

1）打开下拉菜单"视图"，选择其中的 CAD 视图选项，在其子菜单中选择旋转命令。

2）在 CAD 工具条上单击旋转按钮。

3）按下鼠标左键，移动鼠标即可（必须保证此时状态栏中显示的为旋转字样）。

以上三项是 CAD 模型操作时用得最多的控制功能，除此之外，MWorks-DMIS 手动版软件还具有复位、调整到最佳等功能（在 CAD 工具条中有相应的功能按钮），可以根据实际操作需要选择不同的功能命令。

"视图"下拉菜单中坐标系选项实现的功能是当前用户环境下坐标系的相关设置，包括自定义颜色、自定义字体等窗口，如图 12-13 和图 12-14 所示。在自定义颜色对话框中用户可以自己指定各窗口字符的颜色。

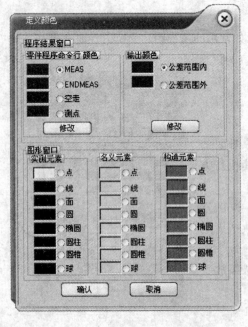

图 12-13　自定义颜色

图 12-14　自定义字符

在自定义字体对话框中用户可以自己指定各窗口字体的种类，大小等属性。

此外，MWorks-DMIS 手动版软件还提供了计算器功能对话框，用户可以使用计算器进行相关计算（见图 12-15）。

图 12-15   计算器

## 12.3   测量程序窗口

MWorks-DMIS 手动版软件支持 DMIS 语言（见图 12-16）。零件的测量程序都可以在测量程序窗口（零件程序区）中显示。关于零件程序区相关操作功能在第 9 章里已详细介绍过，这里就不再赘述。

```
1 : DMISMN/'MWPart 04-16-2007 09:47',04.0
2 : DID(SYS_TERM)=DEVICE/TERM,'CON'
3 : OPEN/DID(SYS_TERM),DIRECT,OUTPUT,OVERWR
4 : V(V_ALL)=VFORM/ALL
5 : DISPLY/TERM,V(V_ALL)
6 : FILNAM/'MWPart 04-16-2007 09:47',04.0
7 : PRCOMP/ON
8 : MODE/MAN
9 : UNITS/MM,ANGDEC,TEMPC
10 : MEAS/CYLNDR,F(CYL_1),8
11 : PTMEAS/CART,212.94870,288.99680,2.15370,0.13530,0.37770,0.91600
12 : PTMEAS/CART,201.85810,306.00050,1.86560,0.30510,0.82130,0.48210
13 : PTMEAS/CART,172.87280,320.84580,1.77120,0.01090,0.74540,0.66660
14 : PTMEAS/CART,143.52040,315.83380,1.65070,-0.07340,0.81000,0.58190
15 : PTMEAS/CART,146.91580,317.27980,39.72540,-0.09860,0.99420,0.04260
16 : PTMEAS/CART,167.39080,321.19540,41.40200,0.28020,0.95260,0.11870
17 : PTMEAS/CART,187.02380,316.71080,41.36220,0.01140,0.99550,0.09440
18 : PTMEAS/CART,211.90460,291.39620,40.57680,0.92030,0.37880,0.09790
19 : ENDMES
20 : T(TCYL0)=TOL/CYLCTY,0.050000
21 : EVAL/FA(CYL_1),T(TCYL0)
```

图 12-16   测量程序窗口

## 12.4   测量结果窗口

MWorks-DMIS 手动版软件的测量结果窗口如图 12-17 所示，结果输出区窗口显示测量的结果。根据测量元素的不同，显示的内容也不同。它包括元素名称、实际值、名义值、公差偏差、公差标签、公差百分比以及是否在公差范围之内。

```
ACT:0     平面              FA(PLA_1)
  X=68.9379     Y=-356.7010   Z=-3.3470              I=-0.0004   J=0.0004   K=1.0000
ACT:1     圆柱     外部      FA(CYL_1)
  X=166.0438    Y=270.5378    Z=20.9614   D=100.8373  I=-0.0051   J=0.0026   K=1.0000
NOM:0     平面              F(PLA_2)
  X=0.0000      Y=0.0000      Z=0.0000               I=0.0000    J=0.0000   K=1.0000
ACT:2     平面              FA(PLA_2)
  X=68.9379     Y=356.7010    Z=46.6530              I=-0.0004   J=0.0004   K=1.0000
TOLN:0    平面度            T(TFLA0)
  NOM=0.0500
ACT:3     平面              FA(PLA_1)
  X=68.9379     Y=356.7010    Z=-3.3470              I=-0.0004   J=0.0004   K=1.0000
TOLA:0    平面度            TA(TFLA0)           FA(PLA_1)
  NOM=0.0500    ACT=0.0788                     百分比=157.6351
TOLN:1    垂直度            T(TPER0)
  NOM=0.0500    RFS
ACT:4     圆柱     外部      FA(CYL_1)
  X=166.0438    Y=270.5378    Z=20.9614   D=100.8373  I=-0.0051   J=0.0026   K=1.0000
TOLA:1    垂直度            TA(TPER0)           RFS   FA(CYL_1)
  NOM=0.0500                                   ACT=0.2572    百分比=514.3571
```

图 12-17　测量结果窗口

## 12.5　输出缓冲

MWorks-DMIS 手动版软件中的输出缓冲包括元素缓冲、公差缓冲、EXCEL 报表三项（见图 12-18）。

单击"输出缓冲"子菜单的"元素缓冲"，弹出测量缓冲区元素信息对话框（见图 12-19）。如果当前复选按钮被选中，就列出当前坐标系下的所有特征；然后可以设置坐标系类型，向量类型，半径/直径和正偏角。可以选择多个特征复制到记事板或打印。

|  |
| --- |
| 元素缓冲(E) |
| 公差缓冲(T) |
| Excel报表(U) |

图 12-18　输出缓冲菜单

单击"输出缓冲"子菜单中的"公差缓冲"，弹出公差缓冲区信息对话框（见图

图 12-19　元素缓冲窗口

12-20)。可以选择对话框中的复选按钮,只显示实际尺寸,或只显示名义尺寸,或全部显示。如果需要还可以设置特征类型和标签进行过滤。

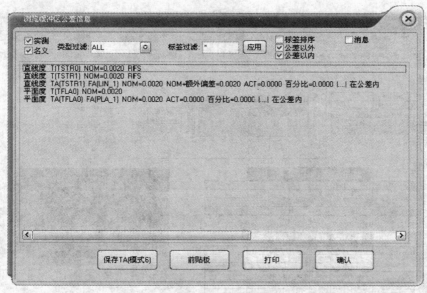

图 12-20 公差缓冲窗口

如果当前复选按钮被选中,就列出当前坐标系下的所有特征;然后可以设置坐标系类型,向量类型,半径/直径和正偏角。可以选择多个特征复制到剪贴板,或打印。选择显示的传输到输出窗口的信息。

如果以模式 6 保存,即以电子表格的格式保存,且只保存实际公差。保存路径为软件安装目录下 OUTPUT 子目录中,文件名格式为:YOUR_PROGRAM_FILENAME.123。如果没有选中任何内容,默认保存所有实际公差,也可以按住 ctrl 或 shift 键,选中保存部分。单击剪贴板按钮可以把选中部分复制到 Windows 下的剪贴板中,单击打印按钮可以打印选中部分。

单击"输出缓冲"子菜单中的"EXCEL 报表",弹出如图 12-21 所示的对话框。

图 12-21 保存 EXCEL 报表缓冲

　　用户可以选择相应的保存路径，键入文件名以及保存的类型（Excel 或者 Web），单击保存按钮存储文件。出现如图 12-22 报表信息。

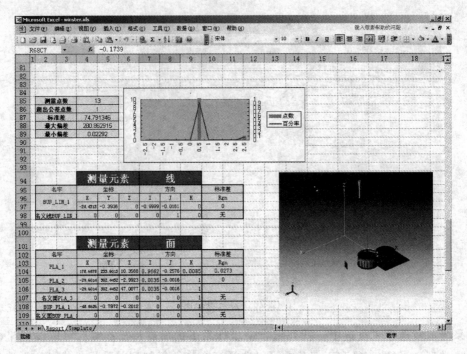

图 12-22　输出 EXCEL 报表

# 第3篇 MWorks-DMIS 自动版软件

## 第13章 MWorks-DMIS 自动版软件简介

### 13.1 MWorks-DMIS 自动版软件的主要功能特性

**1. 基于三维 CAD 平台**

MWorks-DMIS 自动版软件基于国际先进的 CAD 开发平台，可以直接输入输出 CAD 数据模型，实时显示测量元素的几何形状，测量过程运动轨迹实时仿真，所测即所见，使计算机检测工作变得更直观、更易于学习和使用，同时可以与 CAD/CAM/CAE 软件更好地集成。

1）三坐标测量机整机的动态模拟与运动仿真 MWorks-DMIS 自动版软件可以对三坐标测量机的整机以及实际测量过程进行动态的模拟和仿真。

2）测点及测试路径的自动生成与动态视觉模拟 MWorks-DMIS 自动版软件可以根据所测几何元素的类型及测点数量要求，自动生成测点，在可测区域上均匀分布测点，自动检测无效点并生成替代点，自动产生移位点，自动生成测量路径，并动态模拟测量过程。

3）可视化动态测头系统配置及探针自动校准 MWorks-DMIS 自动版软件可以实现动态配置测头系统的可视化操作。用户可以很方便地选择测头系统所需的配件。同时由于软件采用了配件过滤系统，使得只有可以接入的下一级配件才可以选取，从而避免了测头系统配置的人为错误。

4）测针运动碰撞自动检查及规避 MWorks-DMIS 自动版软件可以对测针运动过程中是否与被测零件发生碰撞行为进行自动检验，并自动生成新的测量路径以避免碰撞的发生。

5）智能单击确定所有测量参数 MWorks-DMIS 自动版软件可以仅用鼠标单击确定所有相关的测量参数，包括：测量面的选取，测量高度的确定，测量元素方向的确定等。

6）自动调整探针的测量方向 MWorks-DMIS 自动版软件可以在实际测量过程中根据几何特征的方向自动调整测针方向以达到最佳的测量效果。如果在探针的定义中缺乏相应测角的情况，程序会给出相应的信息，让用户可以重新定义或使用现有的次优定义。

7）基准球、测头和探针系统的自动校验 MWorks-DMIS 自动版软件可以对基准球、测头和探针系统产生自动校验程序，从而大大方便多测针定义的校验，提高校验效率和精度。

8）三维动态可视修改测量点，增加移位点 MWorks-DMIS 版软件可以三维动态可视修改测量点，以对自动生成测量点的布局进行人工的改变。同时也可以增加三维的移位点，使测量点的分布和测量路径更为合理。

**2. 支持国家尺寸公差标准**

MWorks-DMIS 自动版软件支持中国几何与公差测量的国家标准，提供近 20 种的几何公差评估方法及结果分析。能够实现基本几何元素（点、线、面、圆、椭圆、圆柱、圆锥、孔系等）、形位误差（直线度、平面度、平行度、对称度、同轴度、垂直度、位置度、圆跳动等）、复杂产品轮廓（曲线、曲面等）的测量与评定。

根据国际公差代码自动寻找并显示公差值，超差部分的直观显示以及测量结果的多种格式输出，如 TEXT、HTML、EXCEL 等。

**3. 支持 DMIS 语言**

MWorks-DMIS 自动版软件支持美国国家尺寸测量接口标准（DMIS），为客户提供与国际接轨的零件测量程序。DMIS（Dimensional Measuring Interface Standard）是由国际计算机辅助制造公司（CAM-I）质量保证计划资助开发的尺寸测量接口规范课题。从 1985 年 2 月开始，作为尺寸测量接口规范课题，它是由尺寸测量设备（Dimensional Measuring Equipment，缩写为 DME）供应厂商与用户联合共同开发的成果。DMIS 的目标是作为一套计算机系统和测量设备之间检测数据双向通信的标准，提供一种标准的数据格式，形成各类不同系统之间进行数据交换的中性文件。这类似于 CAD 领域中的 IGES 格式或 STEP 格式。其内容涉及到检测规程和检测结果两部分，检测规程是由计算机系统提供给测量设备的，而检测结果则是测量设备反馈给计算机系统的。DMIS V2.1 于 1990 年成为美国国家标准，目前 DMIS 最新版本为 V5.0。有关 DMIS 语言的内容，已在第 3 章中详细说明。

**4. 测量程序的语法检验与编译系统**

MWorks-DMIS 自动版软件支持测量程序的语法检验，对测量程序进行编辑、检验、存储以及调用。

## 13.2　MWorks-DMIS 自动版软件的安装与启动

**1. 软、硬件配置**

要运行 MWorks-DMIS 自动版软件，起码必须具备以下的软、硬件配置：

1）操作系统为 Windows 2000 或 Windows XP。

2）Pentium 4 或者更好的微处理器，或相应兼容的微处理器。

3）建议使用 256MB 内存，512MB 及其以上更加。

4）至少具有 200MB 以上的硬盘空间和足够的磁盘交换空间。

5）Windows 支持的 $800 \times 600$ VGA 视频彩色显示器，具有 256 种颜色；使用 $1024 \times 768$ 和独立显卡则更好。

6）CD-ROM 驱动器，鼠标或者其他定标设备。

7）CMM 控制板以及软件安全模块。

**2. 安装方法**

在使用 MWorks-DMIS 之前，必须将其安装到计算机的硬盘中。以下是在 Windows XP 上进行单用户安装的基本过程：

1）在 CD-ROM 驱动器中插入 MWorks-DMIS 的 CD 盘。

2）如果机器 Autorun（自动运行）是打开的，则插入 CD 盘后，Windows XP 将自动运行安装程序；而如果 Autorun 是关闭的，则单击"开始"按钮，找到其中的"运行"对话框，在弹出的"运行"对话框中指定 CD 盘符和路径名，键入 setup（例如键入 h：\setup），然后单击"确定"按钮来运行安装程序。

3）安装程序运行后，将弹出"欢迎使用"对话框，单击"下一步"按钮，出现文件安装位置选项，此时可以通过"浏览"按钮，将软件安装至目标磁盘位置。然后再单击"下一步"按钮，系统开始安装 MWorks-DMIS 并复制文件到硬盘中，直至安装结束。

4）在安装过程中，如果不想继续安装，可以随时单击"取消"按钮终止安装。

5）重新启动计算机。

**3. 启动与退出**

MWorks-DMIS 安装完成后，将自动在 Windows XP 桌面上建立 MWorks-DMIS 的快捷图标，如图 13-1 所示，并在程序文件夹中形成一个 MWorks-DMIS 程序组。

图 13-1　MWorks-DMIS
自动版软件桌面
快捷连接图

当要启动 MWorks-DMIS 时，只需双击桌面上的 MWorks-DMIS 快捷图标；也可以打开程序组，选择执行其中的 MWorks-DMIS 程序项。

当要退出 MWorks-DMIS 时，可打开"文件"菜单，选择执行"退出"项，或者鼠标左键单击窗口右上角的"关闭"按钮。

## 13.3　MWorks-DMIS 自动版软件的用户界面

MWorks-DMIS 具有一体化的测量显示环境。在一个 MWorks-DMIS 的进程中，用户可以实时观察到测量元素的直观显示以及测量结果的公差评估，同时对于测量的程序可以进行编辑、检验、修改以及存储调用等。

**1. 窗口的内容与布局**

MWorks-DMIS 的用户界面可以显示两种形式的窗口：图形窗口和文本窗口。窗口位置可以随意移动。

（1）文本窗口　文本窗口主要包括缓冲区、零件程序区和结果输出区三部分。在缓冲区窗口中，可以查看到测头、公差、基本测量元素等相关信息。零件程序窗口是将当前所有测量动作用 DMIS 语言表达出来，在这里，可以对它进行编辑、修改、存储等操作。结果输出区窗口包含测量元素以及相应公差评估的详细信息。这些信息可以被保存为 TEXT、EX-CEL、HTML 等格式或直接打印出来。

（2）图形窗口　图形窗口可以显示用户测量的各种元素、实物的 CAD 模型，机器坐标系、用户坐标系等，同时还可以对窗口中显示的图形进行缩放、旋转、平移等各项操作。当前位置窗口所显示的是测头所处的空间位置坐标，当测头移动时，它的数值会随之变化。一个基本的 MWorks-DMIS 界面如图 13-2 所示。

**2. 菜单与工具栏**

对照图 13-2，下面介绍 MWorks-DMIS 的标题行、菜单以及工具栏。

（1）标题行　窗口的最上方为窗口的标题行。在标题行中主要包含以下内容：

① 控制框。在标题行最左端的图标为窗口的控制框。用鼠标单击该图标或者按"Alt + 空

图 13-2　MWorks-DMIS 自动版软件界面

格键"，将弹出窗口控制菜单。窗口控制菜单中包含还原、移动、大小、最小化、最大化和关闭等选项，用于控制图形窗口的大小和位置等。如果从窗口控制菜单中选择执行"最小化"命令，则可以将图形窗口最小化缩为 Windows XP 任务栏上的图标。

② 文件名。在标题行上，MWorks-DMIS 之后显示的是版本信息以及 CMM 是否连接，如显示 CMM：OFF，则表示 CMM 未与电脑连接。

③ 控制按钮。在窗口标题行的最右端有三个按钮，它们从左至右分别为"最小化"按钮、"还原"按钮和"关闭"按钮。这些按钮可以快速设置窗口的大小。例如，使窗口充满屏幕，将窗口最小化收缩为 Windows XP 任务栏上的图标，或者直接关闭窗口退出 MWorks-DMIS。

（2）菜单　MWorks-DMIS 提供菜单驱动，菜单是用户使用 MWorks-DMIS 进行测量工作的一个主要工具。系统提供多种菜单让用户选用，如下拉菜单、图标菜单和快捷菜单等。

① 下拉菜单。下拉菜单位于下拉菜单行中。下拉菜单行中包含有多个菜单名，如：文件、测量、构造、坐标系、测头系统、公差、视图等，用鼠标单击其中的任何一个菜单名，均可以打开一个下拉菜单条。图 13-3 给出了坐标系菜单下的下拉菜单内容。

图 13-3　坐标菜单下的
下拉菜单

通常下拉菜单中的命令选项都表示相应的 MWorks-DMIS 命令和功能，但有些选项不仅表示一种功能，而且还提供为执行该功能所需要的更进一步的选项。在下拉菜单条中颜色暗淡（灰色）的选项表明在当前状态下对应的 MWorks-DMIS 功能是不可执行的。有些选项右边出现三个黑点"…"，说明选中该项时将会弹出下一个对话框，以提供给用户作进一步的选择。有些选项右边带有小的右向黑三角，表明选中该项时，将会弹出可供进一步选择的子选项。有些右边选项出现字母，这是与该选项对应的快捷键。通过按相应的快捷键，可以快速执行相应的 MWorks-DMIS 命令和功能。

下拉菜单中的菜单名以及下拉菜单条中的命令选项都定义有热键。屏幕上热键以括号内字母标出，如：文件（F），表明其热键字母为 F。对菜单行中的命令热键，执行时须同时按下 Alt 键，然后按热键字母来引出下拉菜单；对下拉菜单条中的功能选项热键，则必须先打开下拉菜单，然后直接按热键字母来执行相应的功能。

② 快捷菜单。当光标位于图形屏幕区域时，单击鼠标右键所显示的小型菜单称为快捷菜单。快捷菜单的内容随光标当前所在位置的不同而有所差异。例如，当光标放置于状态行上时，单击鼠标右键，此时弹出的快捷菜单内容为开、关各个状态设置；当光标位于图形显示窗口中时，单击鼠标右键显示的快捷菜单内容为机器 CAD 设置以及公差评估；当光标位于缓冲区窗口，单击鼠标右键，此时弹出的快捷菜单内容为测头系统的相关设置。

（3）工具栏　工具栏菜单不同于下拉菜单或快捷菜单。它显示在菜单中的内容不是以文字表示的，而是以像素绘出的小图像，称为"图标"来表示的。它直观形象，使操作者易于理解图标的含义，因此被广泛用于用户交互界面技术中。图 13-4 所示的就是一组工具栏图标。

图 13-4　MWorks-DMIS 自动版软件工具栏

工具栏图标的选择操作简便直观，用户移动鼠标，将光标置于欲选择的图标按钮上，然后按一下拾取键（即鼠标左键），则与此图标相对应的菜单命令或功能即被执行。

用户可以通过鼠标右键单击软件窗口空白处选择调用所需要的工具条。当工具条的名称前显示有"√"时，则表明该工具条已经被调用；如果不想使用某个工具条菜单，则只需找到其对应的工具条名称，将其前面的"√"除去即可，如图 13-5 所示。

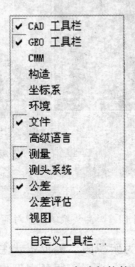

图 13-5　MWorks-DMIS 自动版软件弹出式菜单

# 第14章 自动版软件的测头系统

三坐标测量机本身没有任何可用于测量的测头信息文件，在测量之前，需要对测头长度、方向以及测头直径等信息进行定义和校验，这些文件信息可以由 MWorks-DMIS 自动版软件保存。

创建测头系统文件的方法有两种：

① 传统手动分步设置，此种方法共三步，分别为定义测头系统、定义和检验基准球、定义和标定测针。选择每步操作的相关信息并予以保存，便可以完成测头系统文件的创建。

② 使用"创建测头文件"向导，这个程序可以很方便地创建测量测头文件，只需要按照相应的提示逐步进行操作便可以完成测头系统文件的创建。

下面就这两种创建测头系统文件的方法逐一进行讲解。

## 14.1 分步设置测头系统

首先选择下拉菜单中的"测头系统"选项，然后选择"定义测头系统"，此时将会弹出如图 14-1 所示的对话框。

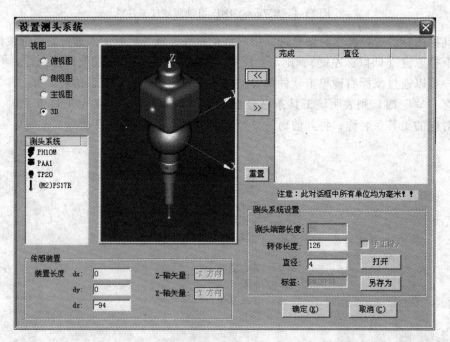

图 14-1 测头系统配置对话框

在该窗口中，"视图"选项分为俯视图、侧视图、主视图以及 3D 视图四种模式，用户可以根据自己的需要选择不同的视图，选择不同的视图它们会立即在右边的视图栏中显示。

"测头系统"选项中显示的是当前测头系统的相关信息，如果接收当前的测头系统文件，直接单击"确认"按钮；如果想重新创建测头系统文件，单击"重置"按钮即可。

当单击"重置"按钮后，窗口变化如图 14-2 所示。

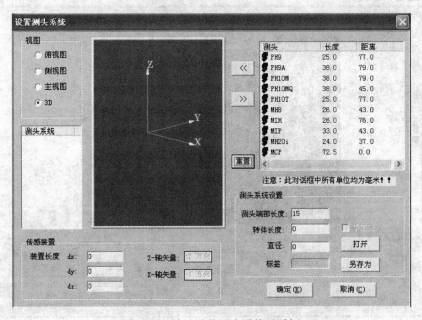

图 14-2　重置后的测头系统对话框

在窗口的右上框中，选择所需要的合适的传感装置如 PH10M，单击"≪"按钮将其添加到左侧栏框中，此时右上框中的内容将会改变，软件会列出适合 PH10M 测座的延长杆装置，如图 14-3 所示。

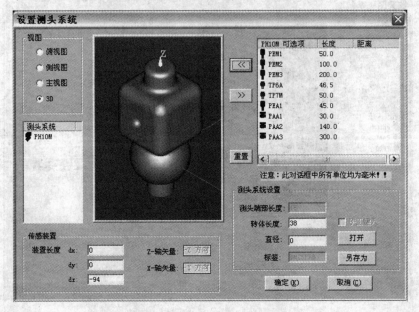

图 14-3　加入测座后的对话框

再从右侧框中选择 PAA1，将其添加到左侧框中，此时软件会将适合 PAA1 的配件清单列出，如图 14-4 所示。

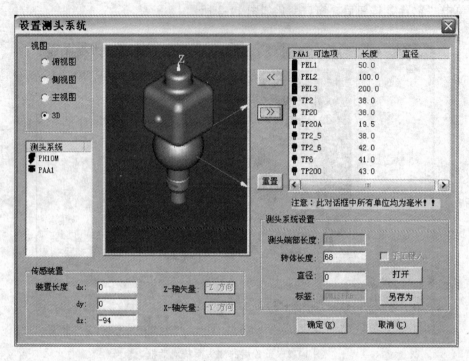

图 14-4    加入 PAA1 后的对话框

再从右侧框中选择 TP20，将其添加到左侧框中，此时软件会将适合 TP20 的测杆和测针系列列出，如图 14-5 所示。

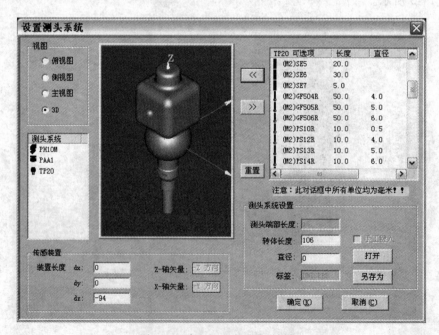

图 14-5    加入 TP20 后的对话框

再选择测针，如（M4）PS17R，单击"≪"按钮，将其添加到左边框中，至此对测头系统的配置就已经完成，如图 14-6 所示。

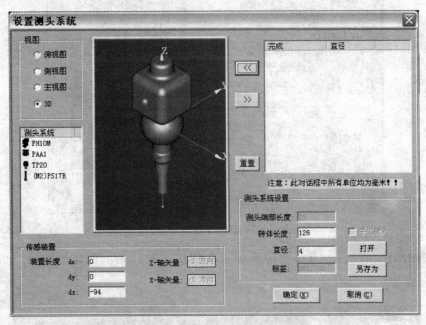

图 14-6　加入 PS17R 测针后的对话框

用户可以首先从"传感装置"和"测头系统设置"两个选项中查看有关信息。如果想保存此次配置的测头文件信息，单击"另存为"按钮，在弹出的存储对话框中选择相应的存储路径保存即可。最后单击"确定"按钮，当前测头系统就已经定义完毕。

其次，单击"定义基准球"选项，弹出设置基准球窗口，该窗口内容共有三个部分，"基准球"对话框中显示的是当前基准球名称，"基准球方向"对话框中系统默认的为 Z 轴正方向，在"基准球信息"对话框中，可以手工输入基准球在当前坐标系中 X、Y、Z 数值，单击"键入名义"按钮确定，此时"定义基准球"窗口关闭，用户在主视图窗口中可以观察到基准球会移动刚才所设定的坐标位置。再重新进入"定义基准球"选项，单击"校准"按钮，程序会弹出一个对话框，点"确定"后，会弹出"运行校验基准球程序"的对话框，选择"是"按钮，软件将会自动执行基准球的校验程序。"设置基准球"窗口如图 14-7 所示。

最后，在"测头系统"菜单中选择"定义测针"选项，软件将会弹出"定义测针"窗口，在该窗口中，用户可以选择测头的视图类型，分别为俯视图、侧视图、主视图和 3D 视图四种。当选择不同的视图时，对话框中的视图类型会实时变化。单击鼠标左键选择对话框中的测针类型，在上面的"测针标签"中会显示当前测针的名称（如 S1）；"转体长度"中显示步骤一中用户配置的测座转体长度（103mm）；"直径"为当前测针的测球直径值（3mm）；A 角指的是测针在 XZ 平面内旋转时测针与 Z 轴的夹角，数值在 0°~105°之间；B角指测针旋转时与 XZ 平面的夹角，数值在 -180°~180°之间，当测针沿逆时针方向旋转时 B 角为正，沿顺时针方向旋转时 B 角为负；A、B 角的增量均为 7.5°，即 A、B 角每次增加或减少的数值均为 7.5°。当用户修改 A、B 角时，其下面的对话框中 MX、MY、MZ 三个数值会相应改变。单击"添加测针"按钮可以增加测针，单击"删除测针"按钮则可以删除

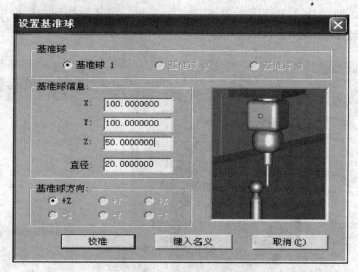

图 14-7 基准球定义对话框

用户不需要的测针（注意：当前测头系统正在使用的测针是不能被删除的）。如图 14-8 所示。

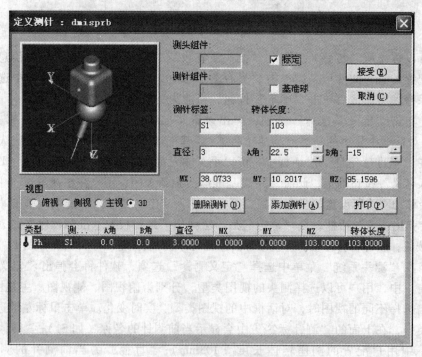

图 14-8 测针定义对话框

当用户使用鼠标左键单击对话框中的测针，勾选上"标定"栏，再单击"接受"按钮，软件就会自动对该测针进行校验，当校验完成后在主对话框最下面的状态栏中测针标签和测球直径会由红色改变成蓝色，这标志着用户对当前测头系统的基准球以及测针校验完毕，可以进行后续的测量操作。

## 14.2　利用文件向导创建测头系统

利用"测头系统"菜单中的"创建测头文件"选项，可以很快捷地配置测头系统。单击"创建测头文件"，软件会弹出如图 14-9 所示对话框。

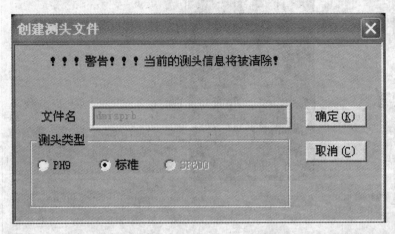

图 14-9　向导创建测头文件对话框

在图 14-9 的对话框中会有警告，如果用户单击"确定"按钮，则当前系统的测头信息将会被清除，如果单击"取消"按钮，则该信息将被保留。在测头类型中，有两种选择：PH9 或 标准，用户可以根据实际测量需要选择相应的测头类型，在这里选择测头类型为"标准"，然后单击"确定"按钮，软件会弹出如图 14-10 所示的测头设置对话框。

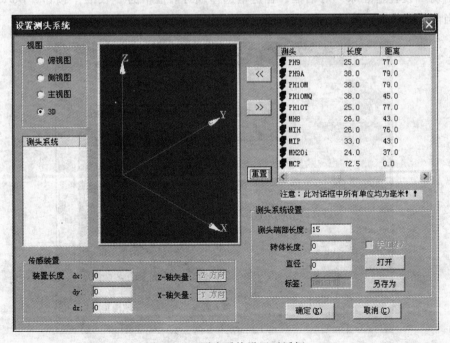

图 14-10　测头系统设置对话框

单击"重置"按钮，开始对测头系统进行配置，选择 PH10T、TP2_5 和（M2）PS57R，依次将它们添加到左边的图形显示框中，可以从"传感装置"和"测头系统设置"中了解到该测头的相关参数，如图 14-11 所示。

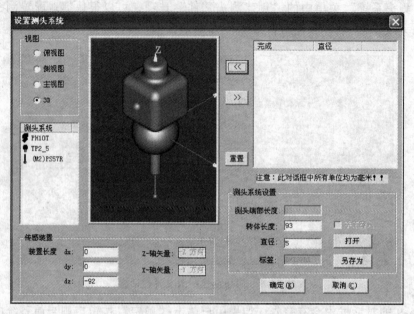

图 14-11　测头系统建立完毕时的对话框

单击"确定"按钮，会弹出一个 MWorks 应用程序警示窗口，选择"确定"按钮，进入下一步。此时出现"定义并校验基准球"的应用程序窗口，继续选择"确定"按钮，软件将会出现"设置基准球"对话框，在这里选择该对话框中的"校准"按钮，DMIS 程序会自动对当前基准球进行校验，如图 14-12 所示。

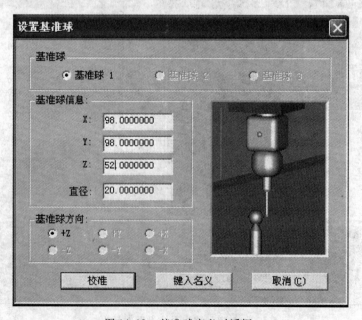

图 14-12　基准球定义对话框

当基准球校验完毕后，会弹出"标定测针"的 MWorksCAD 窗口应用程序，单击"确定"按钮，进入"定义测针"窗口，从图 14-13 所示的对话框中鼠标左键选取上面所配置的测针，然后勾选上"标定"按钮，再单击"接受"按钮，以确定需要对该测针进行标定。

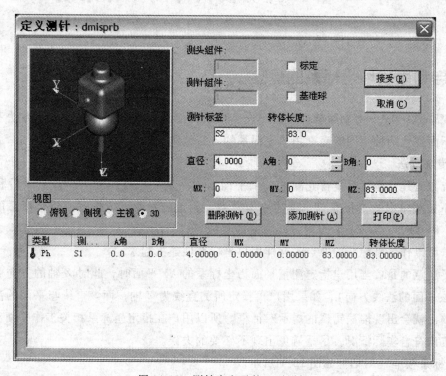

图 14-13　测针定义及校正对话框

此时会有"运行标定的零件程序"MWorksCAD 应用程序窗口弹出，选择"是"按钮，MWorks-DMIS 程序将会自动运行标定程序，完成之后，就会发现，在主对话框最下面的状态栏中测针标签（S1）和测球直径（5.000）都由红色改变成蓝色，这也就意味着整个测头系统的配置校验已经完毕，用户此时可以进行下一步测量操作。

# 第 15 章　自动版软件的坐标系统

## 15.1　自动版软件坐标系的建立

在 MWorks-DMIS 自动版软件中，用户坐标系的建立方法有两种：即传统方法和宏坐标方法。下面就这两种不同的建立用户坐标系的方法分别予以介绍。

**1. 传统方法**

传统方法建立坐标系是首先测量一个平面，再测量一条直线和一个点，然后利用"坐标系"下拉菜单中的"校准"选项建立坐标系。测量的平面可以作为所建坐标系的任意工作平面，即 $XY$、$YZ$、$ZX$ 平面均可；测量的直线可以作为 $X$、$Y$、$Z$ 三轴中的任意一轴；而测量的点可以作为坐标系的原点，这样用户坐标系便建立起来。

需要注意的是：当用户指定测量平面为坐标系的 $XY$ 平面时，此时 $Z$ 轴的方向就已经确定（为该平面的法线方向），如果用户再指定所测直线为 $Z$ 轴，而该直线与平面的法线方向并不一致，就会出现语法错误的提示对话框。所以用户在指定坐标系相关工作平面和坐标轴的时候应该符合实际情况，尽量避免出现不必要的失误。

"坐标系校准"对话框如图 15-1 所示。

**2. 宏坐标方法**

宏坐标方法不同于传统方法的地方是可以一步就将用户坐标系建立起来，而不用像传统方法那样先逐个测量所需要的元素，然后再校准建立坐标系。选择"宏"下拉菜单中的"宏坐标系"选项，会出现四种宏坐标系方法，分别是平面 线 线，平面 圆 线，平面 圆 圆和平面 平面 平面。下面逐一进行介绍。

（1）平面 线 线　软件未与操纵杆连接时，利用宏坐标方法建立校准坐标系首先需要导入一个 CAD 模型，选择"文件"下拉菜单中的"导入 CAD 模型"，MWorks-DMIS 自动版软件支持三种通用格式 IGES、STEP、BREP。当用户选择需要的 CAD 模型导入完成后，便可以进行宏坐标系校准。

"平面 线 线"对话框如图 15-2 所示。

首先在 CAD 模型上鼠标左键拾取一个平面，MWorks-DMIS 自动版软件在零件程序窗口中会执行相应的程序，此时坐标系的 $Z$ 轴方向就已经确定为该平面的法线方向，如图 15-3 所示。

其次，在模型上点选两条直线，首先选中的那条直线确定坐标系的 $X$ 轴方向，其后选中的直线确定坐标系的 $Y$ 轴方向（各轴正方向的确定遵循右手法则），这样就完成了用户坐标系的建立。应该注意的是，所选两直线不能共面且不能位于上一步选中的平面内，但可以是该平面与其他平面的交线（边界线），如图 15-4 所示。

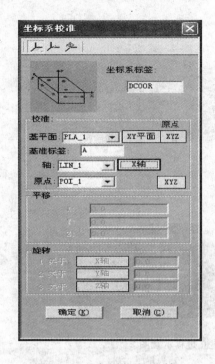

图 15-1　坐标系校准对话框

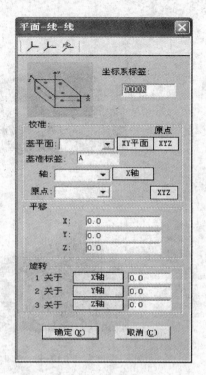

图 15-2　平面 线 线校准对话框

图 15-3　平面 线 线坐标系建立过程示意图 1

（2）平面 圆 线　与"平面线线"类似，"平面 圆 线"方法是利用 CAD 模型上的一个平面，一个圆和一条直线来建立用户坐标系。首先按鼠标左键选取 CAD 模型上的一个平面以确立 $Z$ 轴正方向（为该平面的法线方向），如图 15-5 所示。

接着选取模型上的一个圆，该圆的圆心在上步所选平面中的投影点即为坐标系的原点；最后选择一条直线，该直线用来确定 $X$ 轴的方向，在每一步操作完成之后，用户都可以很直观的从软件界面中看到坐标系的位置发生的变化，如图 15-6 所示。

（3）平面 圆 圆　"平面 圆 圆"与"平面 圆 线"的唯一不同之处在于最后 $X$ 轴正方向的确定。在"平面 圆 线"宏坐标系中，$X$ 轴方向是由最后选取的"线"确定的，而在"平面 圆 圆"中，$X$ 轴的方向是由两个圆的圆心在所选平面上的投影点的连线确定。需要注意的是：如果用户选择的平面与圆相互垂直，因为此时圆无法在平面上投影，所以坐标系

图 15-4　平面 线 线坐标系建立过程示意图 2

图 15-5　平面 圆 线坐标系建立过程示意图 1

也就无法建立，程序会出现错误提示窗口。"平面 圆 圆"宏坐标系的程序窗口如图 15-7 所示。

在模型上利用"平面 圆 圆"建立用户坐标系：首先在模型上选择一个平面用来确定 Z 轴的方向，接着选择模型上的一个圆（不要与前面所选择的平面垂直），这样用户坐标系的原点位置也就确定。最后再选择另外一个圆以确定坐标系的 X 轴方向，整个过程如图 15-8 所示。

（4）平面 平面 平面　　"平面 平面 平面"宏坐标系法是利用模型或者被测工件上的三个平面来建立用户坐标系。所选取的三个平面必须两两相交，否则 MWorks-DMIS 应用程序会出现错误提示。

选取第一个平面确定 Z 轴的方向（为该平面的法线方向），第二个平面与第一个平面的交线确定 X 轴方向，最后选取的第三个平面与前面两个平面的交点确定坐标系的原点位置，这样用户坐标系便建立完成。"平面 平面 平面"宏坐标系多用于形状比较规则，没有太复杂曲线曲面，表面多为平面的工件或者模型上。过程如图 15-9 所示。

图 15-6　平面 圆 线坐标系建立过程示意图 2

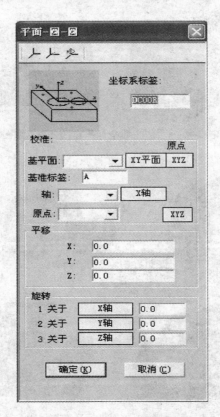

图 15-7　平面 圆 圆坐标系建立对话框

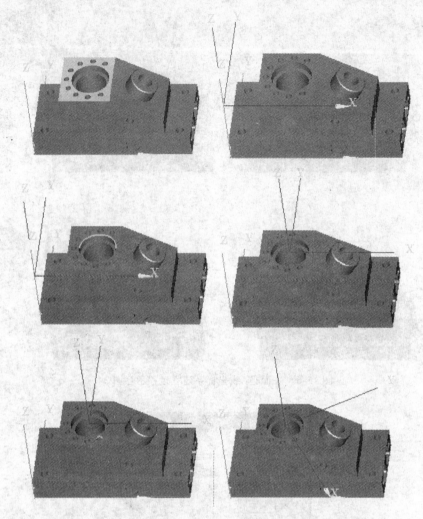

图 15-8　平面 圆 圆坐标系建立过程示意图

图 15-9　平面 平面 平面坐标系建立过程示意图

提示：在使用宏坐标方法建立用户坐标系的时候，应该根据被测工件或者 CAD 模型的形状来选择不同的建立方法，每种方法在建立坐标系的时候，在 MWorks-DMIS 软件窗口最下方的状态栏中都会有相应的操作提示，以帮助用户更好更快地建立所需要的坐标系，提高测量效率。

## 15.2　坐标系的变换

当使用传统方法或者宏坐标方法建立用户坐标系之后，还可以对用户坐标系进行平移、旋转、存储以及调用等操作。在实际测量过程中，用户坐标系的建立并非一项简单的操作，如何建立合理的用户坐标系对测量的成败非常关键。在用户坐标系初步建立完成之后，经常需要对其进行平移、旋转，使它到达最佳位置以便于测量过程的开展。下面就坐标系的平移、旋转命令以及它们在实际操作中的应用分别讲解。

打开"坐标系"下拉菜单，选择其中的"旋转"或"平移"项，会出现如图 15-10 所示对话框。

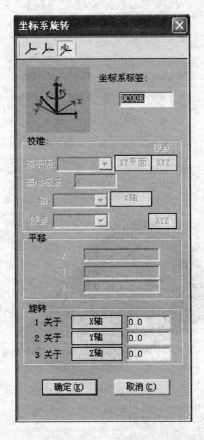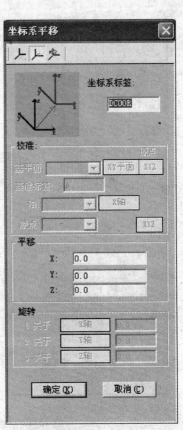

图 15-10　坐标系旋转和平移对话框

细心的用户会发现坐标系的"旋转"、"平移"与"校准"其实位于同一个对话框中，选择它们中的一项，其余两项将会自动处于非激活状态，它们相对应的选项都不可用，栏目按钮变成灰色。在同一个对话框中，用户可以通过对话框顶部的按钮随时在"校准"、"平移"、"旋转"三项中切换。当它们中的任何一个按钮显示被按下的时候，它
所对应的选项就会自动激活，用户就可以对坐标系进行相应的操作。坐标系
的"旋转"和"平移"均有三个选项，可以针对 *X*、*Y*、*Z* 三个坐标轴中的任意一个进行，
也可以同时进行。

 下面通过图例加以说明，如图 15-11 所示中的坐
标系进行"平移"和"旋转"。

 从"坐标系"下拉菜单中选择"平移"项，在弹
出的对话框中分别输入 X：20 ；Y：30 ；Z：80 然后
单击"确定"按钮，坐标系就会平移到新的位置。过
程如图 15-12 所示。

 再对该坐标系进行旋转，从"坐标系"菜单中选
择"旋转"项，将该坐标系沿 *X* 轴旋转 30°，沿 *Y* 轴
旋转 60°，沿 *Z* 轴旋转 90°，得到如图 15-13 所示的坐
标系。

图 15-11　坐标系平移实例

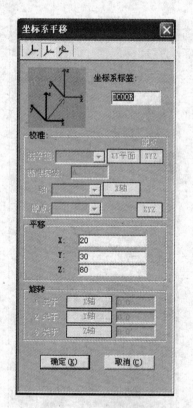

图 15-12　坐标系平移对话框及实例

 提示：坐标系的平移可以沿坐标轴的正反两个方向，当用户输入的数字为正数时即沿正
方向移动，当输入一个负数时就沿坐标轴的负方向移动。坐标系的旋转可以沿顺时针或者逆
时针两个方向进行，输入角度值为正数时，坐标系沿逆时针方向旋转；输入角度为负数时，
坐标系沿顺时针方向旋转。用户可以通过自己动手操作观察掌握这些。

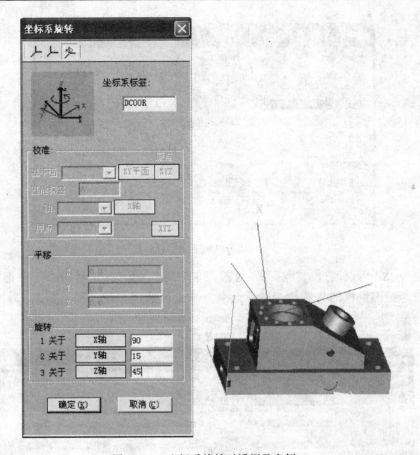

图 15-13　坐标系旋转对话框及实例

　　对于用户建立的坐标系，还有保存、调用、删除等操作，建立的用户坐标系可以通过"坐标系"下拉菜单中的"保存"选项进行保存，选择保存的路径以及存储名称即可。如果用户下次想再使用该坐标系，只需单击"坐标系"菜单中的"载入"选项，调用先前保存的坐标系。当用户不再需要该坐标系时，通过"删除"选项便可以很方便地将其删除。它们的对话框分别如图 15-14 和图 15-15 所示。

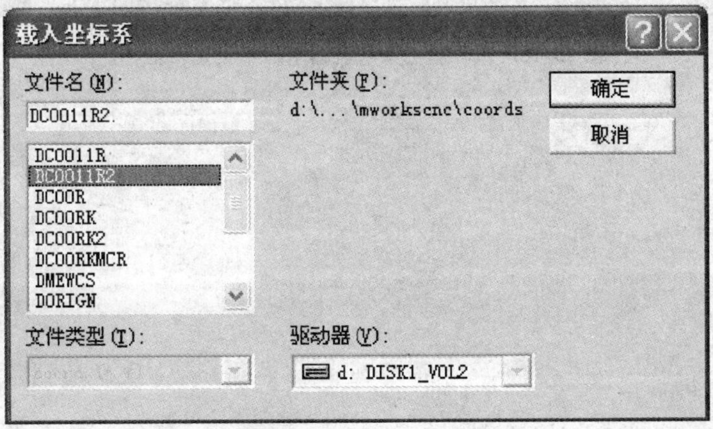

图 15-14　载入坐标系对话框

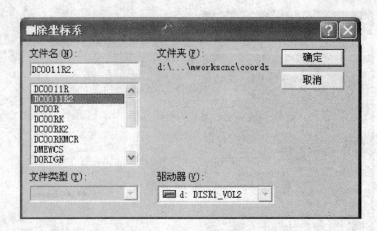

图 15-15　删除坐标系对话框

除此之外，还可以通过"坐标系"下拉菜单中的"WCS 校正至 MCS"项把模型的世界坐标系同三坐标测量机的机器坐标联系起来，单击该选项按钮，弹出如图 15-16 所示的对话框。

图 15-16　世界坐标系与机器坐标系校正对话框

# 第16章　自动版软件的几何特征测量

## 16.1 点、线、面测量

点、线、面是测量学中最基本的三个几何特征，它们是构成很多复杂图形的基础。在机械检测过程中，点的测量最为重要，因为像直线、面、圆等其他元素，都是通过测量点数量的不同而构造出来的。在几何学当中，两点就可以确定一条直线，三点可以确定一个平面，因此，如果想要测量某条直线或者某个平面，可以通过测量这条直线上的两点或者平面中的三个点，便可以将这条直线或平面构造出来。下面通过具体的图例来讲解在 MWorks-DMIS 自动版软件中点、线、面这三个基本几何特征的测量。

### 1. 点的测量

打开"测量"下拉菜单，选择其中的"测点"选项，MWorks-DMIS 软件会弹出"测点"对话框，如图16-1 所示。

在测点对话中可以设定测量点的数量（从键盘直接输入想要测量的点数或者通过按钮来增减测量点数量），选择不同的测量模式（共有名义、自动、操纵杆三种模式），编辑测量路径。

在模式中选择"名义"选项，鼠标单击下面的"键入"按钮，弹出如图16-2 所示对话框。

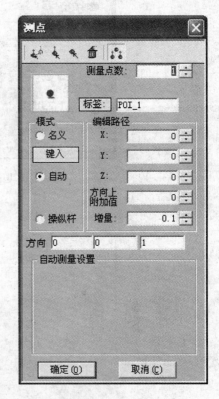

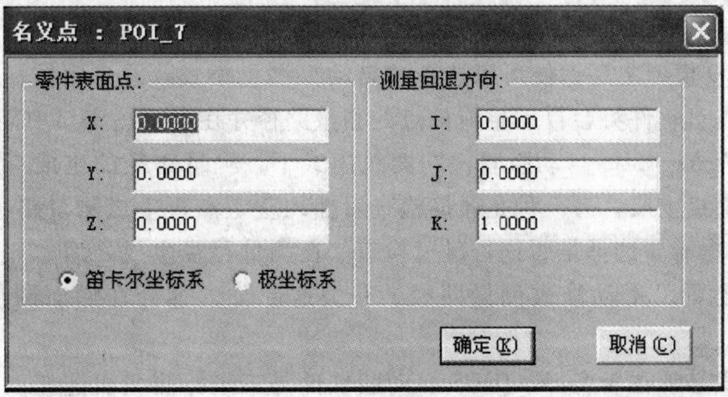

图 16-1　测点对话框

图 16-2　名义点对话框

在该对话框中，可以选择该名义点用笛卡儿坐标系或者极坐标系两种方法来表示。选择笛卡儿坐标系时，手工输入点的坐标值 X、Y、Z 以及向量 I、J、K，如果选择极坐标系表示，那么相应填写的三项更改为 *R*、*A*、*H*（关于这三个变量在第 5 章第 1 节中有过详细介绍），完成之后单击"确定"按钮退出"名义"对话框，选择 GEO 工具条中"显示特征"按钮 ，在主视图窗口中可以观察到所测点的位置，同时在测量结果输出窗口中可以看到测量元素的信息。笛卡儿坐标系下手动测量点的位置如图 16-3、图 16-4 所示。

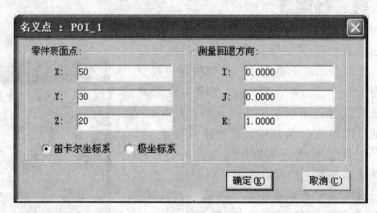

图 16-3　名义点坐标以及向量输入

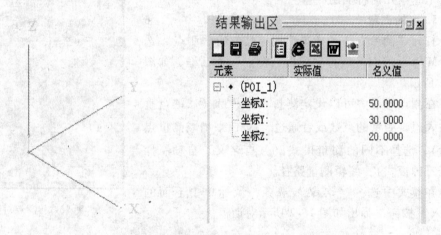

图 16-4　手动测量点图示

当导入 CAD 模型之后，便可以选择"自动"测量模式。首先用鼠标左键在零件模型表面任意拾取一点，软件将会自动生成该点的测量路径并在主视图窗口中显示。

提示：MWorks-DMIS 自动版软件在离线模式下，测量路径的生成有两种，一种是不进行碰撞检查的直接生成，另一种是碰撞检查后插入空走点再生成测量路径（见图 16-5 和图 16-6），可以根据需要选择是否进行碰撞检查。在测量路径生成之后，如果对所生成的测量路径不满意，还可以手动修改测量路径，有关这部分内容会在后面测量平面的时候详细说明。

操作杆模式必须在 MWorks-DMIS 自动版软件与三坐标测量机连接以后方可能使用，在软件没有与机器相连的情况下，单击"操纵杆"模式，软件会弹出一个提示对话框。"操纵

图 16-5　没有碰撞检查时的测量路径　　　　　图 16-6　有碰撞检查时的测量路径

杆"测量模式是利用操纵杆（遥控手柄）控制三坐标测量机测头的运动方向，使测针在工件表面采集点。可以先在离线模式下，通过对 CAD 模型的测量，编辑完成测量程序，然后执行编辑好的测量程序，让三坐标测量机在操纵杆模式下对 CAD 模型相对应的零件进行测量，这样在批量检测中可以大幅提高工作效率。

### 2. 直线的测量

从"测量"下拉菜单中选择"测直线"选项，会弹出"测直线"对话框，如图 16-7 所示。与"测点"对话框不同的是，在"测直线"对话框中多了一项"安全高度（间隙）"，该项是关于修改测量开始和结束时测头距离被测零件表面的高度值。

在测量直线时，软件默认的测量点数为 2 个，可以根据实际测量需要修改测量点数，方法有两种，一种是选中栏目中的数字（比如 2），从键盘数字区直接键入想要的测量点数；另外一种是直接按栏目右边的增减按钮，修改测量点数。

从模式栏中选择"名义"项，单击"键入"按钮，弹出"名义直线"对话框，如图 16-8 所示，在笛卡儿坐标系下输入空间任意一点的坐标值 X、Y、Z，以及直

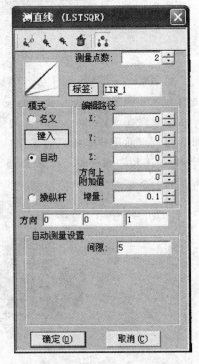

图 16-7　测直线对话框

线向量 I、J、K，平面法向量 NI、NJ、NK 的数值，得出空间任意直线的位置。如果选择极坐标系的话，则填写径向距离 R、极角 A、第三坐标轴 H，直线向量与平面法向量同笛卡儿坐标系。操作过程图解如下。

图 16-8　名义直线的测量

导入 CAD 模型，选择自动模式，此时用鼠标在模型表面选择想要测量的直线，当鼠标靠近被测直线的时候，视图中的直线会以加亮的方式显现，鼠标左键点选该直线，然后再为该直线选择一个所属平面，选中之后在测直线对话框中会生成相应的测量路径，单击"确定"按钮完成该直线的测量。自动测量直线模式如图 16-9 所示。

图 16-9　自动模式测量直线

当 MWorks-DMIS 软件与三坐标测量机连接以后，可以使用"操纵杆"模式进行测量，使用操纵杆测量零件的步骤与自动模式下并无区别。

注意：在 MWorks-DMIS 自动版软件中，直线跟圆的测量都是与工作平面密切相关的，如下图，当前用户坐标系的工作平面为 XY 平面，想要测量出图 16-10 中的直线 LIN_1。从"测量"下拉菜单中选择"测直线"，按自动模式测量直线的操作步骤，选取该直线以及它所属的一个平面，生成测量路径，单击"确定"按钮。

图 16-10　特殊直线的测量

单击"确定"按钮，测量过程中会出现错误程序提示对话框如图 16-11 所示。

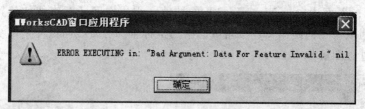

图 16-11　测量程序错误提示窗口

单击确定以后，在测量结果输出区（见图 16-12）可以看见该被测直线仅有名义值而没有实测值，这也就说明此次测量没有完成。

在 MWorks-DMIS 中，测量直线、圆均是其相对于工作平面的投影而得出的，这也就意味着当被测直线与工作平面垂直时，由于它在工作平面上的投影变成了一个点，所以无法测量出该直线的数据。此时就应该改变坐标系的工作平面，从"坐标系"下拉菜单中选取

"工作平面"项，修改当前坐标系工作平面为 YZ
平面，单击"确定"按钮退出，再从"测量"拉
菜单中选取"测直线"项，此时在选取图 16-10
中所要测量的直线 LIN＿1，选择自动模式，生成
测量路径之后，单击"确定"按钮。会发现此次
测量过程则不再出现错误提示，有关测量圆的过
程中会出现的问题，将在后面详细介绍。

**3. 平面的测量**

从"测量"下拉菜单中选择"测平面"选项，

图 16-12　结果输出窗口

会弹出"测平面"对话框，"测平面"与"测直线"对话框基本相同，如图 16-13 所示。

在"名义"模式下，按"键入"按钮，在弹出的
"名义平面"对话框中输入平面上的点，坐标为 X：－30，
Y：－40，Z：50，平面法向量 I：1，J：1，K：1，再单
击"确定"按钮退出，在主窗口中就会发现所测的名义
平面，操作过程如图 16-14 所示。

自动模式下测量平面十分简单，当选择"自动"模
式后，只要在 CAD 模型上用鼠标左键任意拾取一个平面，
MWorks-DMIS 自动版软件将会自动生成测量路径，单击
"确定"按钮便可以完成平面的测量。在这里要详细讲解
的是测量路径的编辑、如何插入测量点、如何插入空走点
以及删除点等内容。

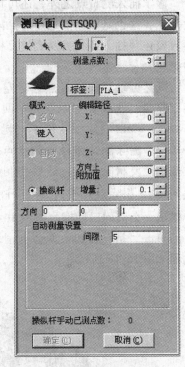

图 16-13　平面测量对话框

如图 16-15 所示，是在默认为三个测量点的情形下生
成的测量平面路径，现在单击"测平面"对话框顶部的
（插入测量点）按钮，然后选中已知测量点的任何一
个（鼠标移动到测量点附近时，测量点的颜色会由红色
变为灰白色），如图 16-15 中最上方的测量点 2，在被测
平面上的任意一点按下鼠标左键，就会生成新的测量路
径，如图16-16所示。

图 16-14　名义平面测量过程图示

图 16-15　默认的测量路径图

图 16-16　增加一个测量点之后的测量路径

除了插入测量点之外，还可以插入空走点。顾名思义，测头经过插入的空走点时并不触发采点，这也是插入空走点与插入测量点的不同之处，两者的操作步骤完全相同，在这里就不再赘述（插入测量点为红色，而插入空走点则为绿色）。

既然可以增加测量点或者空走点，那么能不能删除测量点或者空走点呢？回答是肯定的。在MWorks-DMIS 自动版软件中，就提供了删除点这一功能。删除测量路径中测量点的步骤如下：首先选中想要删除的点，然后在测量对话框的端部找到 （删除点）按钮，按下该按钮，此时软件会弹出一个询问对话框，如图 16-17 所示。

图 16-17　删除确认对话框

单击"是"按钮，就会将刚才选中的点删除；单击"否"按钮则退出本次操作，操作过程如图 16-18 所示。

图 16-18　删除测量点操作示意图

对测量路径中的起始点和终止点，还可以通过各测量对话框中的"编辑路径"进行修改。对编辑路径中的增量、方向，以及方向上附加值，用户可以自行摸索体会。图 16-19 与图 16-20 分别是修改前后测量起始点坐标位置。

关于测量路径的编辑以及增加测量点和空走点，还有删除点等选项适用于所有几何特征的测量，在各种不同元素的测量过程中它们的操作步骤是相同的，因此在后面其他的元素测量章节中将不再一一介绍。

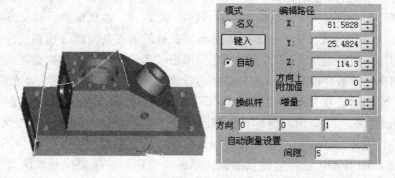

图 16-19　未修改时测量起始点位置

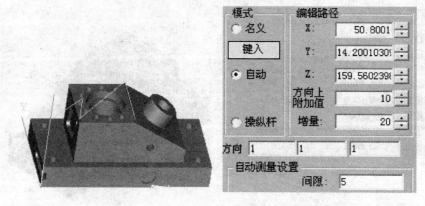

图 16-20　修改之后的起始位置

## 16.2　圆、圆柱、圆锥的测量

圆、圆柱、圆锥三者的测量过程有很多相似之处，因此将这三者放在一起，下面就分别介绍这三个元素的测量过程。

**1. 圆的测量**

从"测量"下拉菜单中选择"测圆"选项，会弹出测圆对话框，与前面测直线、测平面对话框稍微有些不同的地方是，在"测圆"对话框中多了一项名为"深度"的可修改项。"深度"选项修改的是实际测量点与被测元素之间的距离（因为边界线不能通过直接测量得出），当深度过大或者过小的时候 MWorks-DMIS 自动版软件都会弹出应用程序提示窗口。图 16-21 给出了测量圆的对话框。

在"名义"模式下，单击"键入"按钮，弹出"名义圆"对话框，从对话框中可以看到，名义圆的输

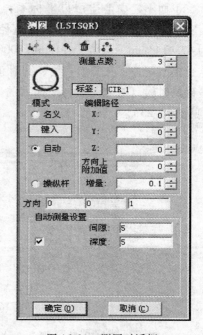

图 16-21　测圆对话框

人有两种方法，一种是在笛卡儿坐标系下，另一种是在极坐标系下，这里主要讲解在笛卡儿坐标系下名义圆的生成。在笛卡儿坐标系中输入圆心的 $X$、$Y$、$Z$ 坐标值，以及对应的法向量 $I$、$J$、$K$ 值，再确定该圆的直径值，最后需要选择该圆是外圆还是内圆（内圆、外圆由软件内部算法确定，与测头的回退方向有关），完成之后单击"确定"退出测圆对话框，在主视图窗口中便可以看到测量结果（按下 GEO 工具条中的显示特征按钮藏或者显示名义元素测量结果）。

如图 16-22 所示，在自动测量模式下测量模型上该圆的直径。首先利用"宏"下拉菜单中的"平面 圆 线"建立用户坐标系，然后从"测量"下拉菜单中选择"测圆"，弹出测圆对话框，修改其中的深度值，使其符合测量要求（大多数情况下，深度值不用大太）。再用鼠标左键在 CAD 模型上选择要测量的圆，单击"确定"按钮完成此次测量。然后在结果输出窗口中查看该圆直径实际值和名义值均为 50.8000mm。

| 元素 | 实际值 | 名义值 |
|---|---|---|
| ⊟ ● (CIR 2) | | |
| 坐标X | -0.0000 | 0.0000 |
| 坐标Y | -0.0000 | 0.0000 |
| 坐标Z | 20.8760 | 23.8760 |
| 向量I | -0.0000 | 0.0000 |
| 向量J | 0.0000 | 0.0000 |
| 向量K | 1.0000 | 1.0000 |
| 直径 | 50.8000 | 50.8000 |

图 16-22　测量圆的实例

下面不建立上述用户坐标系，以机器坐标系作为测量基准，对比一下在不同坐标系（工作平面）下测量出来的该圆直径的区别。从下图中就可以看出，测量出来的该圆实际值为 47.4144mm，与名义直径 50.8000mm 相差较大，即测量出来的数值并非该圆的实际尺寸。这也提醒用户：在测量直线、圆时正确建立用户坐标系是非常重要的，当用户坐标系建立不正确的时候（被测元素与坐标系的工作平面不平行），测量出来的数值就会出现较大误差（见图 16-23）。

| 元素 | 实际值 | 名义值 |
|---|---|---|
| ⊟ ● (CIR_1) | | |
| 坐标X | 192.7821 | 196.0880 |
| 坐标Y | 61.9361 | 63.5000 |
| 坐标Z | 106.0966 | 109.5772 |
| 向量I | 0.0000 | 0.5000 |
| 向量J | 0.0000 | 0.0000 |
| 向量K | 1.0000 | 0.8660 |
| 直径 | 47.4144 | 50.8000 |

图 16-23　用户坐标系与测量结果

当 MWorks-DMIS 自动版软件与三坐标测量机连接以后，便可以使用"操纵杆"模式进行圆的测量，其操作原理与步骤类似"自动"模式，通过亲自动手操作加深对软件的理解。

**2. 圆柱的测量**

从"测量"下拉菜单中选择"测圆柱"选项，会弹出测量圆柱对话框，与测圆对话框稍微有些不同的地方是，在"测圆柱"对话框中有两项名为"深度"的可修改项。深度 1 与深度 2 之和应该小于被测圆柱的高度，否则就不能生成正确的测量路径，也就无法达到预期的测量目标。图 16-24 给出了测量圆柱的对话框。

"名义"模式下圆柱的测量与名义圆的测量十分相似，它们唯一的不同在于名义圆柱的测量在笛卡儿坐标系下需要给定的是该圆柱轴线上任意一点的坐标值，这里也就不再赘述，请大家参考前面名义模式下圆的测量步骤。

"自动"模式下圆柱的测量如图 16-24 所示，在"测圆柱"对话框中首先修改深度 1 与深度 2 的数值，使两者之和不要太大，然后选取 CAD 模型上的一个待测圆柱面，生成相应的测量路径，MWorks-DMIS 自动版软件默认圆柱的测量点数量为 6 个（默认圆的测点数量为 3 个），分上下两行，最后单击"确定"退出（见图 16-25）。这时候如果测针的方向与当前所测圆柱的方向不一致，MWorks-DMIS 自动版软件会弹出一个应用程序窗口，并且自动生成一个与被测圆柱方向相符的测针，选择"是"按钮表示接收新的测针，选择"否"按钮则继续使用当前方向的测针。测量完成之后，可以在结果输出区窗口中看到相关的测量结果（见图 16-26）。

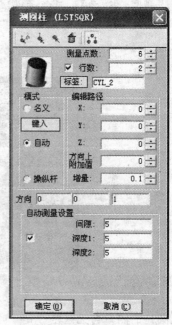

图 16-24　测圆柱对话框

图 16-25　自动模式下圆柱的测量

**3. 圆锥的测量**

从"测量"下拉菜单中选择"测圆锥"选项，会弹出测量圆锥对话框，它与测圆柱对话框完全相同。二者测量过程中的唯一区别在"名义"模式。在"名义"模式下测量圆锥，需要给定的是圆锥的顶角角度值，而不是圆锥的底圆直径值（见图 16-27），除此之外与名

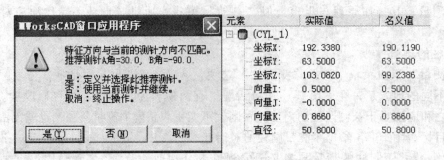

图 16-26　测量结果

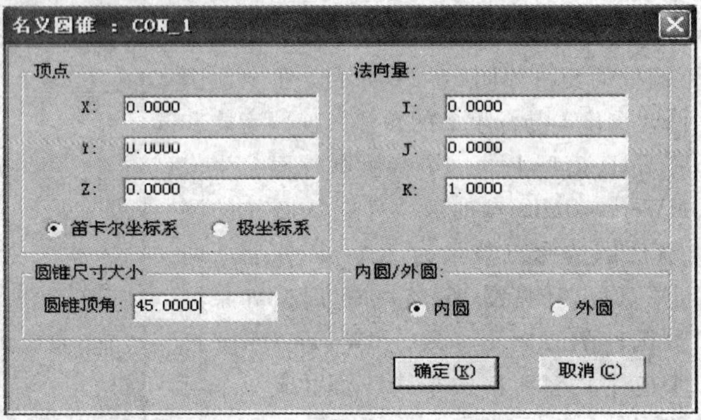

图 16-27　名义圆锥对话框

义圆柱的测量再无区别。

　　"自动"模式与"操纵杆"模式下测量圆锥与测量圆柱的过程完成相同，在这里就不再多述。

## 16.3　球、椭圆的测量

　　这一节主要介绍球和椭圆的测量，大家都知道在创建测头系统的时候就用到校验基准球这一项，这就涉及到球体的测量，下面开始介绍球的测量步骤。

### 1. 球的测量

　　从"测量"下拉菜单中选择"测球"选项，会弹出测球对话框（见图 16-28），与测直线和测平面对话框类似，MWorks-DMIS 自动版软件默认测球所需点的数量为 4 个，可以随意修改测量点数。

　　"名义"模式下测量球体的对话框如图 16-29 所示，在该对话框中，只需要确定球心的坐标位置，球的直径以及该球是内球还是外球便可以得出名义球。

　　"自动"模式测球比较简单，选择"自动"模式，在 CAD 模型上选择想要测量的球体，此时 MWorks-DMIS 自动版软件会生成相应的测量路径，如果该测量路径符合要求，直接单击"确定"按钮进行测量。如果该路径不太符合要求，可以通过前面测量平面中的方法编辑修改测量路径，直到满足测量要求为止，测量过程如图 16-30 所示。

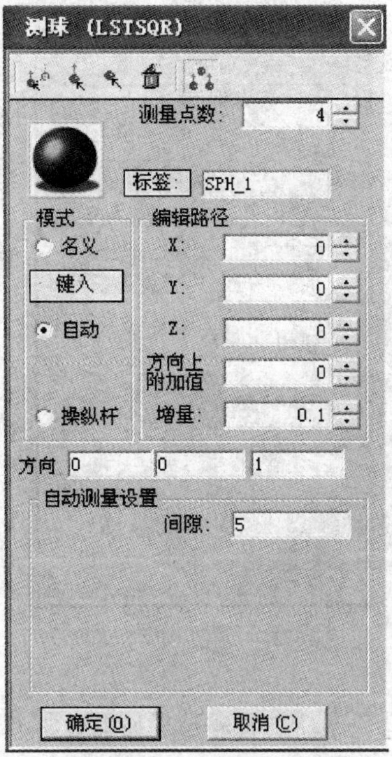

**测球 (LSTSQR)**

测量点数：　　　4

标签：　SPH_1

模式
- 名义
- 键入
- 自动
- 操纵杆

编辑路径
X：　　　0
Y：　　　0
Z：　　　0
方向上附加值　0
增量：　0.1

方向　0　　0　　1

自动测量设置
间隙：　5

确定 (O)　　取消 (C)

图 16-28　测球对话框

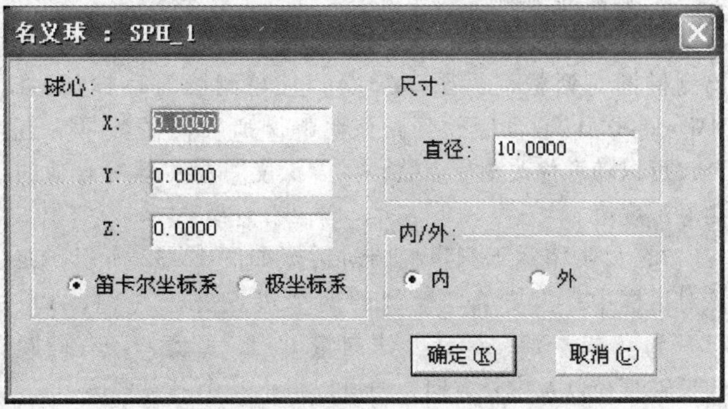

**名义球：SPH_1**

球心：
X：　0.0000
Y：　0.0000
Z：　0.0000

尺寸：
直径：　10.0000

内/外：
- 内
- 外

- 笛卡尔坐标系　- 极坐标系

确定 (K)　　取消 (C)

图 16-29　名义球对话框

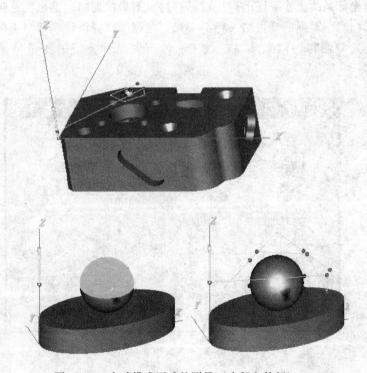

图 16-30　自动模式下球的测量（内部和外部）

"操纵杆"模式下测量球体需要注意的是在选择测量点时,先在球体顶部选择一个测量点,然后其余的测量点尽量使它们位于同一个圆周上,这样测量出来的结果会更加精确。

**2. 椭圆的测量**

从"测量"下拉菜单中选择"测椭圆"选项,会弹出测椭圆对话框(见图16-31),它与测圆对话框类似。MWorks-DMIS 自动版软件默认测椭圆所需点的数量为五个,可以随意修改测量点数,在"深度"栏中填写合适的测量深度值。

"名义"模式下测量椭圆对话框如图16-32所示,在该对话框中,需要确定椭圆的两个焦点坐标(X1,Y1,Z1)和(X2,Y2,Z2)及法向量 I、J、K 值,还有椭圆的长轴直径以及内外方向,便可以得出一个名义椭圆。

"自动"模式测椭圆也很简单,选择"自动"模式,在 CAD 模型上选择想要测量的椭圆,然后为该椭圆选择一个所属曲面,此时 MWorks-DMIS 自动版软件会生成相

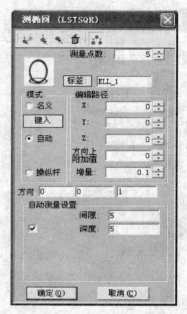

图16-31　椭圆测量对话框

应的测量路径,如果该测量路径符合要求,直接单击"确定"按钮进行测量。如果该路径不太符合要求,可以通过前面测量平面中的方法编辑修改测量路径,直到满足测量要求为止。在测量椭圆过程中,也需要注意同测量圆一样的投影问题。测量椭圆过程中也是要把所测椭圆往用户坐标系的工作平面上进行投影而得出测量数据的,这也就意味着当用户坐标系的工作平面不同时,得到的测量结果将不一致。在测量时应该让椭圆与坐标系的工作平面重合或者平行,这样测得的结果才是正确的。两不同坐标系下的测量结果对比如图16-33所示。

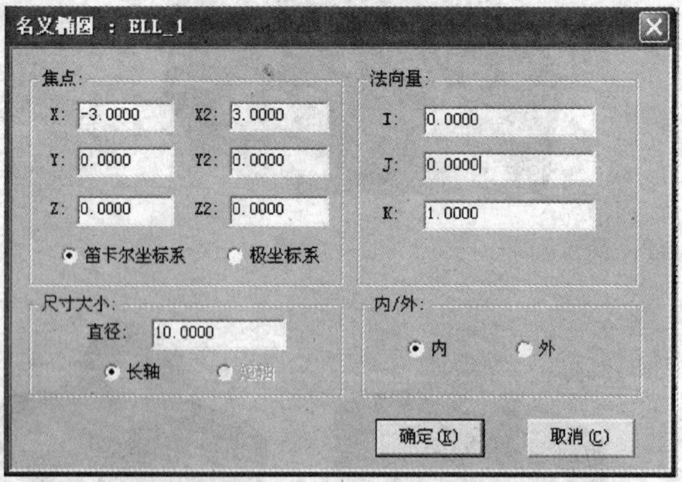

图16-32　名义椭圆对话框

当 MWorks-DMIS 自动版软件与三坐标测量机连接上以后,便可以使用"操纵杆"模式

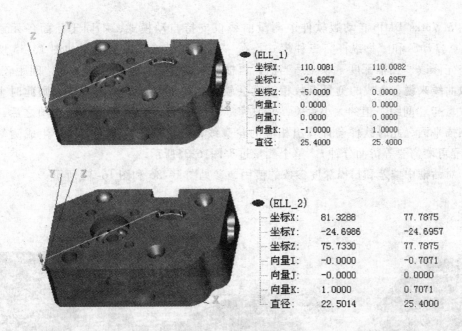

| | (ELL_1) | | |
|---|---|---|---|
| 坐标X: | 110.0081 | 110.0082 |
| 坐标Y: | -24.6957 | -24.6957 |
| 坐标Z: | -5.0000 | 0.0000 |
| 向量I: | 0.0000 | 0.0000 |
| 向量J: | 0.0000 | 0.0000 |
| 向量K: | -1.0000 | 1.0000 |
| 直径: | 25.4000 | 25.4000 |

| | (ELL_2) | | |
|---|---|---|---|
| 坐标X: | 81.3288 | 77.7875 |
| 坐标Y: | -24.6986 | -24.6957 |
| 坐标Z: | 75.7330 | 77.7875 |
| 向量I: | -0.0000 | -0.7071 |
| 向量J: | -0.0000 | 0.0000 |
| 向量K: | 1.0000 | 0.7071 |
| 直径: | 22.5014 | 25.4000 |

图 16-33　不同坐标系下测量结果对比

进行测量，"操纵杆"模式下与"自动"模式的步骤相同，在这里就不再多说。

## 16.4　曲线、曲面的测量

除了前面介绍的那些基本几何特征的测量之外，在实际测量零件过程中，有很多的曲线和曲面也必须去测量，下面这一节就讲解 MWorks-DMIS 自动版软件中关于曲线和曲面测量的内容。

### 1. 曲线的测量

从"测量"下拉菜单中选择"测曲线"选项，会弹出测量曲线对话框（见图 16-34），它与前面几个元素的测量对话框不完全相同。在测曲线对话框中新增"扫描深度"、"间距"和"偏差"三项。在 MWorks-DMIS 自动版软件中，测量曲线是先通过平面扫描得出相应的轮廓线，然后再选取所需要的轮廓曲线进行测量，"间距"指的是生成的测量路径上两个测量点之间的距离，而"偏差"则是根据曲率来分布测量点。对于一条完整的曲线，它可能包含有直线和曲线，如果选用"偏差"项，则这段直线可能就只用两个测量点就完成了，而对于该条直线中曲率变化大的部分，生成的测量点数量则会非常多，这时候的"间距"项将不再起作用，这些会在后面的图例中

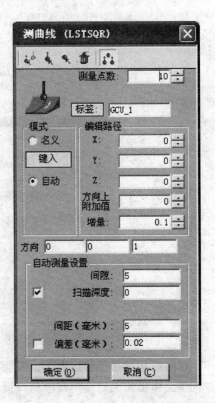

图 16-34　曲线测量对话框

看到。

目前 MWorks-DMIS 自动版软件中测量曲线仅支持自动模式，不同于前面各元素支持"名义"、"自动"和"操纵杆"三种模式。在"自动"模式下需要测量如图 16-35 所示的曲线，首先修改"扫描深度"项至适当值，再根据测量需要修改"间距"值，间距较大时，对同一段曲线来说，生成的测量点数相对就会较少。如果勾选"偏差"项，则此时生成的测量点数量与"间距"值的大小无关，修改完"自动测量设置"中的各个选项之后，再选取一个扫描平面，此时软件会计算出相应的轮廓线，最后拾取需要的曲线，生成测量路径（这个过程可能需要等待两分钟），整个测量过程图16-35所示。

对于对话框中偏差和扫描深度参数的使用，参见图 16-36 和图 16-37 所示。

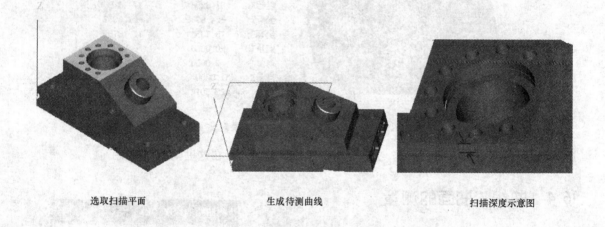

选取扫描平面　　　　　　　　生成待测曲线　　　　　　　　扫描深度示意图

图 16-35　曲线测量过程示意图

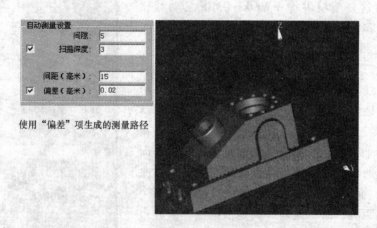

使用"偏差"项生成的测量路径

图 16-36　偏差参数的使用

在生成测量路径的过程中，可能有些测量点因为测针与模型体发生干涉而无法产生，此时软件会弹出相关的应用程序窗口提示，大家可以根据提示进行相应的操作，以保证测量过程的正确完成。

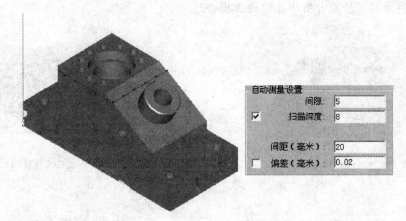

图 16-37  扫描深度参数的设置

### 2. 曲面的测量

从"测量"下拉菜单中选择"测曲面"选项，会弹出测量曲面对话框（见图 16-38），它比测量曲线对话框要简单。在测曲面对话框中需要注意的有"行数"和"单行期望点数"两项。"行数"就是用户想要设定测量路径共分几行。而"单行期望点熟"则是每一行的测量点数量。"行数"与"单行期望点数"的乘积就是测量路径中总的测量点数量。

与测量曲线对话框一样，测量曲面对话框也只能在自动模式下使用，下面通过具体操作图示掌握 MWorks-DMIS 自动版软件中测量曲面的功能。打开下拉"测量"菜单，选择其中的"测曲面"项，会弹出"测曲面"对话框，下面修改"行数"为 5，"编辑路径"栏不用修改，再将"单行期望点数"改为 8，选择自动模式。

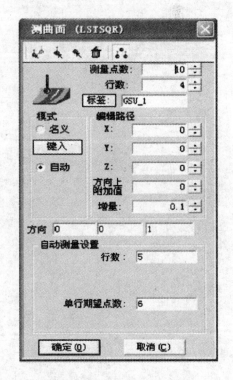

图 16-38  测量曲面对话框

然后在导入的模型上选取一个待测曲面，被选中的待测曲面将会加亮显示。随后软件会自动生成测量路径。在生成完测量路径之后，会发现实际测量点数量为 33 个，少于 $5 \times 8 = 40$ 个，这是因为实际测量点的生成受所选曲面的外形影响。对于轮廓不规则的曲面，每一行测量路径上生成的测量点数量可能会不一样。

当测量路径自动生成完之后，单击"确定"按钮，这时可以在主视图窗口中观察测头系统的测量状态。当测针沿测量路径完成测量之后，"测曲面"对话框会自动退出，测量过程如图 16-39 和图 16-40 所示。

至此，所有基本元素的测量操作就已经介绍完毕。读者对每一个元素的测量过程都应该熟练掌握，尤其是对某些不同类型的元素在测量时需要注意哪些细节等等，这样在任何一个零件的综合测量及其公差分析中才会更加得心应手。

图 16-39　选择待测曲面

图 16-40　生成测量路径

# 第17章　自动版软件的几何特征构造

MWorks-DMIS 自动版软件中有着丰富的构造功能。在很多测量过程中，都需要用到构造，有些需要的元素可能无法通过直接测量得出（如圆柱的轴线），这个时候就可以通过"构造"菜单下的种种方式，达到测量目的。

## 17.1　求交/穿入

从"构造"下拉菜单中选择"求交"选项，会弹出"求交/穿入"对话框，求交可以构造出的元素有三种，分别为点、直线和圆。同一平面内的两条不相互平行的直线求交得出的是点，不平行的空间两平面求交得出的是直线、圆柱、圆锥等与平面求交可以得出一个圆。例如在测量图 17-1 中边界位置的点、线、圆时，由于测针不能准确地在边界线上采点，这些位置的元素就很难测量得出，而现在就可以通过"求交"轻松得出这些元素的确切的实际位置。

需要测量出平面 A、平面 B、平面 C 以及圆柱 D，利用平面 A 与平面 B 求交得出一直线，平面 B 与平面 C 求交得出另外一条直线，两条直线再求交便可求得出上图中的点，而平面 A 与圆柱 D 求交则能得出图中所示的圆。

"求交/穿入"对话框如图 17-2 所示，"标签（B）"中显示的是所构造元素的名称，"构造特征"栏中选择所要构造的元素类型共有三种：点、直线和圆。"特征标签 1"为实际测量值，"特征标签 2"中的元素可以是实际值或者名义值。分别在"特征标签 1"和"特征标签 2"中选中求交所需要的元素（两者中间必须有一个是实测元素），然后单击"标签（B）"后面的"名义"按钮，给所构造的元素赋予一个名义值，在弹出的名义对话框中不需要修改任何选项，直接单击"确定"按钮退出"名义"对话框，最后单击"求交/

图 17-1　求两直线相交点示意图

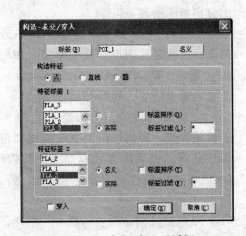

图 17-2　求交/穿入对话框

穿入"对话框的"确定"按钮完成元素的求交过程。如果"特征标签"栏中的两个元素不相交或者相交的元素类型与用户在"构造特征"栏中选中的不一致，在单击"确定"按钮后软件会出现相应的错误应用程序提示对话框。

　　当选中"求交/穿入"对话框中最下面的"穿入"项时，构造出来的元素只能是点。在"特征标签"栏中还有"标签过滤"和"标签排序"两项，"标签过滤"是为了方便用户在诸多测量出来的元素中选用某一类型元素，此时不是该类型的元素都会自动被隐藏。"标签排序"的功能是将这一类型的元素按顺序排列。在图 17-3（左）中"特征标签"中有直线、平面、圆柱三种元素，现在在标签过滤栏中输入"p＊"接着单击"应用"按钮，结果如图 17-3（右）所示。

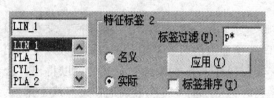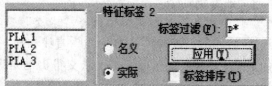

图 17-3　特征过滤示意图

## 17.2　等分

　　"等分"函数是在两个几何特征之间构造出等分部分，如点、直线、平面。从"构造"下拉菜单中选择"求交"选项，会弹出求交/穿入对话框（见图 17-4），该对话框与"求交/穿入"对话框完全相同，"名义""标签过滤"等相同部分的功能操作这里不再重复介绍。

　　利用"等分"对话框构造的点、线、面分别如下所述。

　　（1）点（点-点）　构造一点平分于两点，也就是这两点连线的中点。如果这两点重合，则 MWorks-DMIS 自动版软件会显示错误信息，如图 17-5 所示。

　　（2）线（线-线）：构造一直线平分于两条直线，即构造出两直线组成夹角的角平分线。如果两直线不交叉，MWorks-DMIS 自动版软件则会显示错误信息，如图 17-6 所示。

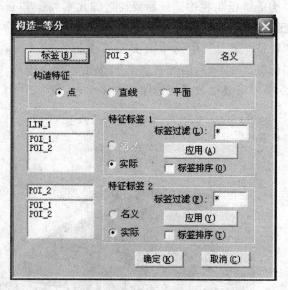

图 17-4　等分对话框

　　（3）面（面-面）：构造出一平面平分两个已知平面。如果这两个已知平面不相交，MWorks-DMIS 自动版软件则会显示错误信息，如图 17-7 所示。

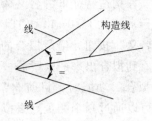

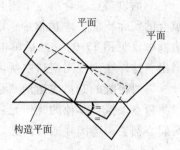

图 17-5　构造一点平分于两点　　　图 17-6　构造一直线平分　　　图 17-7　构造出一平面
　　　　　　　　　　　　　　　　　　　　于两条直线　　　　　　　　　平分两个已知平面

## 17.3　最佳拟合

"最佳拟合"功能是在两个或两个以上的几何特征中构造出一个最优拟合的特征，如多点拟合出直线、圆，如图 17-8 所示。

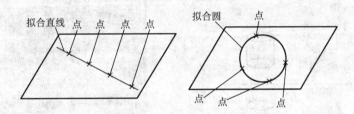

图 17-8　构造最优拟合特征示意

从"构造"下拉菜单中选择"最佳拟合"选项，会弹出最佳拟合对话框，如图 17-9 所示。

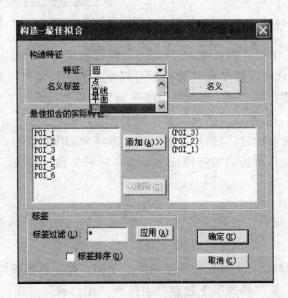

图 17-9　最佳拟合对话框

下面以多点拟合出一个圆为例。在构造特征下的名义标签中选择"圆"，然后从"最佳拟合的实际特征"左边框中选取实际测量的 POT_1、POT_2、POT_3，将它们添加到右侧边框中（见图 17-9），然后单击"名义"按钮，给所拟合的圆赋予名义值，再单击"确定"退出。这样在主视图窗口中就可以看到拟合出来的圆了。

需要提醒的是：在运用"最佳拟合"功能时，目前 MWorks-DMIS 自动版软件只支持通过测量点来拟合其他的几何元素。可以通过六个测量点去拟合圆柱或者圆锥，但不能通过用两同心圆去构造圆柱或者圆锥。

## 17.4　投影

"投影"功能是将实测元素在工作平面或工件特征平面上产生拟建特征的投影，可以是点、直线或者圆，如图 17-10 所示。

从"构造"下拉菜单中选择"投影"选项，会弹出投影对话框，如图 17-11 所示。

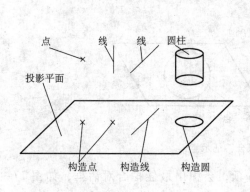

图 17-10　拟建特征的投影

图 17-11　"投影"对话框

构造特征包括点、直线、圆三种几何元素，"特征标签 1"中可供选择的是实际测量元素，"特征标签 2"中选择投影平面（该平面可以是实测的，也可以是名义的），投影平面可以选择工作平面或者特征平面，当选择投影平面为用户坐标系的工作平面时，"特征标签2"左侧方框将会隐藏，再单击"名义"按钮赋予构造特征名义值，最后按确定按钮退出。

在构造不同的几何特征时，"特征标签"左侧方框中的内容会自动筛选。使用投影功能构造几何特征需要注意，所选的构造特征必须与实际投影特征一致，否则软件会出现错误提示。

## 17.5　相切到

"相切到"是利用两个已知特征去构造切线、平面、圆。前提条件是这两个已知特征必须位于同一个平面内。从"构造"下拉菜单中选择"相切到"选项，会弹出"相切到"对话框（见图 17-12）。构造特征包括直线、平面、圆，"特征标签 1"中选择的是构造用的终止元素，它只能是实际测量元素；"特征标签 2"中选择的是构造用的起始元素，它可以是实际值也可以是名义值。

相切到特征的定义：

（1）线（圆—圆） 构造四条直线切于两圆周。若两已知圆周交差，则只有两条线存在（见图 17-13）。取离名义直线定义最近的那条线为构造结果。

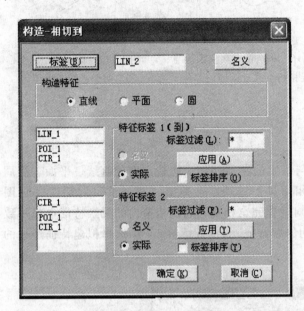

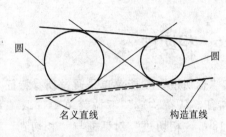

图 17-12 "相切到"对话框　　　　　图 17-13 构造四条直线切于两圆周

（2）面（圆—圆） 构造四个平面与两圆周相切。若两圆周交差，则只能构造出两个平面（见图 17-14）。选取离名义平面定义最近的那个平面为构造结果。

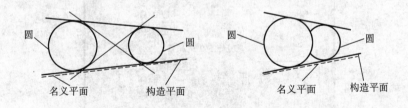

图 17-14 构造四个平面与两圆周相切

（3）圆（线—线） 构造四个名义直径的圆周与两条已知直线相切（见图 17-15）。最靠近名义值定义的圆周作为构造的结果。如果这两条直线不相交，则 MWorks-DMIS 自动版软件会显示错误信息。

（4）圆（线—圆或圆—线） 构造两个名义圆周，使它们与直线相切和切于靠近圆周的部分（见图 17-16）。最后取离名义圆周定义最近的那个圆为构造结果。如果直线与圆周不相交，则显示错误信息。

（5）圆（圆—圆） 构造两个名义圆，使它们与两个已知圆周相切（见图 17-17）。取离名义圆周定义最近的那个圆为构造结果。如果两个圆周不交叉，则软件会出现错误信息。

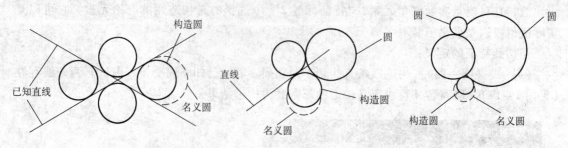

图 17-15　构造四个名义直径的圆周
与两条已知直线相切

图 17-16　构造两个名义圆周与
直线相切于靠近圆周的部分

图 17-17　构造两个名义
圆与两个已知圆周相切

## 17.6　相切过

　　"相切过"功能菜单是通过现有特征与指定的特征相切，构造出新的直线、平面、圆周等特征。从"构造"下拉菜单中选取"相切过"选项，会弹出"相切过"对话框（见图 17-18），"相切过"对话框与"相切到"对话框完全相同，它们构造出的元素特征也是一致的。"特征标签 1"中选择与拟建特征相切的原特征，"特征标签 2"中选择拟建特征经过的点或简化点特征。

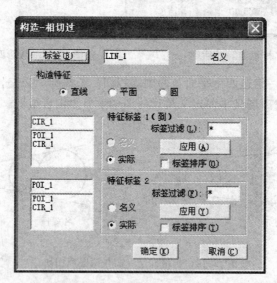

图 17-18　"相切过"对话框

　　需要注意的是，用来构造的两个几何特征必须位于同一个平面内，如果它们不共面，则会出现错误提示。

　　相切过特征的定义：

　　（1）线（圆—点）　构造两条直线过已知点且与圆周相切（见图 17-19）。最靠近名义值定义的直线作为构造的结果。如果点在圆周内，则显示错误信息。

　　（2）面（圆—点）　构造两个面过已知点且与圆周相切（见图 17-20）。最靠近名义值定义的面作为构造的结果。如果点位于圆周内部，则会显示错误信息。

（3）圆（圆—点） 在含有点和圆周的平面内，构造两个名义的圆周，使它们过已知点且与圆周相切（见图 17-21）。最靠近名义值定义的圆周作为构造的结果。如果该点位于圆周上，软件则会显示错误信息。

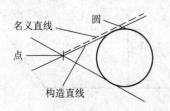

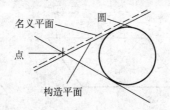

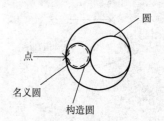

图 17-19　构造两条直线过 已知点与圆周相切　　　图 17-20　构造两个面过 已知点与圆周相切　　　图 17-21　构造两个名义的圆周 过已知点与圆周相切

## 17.7　垂直过

"垂直过"菜单是构造线或平面垂直于指定的特征，构造的特征通过指定的另一特征。从"构造"下拉菜单中选取"垂直过"，会弹出"垂直过"功能对话框（见图 17-22）。"垂直过"功能菜单可以构建的特征有直线和平面，对话框中"特征标签 1"选择与拟建特征垂直的原特征，"特征标签 2"选择拟建特征通过的特征，如过一点构造一条直线垂直于某个平面，则应该在"特征标签 1"中选择平面，在"特征标签 2"中选择该点。

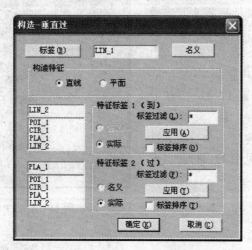

图 17-22　"垂直过"对话框

垂直过特征的定义：

（1）线（线—点） 构造过某点且垂直于已知直线的直线（见图 17-23）。如果点在直线上，则显示错误信息。

（2）线（面—点） 构造过某点垂直于已知平面的直线（见图 17-24）。如果点在面上，则显示错误信息。

（3）面（面—线）　构造过某直线垂直于已知平面的平面（见图 17-25）。直线与平面无位置要求。

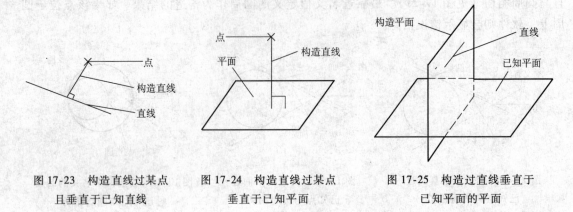

图 17-23　构造直线过某点　　　图 17-24　构造直线过某点　　　图 17-25　构造过直线垂直于
　　　且垂直于已知直线　　　　　　垂直于已知平面　　　　　　　已知平面的平面

## 17.8　平行过

"平行过"菜单构造直线、平面平行于某指定的特征，并且经过另外一个指定特征。从"构造"下拉菜单中选取"平行过"，弹出"平行过"对话框（见图 17-26）。"平行过"功能菜单可以构建的特征有直线和平面，其对话框中"特征标签 1"选择与拟建特征平行的原特征，"特征标签 2"选择拟建特征通过的特征。

平行过特征的定义：

（1）线（线—点）　构造过一点且平行于另一条直线的直线（图 17-27），点不能位于已知直线上。

（2）面（面—点）　构造一个平面，过一点且平行于另一平面（见图 17-28），点不能位于已知平面内。

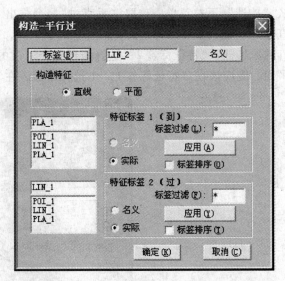

图 17-26　"平行过"对话框

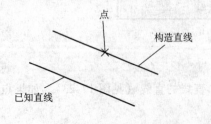

图 17-27　构造一点且平行于另一条直线的直线　　　图 17-28　构造一个平面过一点且平行于另一平面

## 17.9　移位

"移位"功能是根据偏移量的大小以及方向将某个特征移动到一个新的位置。从"构造"下拉菜单中选取"移位",弹出"移位"对话框(见图 17-29)。对话框中"特征标签"项为拟建特征,"移位实际标签"中是用来构建新特征的原特征,dx、dy、dz 项分别填写三个坐标轴方向上的变化量。正数表示沿某轴的正方向移动,负数则表示沿轴的反方向移动。

移位特征部分如图 17-30 所示。

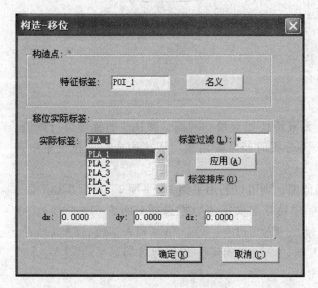

图 17-29　"移位"对话框

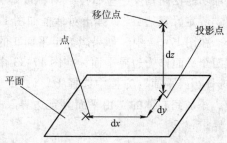

图 17-30　移位特征部分

## 17.10　圆锥的圆/顶点

在测量圆锥时,得到的锥体是无限大的,此时如果想知道该圆锥的顶点位置以及圆锥上某个直径的圆周,便可以通过"构造"菜单中的"圆锥的圆/顶点"求得。打开"圆锥的圆/顶点"对话框,如图 17-31 所示。

构造特征有顶点和圆两种,当选择"顶点"为构造特征时,"子圆"下面的两个选项"直径"和"距离"将会失去作用(选项变成灰色)。若构造特征为"圆",可以通过该圆的直径或者该圆与顶点的距离两种方式来定位该圆在圆锥体上的位置。圆锥标签左侧方框中必须选择的特征是圆锥,不能选择其他的元素特征。

图 17-32 深灰色为测量所得的圆锥体 CON_1,在"圆锥的圆/顶点"对话框"直径"项中填写数值 50,圆锥标签栏中选择 CON_1,单击"确定"按钮,会弹出一个名义圆对话框,再直接单击"确定",这样就能得出如图 17-32 所示的构造圆。

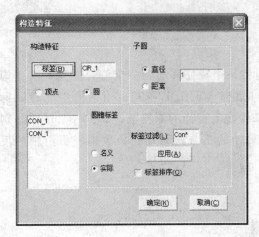

图 17-31 "圆锥的圆/顶点"对话框

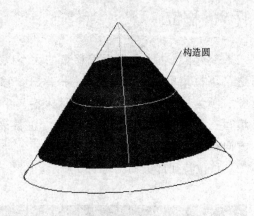

图 17-32 圆锥上的构造圆

## 17.11 界定元素边界

"界定元素边界"功能菜单是对已测无限特征如直线、平面、圆柱、圆锥等进行限制。这项功能在同轴度、垂直度、对称度等公差分析时经常要用到。从"构造"下拉菜单中选取"界定元素边界",弹出对话框如图 17-33 所示。

在图 17-34 中,如果想界定平面 5 的范围,则可以利用平面 1、平面 2、平面 3 和平面 4 这四个平面作为边界平面,在图 17-33 中,"特征名义标签"栏选择平面 5(PLA_5),在"选择边界平面"方框中选择 FA(PLA_1)、FA(PLA_2)、FA(PLA_3)、FA(PLA_4),添加到右侧的"由平面界定边界"方框,单击"确定"按钮即可绑定平面 PLA_5 的边界。

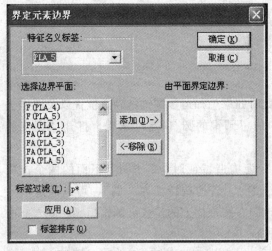

图 17-33 "界定元素边界"对话框

图 17-34 平面绑定示意图

# 第18章　自动版软件的公差分析

## 18.1　基于特征的公差分析

本节讨论在 MWorks-DMIS 自动版软件中怎样定义公差和进行公差计算评估。

MWorks-DMIS 自动版软件的公差菜单如图 18-1 所示，基本包含了国家标准规定的形位公差项目。

轮廓度公差具有与其他各项形位公差不同的特点，这里把它归属于形状公差菜单下。当功能要求只对轮廓线或轮廓面本身的形状给出公差时，应不标明基准，属形状公差；当功能要求对轮廓线或轮廓面的理论正确形状对其他要素给出确定的位置时，应标明基准，属位置公差。这种理解主要是基于形状与位置公差理论和概念的统一完整，与轮廓度公差的实际应用无直接影响。

当使用公差菜单对特征进行评估时，必须定义一个名义公差标签，通过名义公差和实际特征值的对比，"评估特征"命令计算出实际的公差值。

**1. 尺寸公差**

尺寸公差，顾名思义它控制着几何特征的尺寸大小。尺寸公差菜单如图 18-2 所示。

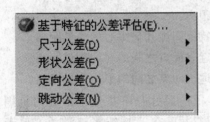

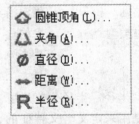

图 18-1　公差分析菜单　　　　　　　　　　图 18-2　尺寸公差子菜单

尺寸公差菜单包含距离、夹角、半径等特征评估，下面就分别予以讲解。

（1）距离　当某两个几何特征的距离在某一确定范围内变化时距离公差也就相应地确定。距离公差的名义公差必须定义，而构成该距离的两个特征的名义值则不是必须的。距离公差通常应用于点到点、线、面等特征的测量评估中。距离公差窗口如图 18-3 所示。

特征间的距离公差计算必须是三维的距离或沿某一个确定的坐标轴方向。距离通常包括平均距离、最小距离和最大距离。平均距离是两个几何特征间纯几何中心的测量距离。最小距离是两个特征的最近表面点之间的距离。最大距离是两个特征表面最远点的距离。当距离偏差在某一确定的上限和下限中变化时，那么两个几何特征间的距离即达到公差要求。

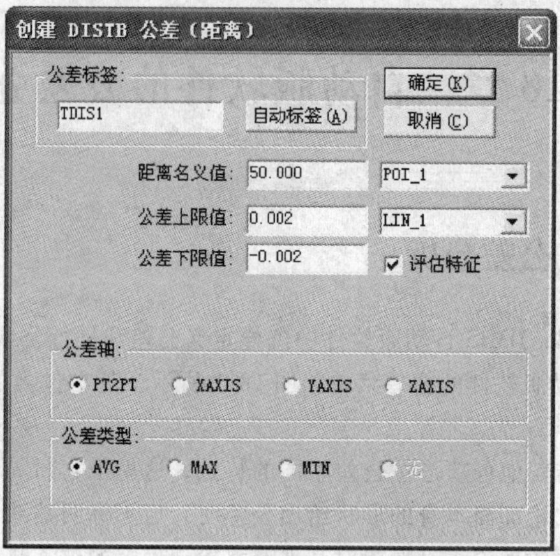

图 18-3    创建距离公差对话框

距离公差评估对话框内容解释如下：

公差标签         用户自定义的名义公差标签
距离名义值       距离的名义值
公差上限值       距离公差使用值的上限
公差下限值       距离公差使用值的下限
评估特征         程序对在列表框中显示的两个几何特征的公差进行评估
公差轴           指定沿某一坐标轴方向的距离
公差类型         平均      两个测量几何特征间纯几何中心的测量距离
                 最小      两个特征的最近表面点之间的平均测量距离
                 最大      两个特征的最远表面点之间的平均测量距离

（2）半径    半径公差是用来决定一个圆形特征的尺寸是不是位于指定的范围内。名义半径是用来定义名义特征的，当选中评估特征以后，名义按钮将被激活，单击名义按钮赋予被评估特征一个名义值。半径公差可以用于圆、圆柱、球、椭圆。当半径公差用在椭圆时，大半径或小半径需要由环境设置来决定。半径偏差是通过由测量特征的实际半径减去名义半径所得到的。如果半径偏差在上下界限之间，那么这个特征就通过了半径公差的检验。直径公差以及圆锥顶角公差的评估对话框与半径完全相同，这里就不再介绍。半径公差评估窗口如图 18-4 所示。

（3）夹角    当某两个特征的夹角在某一确定范围内变化时夹角公差也就相应确定。夹角公差通常使用较多，除了在没有相关方向的点和球体的测量中不

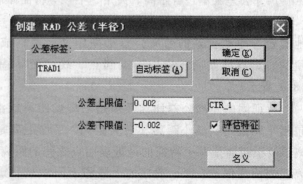

图 18-4    创建半径公差对话框

涉及外，其他特征中均可使用。夹角偏差的计算是由实际夹角值减去名义夹角值得来。当夹角偏差在某一确定的公差上限和下限中变化时，特征的夹角偏差即达到公差要求。夹角公差评估窗口如图 18-5 所示。

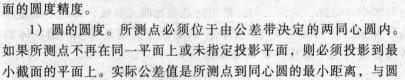

图 18-5　创建夹角公差对话框

夹角公差评估窗口的内容解释如下：

公差标签　　　　　用户自定义的名义公差标签
角度名义值　　　　用户定义角度的名义值大小
公差上限值　　　　用户设置角度公差使用值的上限
公差下限值　　　　用户设置角度公差使用值的下限
"评估特征"　　　　程序在列表框中对显示的两个实测特征进行公差评估

**2. 形状公差**

形状公差是单一实际被测要素对理想被测要素的允许变动。

形状公差带是单一实际被测要素允许变动的区域。它的方向和位置都是浮动的。

MWorks-DMIS 自动版软件的形状公差菜单包含内容如图 18-6 所示。

（1）圆度公差　圆度公差用以描述一个圆形特征接近一个理想圆的程度，而不考虑圆的位置和大小。圆度公差适应于任何有圆形截面的物体，如圆锥、圆柱、球。在做圆的测量时，投影面的选取应尽量减小测量误差。圆度公差也可以应用于球体，以控制球在各个截面上的圆度偏差，也被称之为球度公差，它决定球的任意截面的圆度精度。

图 18-6　形状公差子菜单

1）圆的圆度。所测点必须位于由公差带决定的两同心圆内。如果所测点不再在同一平面上或未指定投影平面，则必须投影到最小截面的平面上。实际公差值是所测点到同心圆的最小距离，与圆的大小、位置无关。使用的是契比晓夫算法，即最小偏差算法。当使用契比晓夫算法计算圆时，圆的变化范围就是实际的环状公差。如果实际公差值小于名义公差值，这个圆在公差范围内。如图 18-7 所示。

2）球的圆度。所测点必须位于由公差所决定的两同心球带内。实际公差值是所测点到同心球的最小距离，与其大小位置无关。使用的是契比晓夫算法，即最小偏差算法。当使用契比晓夫算法计算球时，球的变化范围就是实际的球状公差。如果实际公差小于名义公差，则这个球在公差范围内，如图 18-8 所示。

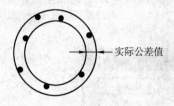

图 18-7  圆度公差带示意图

图 18-8  球度公差带示意图

MWorks-DMIS 自动版软件的圆度评估窗口如图 18-9 所示。

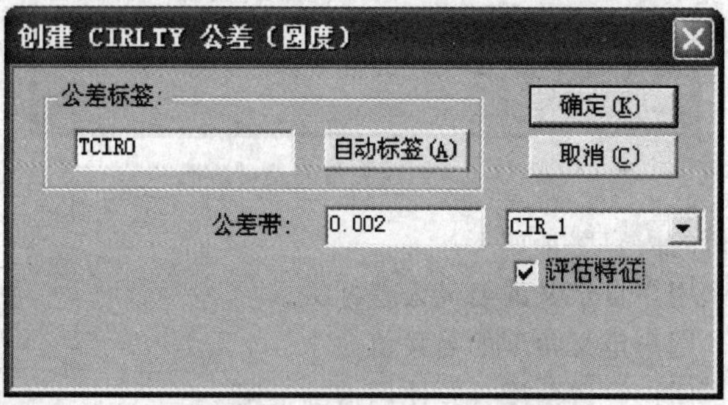

图 18-9  圆度公差评估对话框

| 公差标签 | 用户标识的圆度公差标签 |
| --- | --- |
|  | 公差带的两个特点： |
| 公差带 | 所有点必须位于由两同心圆所定义的公差带内，或者所有点必须位于由两同心球所定义的公差带内 |
| 主参数 | 被测要素以其长度或直径的基本尺寸作为主参数 |
| 评估特征 | MWorks-DMIS 评估特征列表框中各特征的公差 |

（2）圆柱度公差  圆柱度描述圆柱形特征与理想圆柱体的近似程度，而不考虑圆柱体尺寸、位置和定位方式。圆柱度只适用于圆柱体，它可以同时控制圆柱截面的圆度和圆柱高度方向的直线度。

圆柱的测量点必须位于由公差带决定的两个同心的圆柱体内。实际公差值是所测点到同心圆柱体的最小距离，与其大小、位置、定位无关。使用的是契比晓夫算法，即最小偏差算法。当使用契比晓夫算法计算圆柱体的圆柱度时，圆柱体的变化范围就是实际的圆柱体偏差。如果实际偏差小于名义公差，这个圆柱体就在公差范围内，如图 18-10 所示。

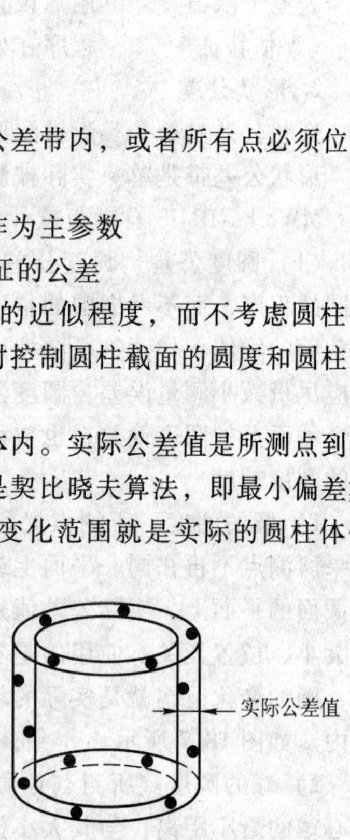

圆柱度公差对话框与圆度公差对话框相同。

（3）直线度公差  直线度公差是用来计算一个线特征与一条完美的直线的接近程度，它不依赖于直线的方向和位置。直线度公差可以应用于任意面的具有直线性质的剖面。如果直线特征是手动测量的，应该指定一个投影面，目的是消除任何垂直于投影面的测量误差。直线度公差也

图 18-10  圆柱度公差带示意图

可应用到导出的中心线上，它控制圆柱的外形，导出的中心线是从圆柱中构造的。目前，直线度仅可以用于 RFS 情形，不用考虑形体尺寸。

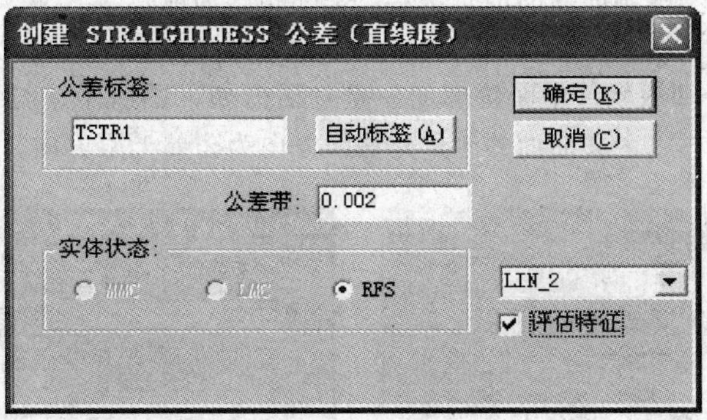

图 18-11　直线度公差评估对话框

直线度评估对话框内容解释如下：

公差标签　　　　用户标识的直线度公差标签

　　　　　　　　公差区域有两种选择：

公差带值　　　　通过两条平行线来定义公差区域的宽度，所有的点必须位于其中（投影面开启）。导出中心线的所有点必须在圆柱公差区域的直径范围内（投影面关闭）

实体状态　　　　当前为 RFS，不考虑其形体尺寸，是唯一可用的材料条件

评估特征　　　　计算评估特征列表框中各个特征的公差

（4）平面度公差　平面度是描述一个平面特征接近理想平面的近似程度，与平面的位置和定位方式无关。平面度仅适用于平面。除了公差限值，平面度公差的所有对话框与直线度公差相同，公差限值是物体必须位于由于公差产生的两平行平面之间的距离。

平面上的测量点必须位于由公差确定的两平行面之间。实际公差就是该点到平行平面的最小距离，与位置和定位无关。使用的是契比晓夫算法，即最小偏差算法。当使用契比晓夫算法计算平面时，平面的变化范围就是实际的平面公差。如果实际公差小于名义公差，这个平面就在公差范围内，如图 18-12 所示。

平面度公差评估对话框与圆度、圆柱度公差评估对话框相同。

（5）线、面轮廓度公差　线轮廓度公差用以限制平面曲线的形状误差，被测要素的实际轮廓线应位于包括一系列直径为公差 t 的圆的两包络线之间的区域，诸圆圆心应位于理想轮廓线（该形状有理论正确尺寸确定），如图 18-13 所示。

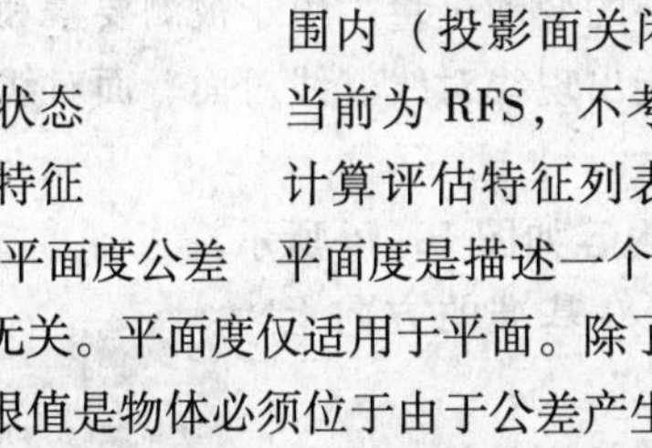

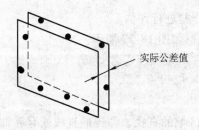

图 18-12　平面度公差带示意图

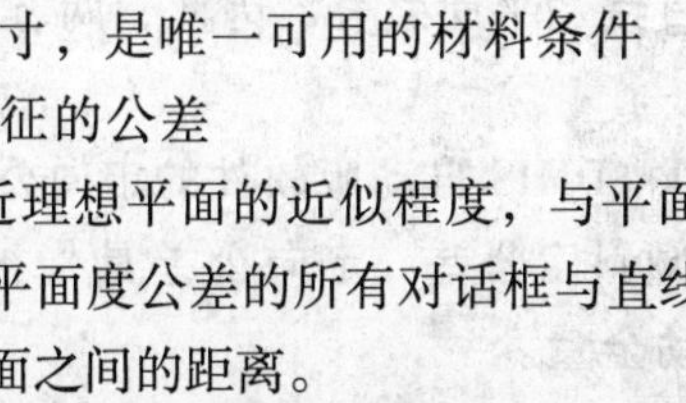

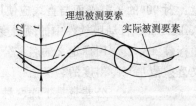

图 18-13　线轮廓度公差带示意图

MWorks-DMIS 中的线轮廓度公差对话框如图 18-14 所示，需要注意的是评估时以名义曲线的测量外法线方向为公差上限方向。

面轮廓度公差是来限制曲面的形状误差，实际轮廓面应位于包括一系列直径为公差值 $t$ 的球两包络面之间的区域，诸球球心应位于理想轮廓面（该形状由理论正确尺寸确定）上。

MWorks-DMIS 自动版软件中面轮廓度公差对话框如下图所示，与线轮廓度类似，在评估面轮廓度公差时，亦以名义曲面的测量外法线方向为公差上限方向，如图 18-15 所示。

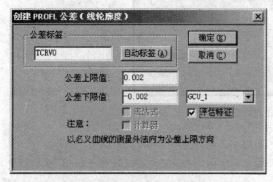

图 18-14　线轮廓度公差评估对话框

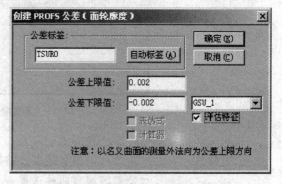

图 18-15　面轮廓度公差评估对话框

### 3. 定向公差

定向公差是指被测实际要素对基准的方向上允许的变动全量。由于被测要素和基准要素均可能有直线和平面之分，因此，两者之间就有可能出现线对线、线对面、面对线和面对面四种形式。

MWorks-DMIS 自动版软件的定向公差菜单包含内容如图 18-16 所示。

（1）倾斜度公差　定向公差是指被测实际要素对基准的方向上允许的变动全量。

倾斜度用来计算一个特征的方向与一个指定角度适应的接近程度（指定的角度与参考特征有联系），它不依赖于特征的尺寸和位置。倾斜度可以用在任何有唯一向量的特征。这个向量可以是直线的方向，圆柱、圆锥、阶梯轴、圆环或抛物面的轴线，或是一个平面或平行面的一般法向向量。

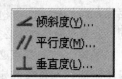

图 18-16　定向公差子菜单

为了正确地确定一个具有尺寸属性的特征的适合性或功能，如圆柱或平行面特征，需要采用几何算法已知的配合形面来测量特征。对一个外部特征例如销、凸台，需要采用最小外接算法。对内部特征，例如孔或槽，需要采用最大内接算法。通常，倾斜度公差仅可以用在 RFS，它不依赖特征的尺寸。

注意：对 90° 的公差平面与直线应使用垂直度公差进行评估。

MWorks-DMIS 自动版软件中的倾斜度公差对话框如图 18-17 所示。

公差标签　　　　用户定义的名义公差标签

名义公差值　　　斜度的名义值

公差带是下面两种之一：

公差带　　　　　一个方向被限制的圆柱公差区域的直径，测得的直线或有界轴线必须位于其中一个方向被限制的平行面公差区域的宽度，测得的直线、平面或有界轴线必须位于其中。

参考长度　　　用在公差计算之中的直线，轴线或平面的法向向量等线的长度

边界平面　　　有界面是决定特征界限的平面。限制只有一个轴线的特征需要两个平面。限制一个平面或平行面时，至少需要指定四个顺序连续的平面

特征列表　　　目前的特征列表

评估特征　　　计算出现在特征列表框中该特征的公差

基准　　　　　应用基准参考

名义值　　　　应用名义值作为参考基准

实测值　　　　应用实际测量值作为参考基准

倾斜度公差能被用于下列各几何特征：圆锥、圆柱、直线、平面。在使用倾斜度公差评估特征时要注意边界平面的确定，否则将出现错误提示，在后面的平行度公差与垂直度公差评估时也同样需要注意这个问题。

（2）平行度公差　平行度是限制实际要素相对基准在平行方向上的变动量。被测要素是线或面，基准要素是线或面，二者可组合成线对线、线对面、面对线及面对面四种形式。

平行度公差就是用来衡量一个特征的方向与参考特征方向平行的程度，它不依赖于特征的尺寸和位置。平行度可以适用于任何有唯一向量的特征。这个向量可以是直线的方向，圆柱、圆锥、阶梯轴、圆环或抛物面的轴线，或是一个平面或平行面的法向向量。

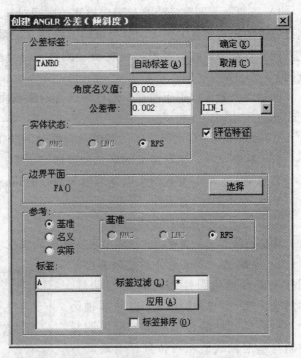

图18-17　倾斜度公差评估对话框

针对不同的特征，需要采用相应的几何算法配合形面来测量。对一个外部特征，例如销、凸台，需要采用最小外部算法。对内部特征，例如孔或槽，需要采用最大内部算法。通常，平行公差仅可以用在 RFS，它不依赖特征的尺寸。平行度对话框的所有功能与倾斜度对话框的完全相同，在这里就不再赘述。

平行度公差能被用于下列各几何特征：圆锥、圆柱、直线、平面。

（3）垂直度公差　垂直度是限制实际要素相对基准在垂直方向上的变动量，同倾斜度与平行度一样，垂直度也有线对线、线对面、面对线和面对面四种形式。而垂直度与平行度的区别在于：被测要素与基准要素的几何关系为垂直关系。

垂直度公差就是用来衡量一个特征的方向与参考（基准）特征方向垂直的程度，它不依赖于特征的尺寸和位置。垂直度公差可以适用于任何有唯一向量的特征。这个向量可以是

直线的方向，圆柱、圆锥、阶梯轴、圆环或抛物面的轴线，或是一个平面或平行面的法向向量。

为了正确地确定一个具有尺寸属性的特征的适合性或功能，如圆柱或平行面特征，需要采用几何算法已知的配合形面来测量特征。对一个外部特征，例如销、凸台，需要采用最小外接算法。对内部特征，例如孔或槽，需要采用最大内接算法。通常垂直度公差仅可以用在RFS，它不依赖特征的尺寸。

垂直度公差能被用于下列各几何特征：圆锥、圆柱、直线、平面。

（4）跳动公差　跳动公差是以检测方法命名的公差项目，即当被测实际要素绕基准轴线回转的过程中，测量被测表面给定方向上的跳动量。跳动量的大小等于指示表最大与最小读数之差。根据指示表运动的特点，跳动公差分为圆跳动（指示表静止）和全跳动（指示表运动）两种类型。

1）圆跳动。圆跳动公差是限制被测轮廓圆对其理想圆的跳动变动量。根据测量方向与基准轴线的相对位置，圆跳动分为径向圆跳动（测量方向垂直基准轴线）、端面圆跳动（测量方向平行基准轴线）及斜向圆跳动（测量方向与基准轴线成夹角，但为被测表面的法线方向）。

圆跳动公差可以用于圆锥，圆柱或球等的横截面。它同时控制着圆度和同轴度，而不依赖于圆的尺寸。

MWorks-DMIS 自动版软件的圆跳动公差对话框如图 18-18 所示。

公差标签　　　　　用户定义的名义公差标签

公差带　　　　　　通过两个以基准轴为圆心的同心圆间的宽度来定义，圆上所有点必须位于其中

基准　　　　　　　选择参考基准

评估特征　　　　　MWorks 计算出现在特征列表框中特征的公差

2）全跳动。全跳动公差是限制被测圆柱表面对理想圆柱面的跳动变动量，即用来计算一个圆柱与一个以基准轴为中心的完美圆柱的相似程度。根据测量方向与基准轴线的相对位置，全跳动分为径向全跳动（指示表运动方向与基准轴线平行）和端面全跳动（指示表运动方向与基准轴线垂直）。

全跳动公差仅可以用于圆柱，它不依赖于圆柱的尺寸，同时控制着圆柱度和垂直度。

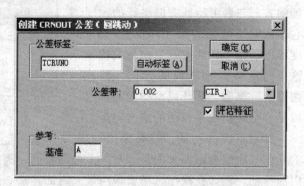

图 18-18　圆跳动公差评估对话框

MWorks-DMIS 自动版软件中，除了公差带值以外，全跳动对话框的所有功能与圆跳动的相同。公差带值是由两个以基准轴为中心的同心圆柱所确定的公差区域的宽度，所有圆柱上面的点必须位于其中。圆柱度公差带如图 18-19 所示。

圆柱的全跳动公差：圆柱上的测量点必须位于一个公差区域中，该公差区域通过两个圆心在基准轴上的同心圆柱来定义。实际公差值不依赖于尺寸，它是两个同心圆柱间的最小距

离。如果实际公差小于名义公差，那么这个圆柱就通过了
全跳动公差的检验。

（5）界定公差边界　定向公差和位置度公差计算需要
有限的特征。当这些公差应用到无限特征如直线、平面和
平行平面时，这些公差必须界定。定向公差可以用限制平
面和参考长度来界定。

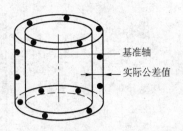

图 18-19　圆柱度公差带示意图

MWorks-DMIS 自动版软件中界定公差边界对话框如图
18-20 所示。

对话框说明：选择边界平面时首先选择添加按钮左边的列表框，选择后单击添加按钮，
特征将会出现在右边的列表框，取消可以单击移除按钮。标签过滤与标签排序是为了方便用
户寻找某一类型的特征元素。

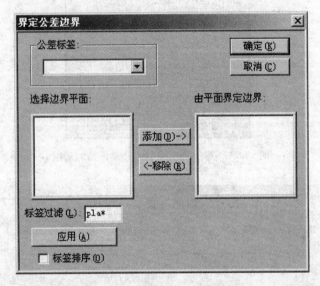

图 18-20　界定公差边界对话框

## 18.2　基于公差类型的公差分析

除了基于特征的公差分析之外，MWorks-DMIS 自动版软件还提供了基于公差的公差分
析，该对话框提供不同几何元素的同一种公差评估。基于公差的公差分析对话框如图 18-21
所示。

首先可以选择某一种类型的公差，然后单击"定义"按钮，在弹出的公差对话框中进
行相应设置，在特征栏左边的适合该公差特征的几何元素图标将会以亮色显示（激活状
态），而不适合该公差特征的几何元素图标则是灰色的（非激活状态）。将适合该公差特征
评估的几何元素添加到"特征"列表框中，最后单击"确定"按钮进行公差评估。

复合选择：复合选择对话框如下图所示，它可以对某一种几何特征的不同公差类型进行
评估。评估之前需要单击"名义"按钮，为该几何特征赋予相应的名义值，如图 18-22
所示。

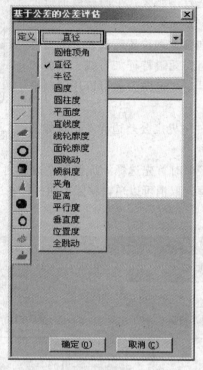

图 18-21　基于公差类型的公差评估对话框

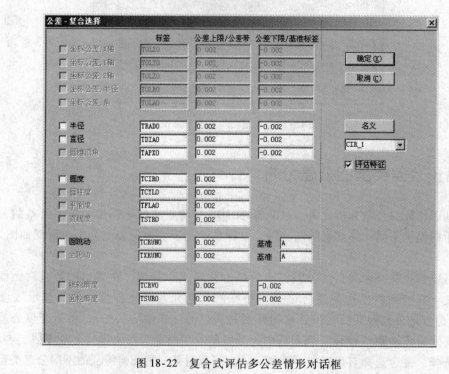

图 18-22　复合式评估多公差情形对话框

# 第19章 自动版软件的测量文件

## 19.1 测量文件的存储与调用

MWorks-DMIS 自动版软件可以保存测量文件，在需要使用的时候直接调用。单击"文件（F）"下拉菜单，选择上面的"打开零件程序"和"保存零件程序"，用户可以方便地进行文件的存储和环境变量的设置。

单击"文件"下拉菜单中的"保存零件程序"，或者通过单击零件程序区窗口的按钮，可以对当前文件进行保存操作。弹出的"另存为"对话框如图 19-1 所示，在该对话框中，用户可以指定文件名，文件类型以及保存路径，其中文件类型（＊.DMI）为零件测量程序文件。

保存零件测量程序步骤如下：

第一步：输入文件名，保证不与其他文件重名；

第二步：单击"确认"按钮保存零件，该文件可以在后续操作中打开、调用。

图 19-1　测量程序保存

提示：软件不支持中文文件名和路径名，请在文件和路径名中不要包含中文文字。通常来说，最好在零件测量程序改动后立即保存文件，在程序中系统默认状态下程序每增加 50 行就自动保存一次。

单击"打 开 零 件 程 序"按 钮，MWorks-DMIS 自动版软件会弹出一个应用程序窗口（零件程序区窗口顶端的按钮功能与之相同），如图 19-2 所示，如果需要保存当前的测量程序，单击"是"按钮；如果不需要保存当前的测量程序，则选"否"按钮；单击"取消"键撤销此次操

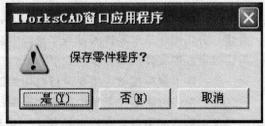

图 19-2　保存零件测量程序提示对话框

作。然后软件会弹出打开程序窗口（见图19-3），打开零件测量程序文件的方法如下：

第一步：选择需要打开的文件；

第二步：双击该文件或者单击"确定"按钮。

这样零件测量程序文件将载入并在零件测量程序窗口中显示。

图 19-3　打开测量程序对话框

在零件程序区窗口顶端还有一项"新建"命令（▢），按下"新建"按钮，软件将执行以下操作：

① 清除零件测量程序窗口和结果输出窗口；

② 默认状态下创建九行零件测量程序语句；

③ 重置特征、公差和标签值；

④ 当在环境变量重置消息框中点"确认"按钮时，系统将载入默认参数重置相关参数设置；

⑤ 清除实际特征、名义特征、实际公差、名义公差、缓存等值。

## 19.2　测量文件的编辑与修改

在 MWorks-DMIS 自动版软件的零件程序区窗口顶端有如图19-4所示的一行按钮，通过这行按钮，可以对测量文件进行编辑与修改，下面就逐一介绍各个按钮的功能。

图 19-4　按钮

剪切：剪切操作是对零件测量程序窗口中选中部分删除，但信息会暂存在剪贴板上。

剪切测量程序文件的部分步骤如下：

第一步：按下鼠标拖动选中要进行剪切的部分代码；

第二步：单击编辑下拉菜单中的剪切选项；

第三步：剪切的信息暂存在剪贴板上，可以粘贴到测量程序文件的另外部分或其他文件中。

复制：复制命令是把测量程序文件窗口中选中的内容放到剪贴板上。

复制测量程序文件的一部分，其操作步骤如下：

第一步：按下鼠标拖动选中要进行复制的部分代码；

第二步：单击编辑下拉菜单中的复制选项；

第三步：剪切的信息暂存在剪贴板上，可以粘贴到测量程序文件的另外部分或其他文件中。

粘贴在前与粘贴在后：粘贴是把预先剪切或复制到剪贴板上的内容，可以粘贴到当前文件或另外文件中的当前位置。该部分内容将被粘贴到光标前或后的位置。

粘贴操作步骤如下：

第一步：把光标移到要粘贴的位置；

第二步：单击编辑下拉菜单中的粘贴选项将剪贴板上的内容插入到当前测量程序文件中的前或后的位置。

删除：删除操作将不会把文件拷贝到剪贴板，因此进行删除时操作要谨慎，一旦删除将不能恢复。

删除测量程序文件中的内容步骤如下：

第一步：按下鼠标拖动选中要进行删除的部分代码；

第二步：单击编辑下拉菜单中的删除选项，把选中内容删除。

查找：查找当前零件测量程序中的字符，如图 19-5 所示。

第一步：单击"查找"按钮，弹出查找窗口，在查找对话框中输入查找内容；

第二步：单击"查找下一个（F）"按钮，查找下一处包括有相同文字内容的位置。

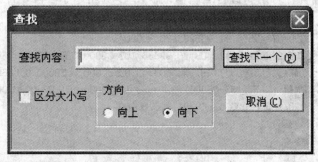

图 19-5　字符查找对话框

查找对话框是区分大小写的，查找顺序可以设定为自下而上，或自上而下；即从光标处开始往上查找到零件测量程序的开始，或从光标处往下查找到文件结束；因此若要在全文查找则应该把光标放到文件的开始，往下查找。

替换：替换像查找一样，就是查找相应文字并用指定文字替换，可以替换一个字符或者一段字符。见图 19-6 所示。其操作步骤如下：

第一步：单击"替换"按钮，弹出替换窗口，在查找对话框中输入查找内容，在替换对话框中输入要替换的内容，如果需要区分大小写，则要选中"区分大小写"单选框；否则不区分大小写；

第二步：单击"查找下一个"找到下一处；

第三步：单击替换按钮用指定内容替换查到的文字。也可以全部替代，把测量程序中所有符合查找条件的地方全部替换。

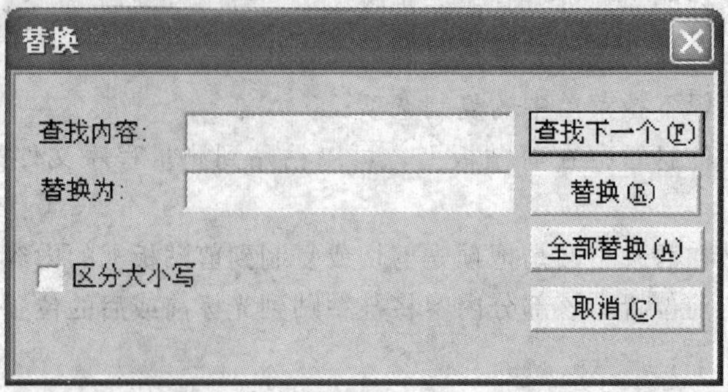

图 19-6　替换查找对话框

跳转：跳转操作可以在当前测量程序中由某一行跳转至指定的另一行。见图 19-7 所示。其操作步骤如下：

第一步：单击"跳转"按钮，弹出跳转窗口；

第二步：在该窗口中输入想要跳转至的行号，单击"确定"按钮即可。

仅插入：仅插入是一个开关菜单，选中后在零件测量程序可以插入新行。

图 19-7　跳转对话框

文本编辑器：文本编辑器可以对零件测量程序中的任何一行语句进行编辑修改。图 19-8 给出了一段零件测量程序。

```
/(CIR_1)     MEAS/CIRCLE, F(CIR_1), 3
             GOTO/87.47508, 87.96526, 120.80000
             PTMEAS/CART, 85.72509, 90.99636, 109.30000, 0.50000, -0.86603, 0.00000
             PTMEAS/CART, 85.72491, 36.00374, 109.30000, 0.50000, 0.86602, 0.00000
             PTMEAS/CART, 133.35000, 63.49990, 109.30000, -1.00000, 0.00000, 0.00000
             GOTO/129.85000, 63.49991, 120.80000
             ENDMES
```

图 19-8　测量程序段

例如想修改第一句"GOTO/87.47508……"，如图 19-9 所示。其操作步骤如下：

```
/(CIR_1)     MEAS/CIRCLE, F(CIR_1), 3
             GOTO/100, 100, 120
             PTMEAS/CART, 85.72509, 90.99636, 109.30000, 0.50000, -0.86603, 0.00000
             PTMEAS/CART, 85.72491, 36.00374, 109.30000, 0.50000, 0.86602, 0.00000
             PTMEAS/CART, 133.35000, 63.49990, 109.30000, -1.00000, 0.00000, 0.00000
             GOTO/129.85000, 63.49991, 120.80000
             ENDMES
```

图 19-9　加了下划线的测量程序

第一步：鼠标选中该行语句（背景转变成蓝色）；

第二步：单击"文本编辑器"按钮，弹出文本编辑器窗口，如图 19-10 所示；

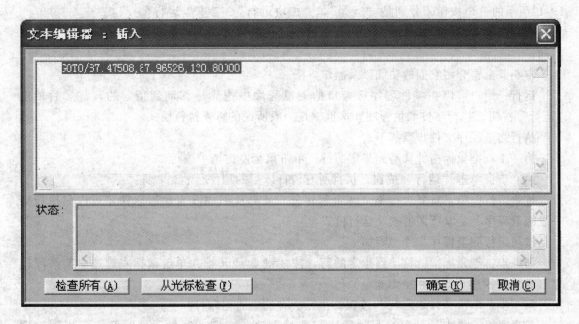

图 19-10　文本编辑器

第三步：编辑想要修改的语句，并可以适时检查语句是否有误，单击"确定"完成退出。

修改后的程序语句变为 GOTO/100，100，120

树形显示："树形显示"也是一个开关按钮，可以改变零件测量程序的显示方式。当测量程序比较复杂的时候，利用树形显示可以很方便地查看的想要查看某个几何特征的测量程序，而隐藏其他特征的测量程序，如图 19-11 所示，查看圆 CIR_1 的程序语句，将平面 PLA_1 与平面 PLA_2 的测量程序语句隐藏。

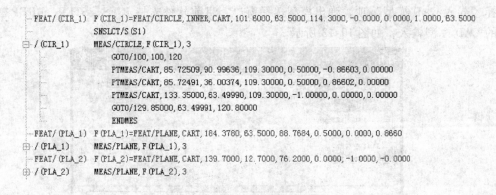

图 19-11　测量程序的树形显示

## 19.3　测量文件的重复执行

MWorks-DMIS 自动版软件支持测量程序的重复执行。在零件程序区窗口顶端有如图

19-12所示的三个按钮，分别是"运行"、"按块运行"、"单步运行"，这三个按钮都支持测量文件的重复执行，只不过在具体方法上稍微有些不同。

图 19-12　执行按钮

本小节主要介绍它们的功能以及操作方法。

运行：用户可以在零件程序区窗口的测量程序中把光标移动到指定的行，然后单击"运行"按钮，执行零件测量程序。这也就是一般所说的重复执行模式。

执行测量程序文件步骤如下：

第一步：把鼠标指针移动到指定的行，单击鼠标左键选中该行；

第二步：单击"运行"按钮，执行所有该行以后的程序行。

按块运行：除了重复运行整个测量程序外，MWorks-DMIS 自动版软件还可以只执行某一段测量程序，也就所谓的按块运行模式。

按块运行测量程序文件步骤如下：

第一步：把鼠标指针移动到指定的行，按住键盘 shift 键并单击鼠标左键选中某一段程序（选中的程序行背景将变为蓝色）；

第二步：单击"按块运行"按钮，执行所有选中的程序行。

单步运行：单步运行每次只执行一行测量程序，在调试测量程序时经常要用到这项功能。

单步运行测量程序文件步骤如下：

第一步：把鼠标指针移动到执行的行，按下鼠标左键选中该行；

第二步：单击"单步运行"按钮，执行选中的程序行。

## 19.4　CAD 模型的输入输出

MWorks-DMIS 自动版软件支持 CAD 模型的输入和输出。单击"文件（F）"下拉菜单，选择"导入 CAD 模型"项，弹出模型选择窗口，目前软件支持 IGES、STEP、BREP 三种格式的 CAD 模型输入，如图 19-13 所示。

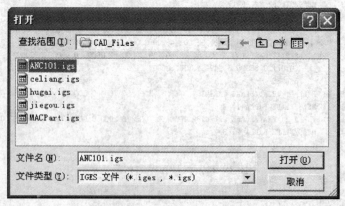

图 19-13　CAD 模型的输入

单击"文件（F）"下拉菜单，选择"导出 CAD 模型"项，除了支持 IGES、STEP、BREP 三种格式的 CAD 模型输出之外，软件还支持 bmp 和 gif 两种图片格式输出。选择输出

格式，MWorks-DMIS 自动版软件会
弹出一个窗口应用程序提示（见图
19-14），询问保存类型是几何元素还
是零件型体，用户可以根据实际需要
选择。

图 19-14　CAD 模型的导出

　　选择完保存类型之后会出现一个
"另存为"窗口（见图 19-15），在该
窗口中可以指定文件的名称以及存储
路径。需要注意的是，软件不支持中
文文件名，在指定文件名时应使用英文或者数字。

图 19-15　CAD 模型文件的存储

　　除了 CAD 模型的输出外，软件还可以通过本地打印机或有效连接的网络打印机进行打
印输出。

　　打印程序文件步骤：

　　第一步：选择测量程序文件中需要打印的部分；

　　第二步：单击零件程序区顶部的"打印"按钮，弹出打印对话框，在对话框中可以选定
打印机或添加打印机；操作者可以选择需要打印的零件测量程序文件中需要打印的行，选中部
分为亮显；如果只选中一行或没有选中，程序默认为打印整个文件。最多可选择 500 行。

　　第三步：单击确认开始打印。

# 第 20 章　自动版软件的环境、视图与窗口

## 20.1　环境参数设置

用户可以直接使用环境变量菜单中的选项来控制三坐标测量机的测量参数设置。MWorks-DMIS 自动版软件环境菜单如图 20-1 所示，该菜单包含：系统参数、CMM 参数、几何算法、扩展精度、CAD 设置五项内容，下面就分别介绍每一项的具体内容。

**1. 系统参数**

从"环境"下拉菜单中选择"系统参数"，弹出系统参数设置窗口，如图 20-2 所示，

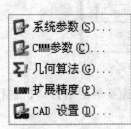

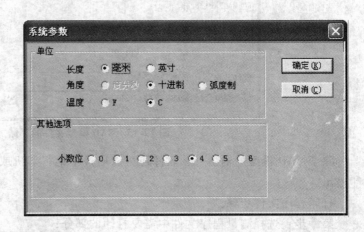

图 20-1　环境参数菜单　　　　　　　　　　　　图 20-2　系统参数

在系统参数设置窗口中，可以修改软件的测量长度单位（毫米或者英寸）、温度单位（华氏温度 F 或者摄氏温度 C）、角度表示方法（十进制或者弧度制）以及评估数据精确到的小数点后位数。

**2. CMM 参数**

单击"环境"下拉菜单中选择"CMM 参数"，弹出 CMM 参数设置窗口，如图 20-3 所示。CMM 参数菜单用来修改测量和控制系统的相关参数，如测量速度、空走速度、加速度、逼近距离、回退距离等等，用户可以通过修改各个数值，查看几何特征测量路径上测头系统与 CAD 模型之间位置的变化，以加深对各个不同概念的理解。

**3. 几何算法**

从"环境"下拉菜单中选择"几何算法"，弹出几何算法选择对话框，如图 20-4 所示。使用几何算法对话框可以选择元素测量时软件的算法，共支持直线、平面、球、椭圆、圆、圆柱、圆锥七种几何特征的算法选择。

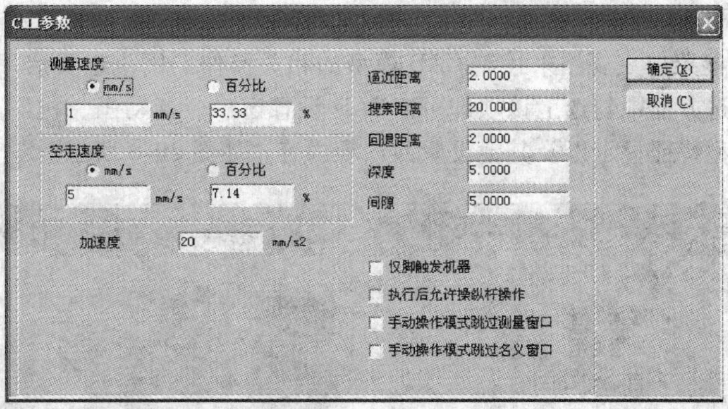

图 20-3  CMM 参数

图 20-4  几何算法

| LSTSQR | 最小二乘法 | MAXINS | 最大内接圆法 |
|--------|-----------|--------|-----------|
| MINMAX | 最小最大法 | MINCIR | 最小外接圆法 |

### 4. 扩展精度

从"环境"下拉菜单中选择"扩展精度",弹出扩展精度设置对话框,如图 20-5 所示。使用精度扩展选项时用户可以自定义某一具体特征测量时需要测的最少点数。例如,测量一个球体时,需要测的最少几何空间点数是 4 个,在这个对话框中,用户就可以自定义任何大于 4 的测量点数以提高测量精度。

图 20-5  扩展精度对话框

**5. CAD 设置**

CAD 设置功能菜单主要用来控制 CAD 模型的相关操作。用户想要启用某项功能，只需在该项前面的复选方框中勾选上该项即可。CAD 设置窗口包括动画、机器显示、测头显示、坐标系显示、模型特征显示以及其他设置共六项内容，如图 20-6 所示。

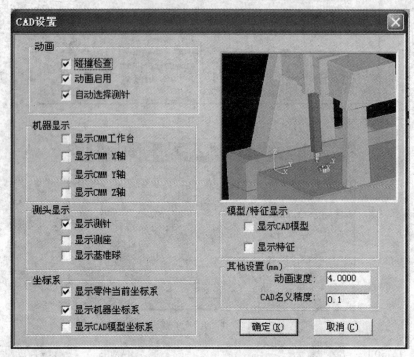

图 20-6　CAD 设置对话框

"动画"选项包括碰撞检查、动画启用和自动选择测针三项，开启碰撞检查功能之后，当测量路径上测针与 CAD 模型发生干涉或者碰撞时，软件会弹出相关提示，以便用户修改测量路径避免损坏测头系统。自动选择测针的功能是当测量不同角度的几何特征时，软件会自动计算出最适合该特征的测头配置以供用户选择。

"机器显示"选项用来控制 CMM 工作台以及 CMM 三个坐标轴的显示与否。

"测头显示"选项控制测针、测座和基准球的显示。

"坐标系"选项控制零件当前坐标系、机器坐标系与 CAD 模型世界坐标系的显示。

"模型特征显示"选项控制 CAD 模型以及各个测量特征的显示。

"其他设置"包括动画演示的画面速度与 CAD 模型名义值精度两项。

## 20.2　视图窗口

MWorks-DMIS 自动版软件提供有强大的图形显示控制功能。显示控制功能用于控制 CAD 模型在视图窗口中的显示方式。显示方式的改变只改变图形的显示尺寸，并不改变图形的实际尺寸，即仅仅改变了图形给人们留下的视觉效果。本节就介绍几种基本的显示控制功能。

工具条由代表 MWorks-DMIS 自动版软件命令与功能的图标按钮组成。因此，在利用

MWorks-DMIS 进行相关功能时，使用工具条是一种比较简便和快捷的操作方法。

　　MWorks-DMIS 含有许多工具条。在初始状态下显示 CAD 工具条、GEO 工具条、文件工件条、测量工具条与公差工具条。用户可以有选择地显示或者隐藏任何一种工具条，为了能获得大一点的视图空间，一般总是只显示当前常用的工具条，而把其他暂时不用的工具条隐藏起来。

　　要显示或者隐藏工具条，具体做法如下：

　　① 打开下拉菜单"视图"，选择执行其中的"自定义工具栏"命令，此时弹出"自定义工具栏"对话框；

　　② 在标题栏的空白处单击鼠标右键，弹出工具条列表框，从该列表框中单击要显示或者隐藏的工具条名称。工具条名称前的复选方框中如果带有复选标记"√"，则表示显示该工具条，是否将隐藏该工具条。

　　用户可以将工具条移动到最方便的工作位置。移动工具条的方法如下：

　　① 将鼠标指针放置于要移动的工具条内，但注意不要置于任何按钮上；

　　② 按住鼠标左键并移动鼠标，将工具条拖到预定的位置。

　　如果将工具条拖离原来位置而放置到屏幕的其他位置上，则产生浮动工具条。浮动工具条类似于窗口，它也有边框和标题行。可以通过拖动标题行将其放置到任何位置，或者拖放边框来改变其形状。单击标题行右边的"关闭"按钮，可以关闭浮动工具条。

　　图 20-7 显示了图形窗口中的各种工具条。

　　"视图"下拉菜单中的"CAD 视图"提供了丰富的视图操作功能，如十分常用的主视图、俯视图、轴测图以及平移、缩放、旋转等等，除此之外还可以设置主视图窗口的背景颜色，如图 20-8 所示。

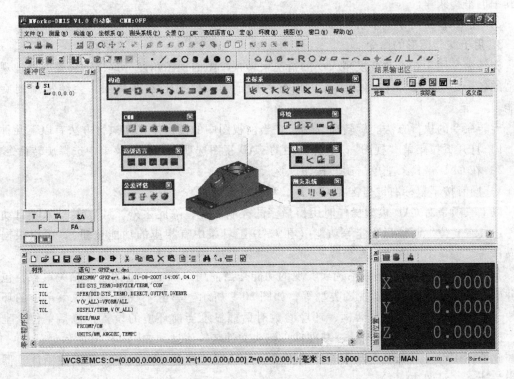

图 20-7　图形窗口中的各种工具条

下面介绍几种基本的 CAD 模型显示控制功能。

**1. 用于控制图形缩放的命令**

缩放命令的执行方法。动态缩放命令用于缩小或者放大图形在主视图区的 CAD 模型尺寸，它在 CAD 模型操作时经常用到。其执行方法有以下几种：

1）打开下拉菜单"视图"，选择其中的 CAD 视图选项，这将继续打开一个子菜单，选择其中的动态缩放或者局部放大。

2）在 CAD 工具条上单击动态缩放按钮或者局部放大按钮。

3）使用组合键，同时按下鼠标左键与键盘 Ctrl 键，移动鼠标即可。向左移动为缩小，向右移动为放大。

**2. 用于平移图形的命令**

平移命令用于在不改变 CAD 模型缩放显示的条件下平移图形，以便使图中的特定部分位于当前的视区中，方便查看图形的各个部分。如果用缩放命令或者局部放大命令放大了图形，则通常需要用平移命令来移动图形。

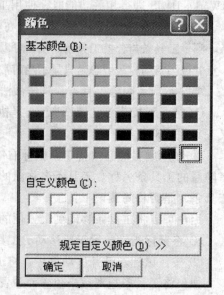

图 20-8　主视图窗口的背景颜色设置

平移命令的执行方法。平移命令用于在当前缩放显示状态下在图形中漫游。其执行方法有以下几种：

1）打开下拉菜单"视图"，选择其中的 CAD 视图选项，这将继续打开一个子菜单，选择其中的平移菜单。

2）在 CAD 工具条上单击平移按钮。

**3. 用于旋转图形的命令**

旋转命令用于在不改变模型大小的情况下转换模型的视图角度，这样就会很方便地观察模型的各个不同位置。在离线编程的时候，为了测量模型上各种特征，会经常用到旋转功能。

旋转命令的执行方法。旋转命令用于在当前视图中的模型体，其执行方法有以下几种：

1）打开下拉菜单"视图"，选择其中的 CAD 视图选项，在其子菜单中选择旋转命令。

2）在 CAD 工具条上单击旋转按钮。

3）同时按下鼠标右键与键盘 Ctrl 键，移动鼠标即可。

以上三项是对 CAD 模型操作时用得最多的控制功能，除此之外，MWorks-DMIS 自动版软件还具有复位、调整到最佳等功能（在 CAD 工具条中有相应的功能按钮），可以根据实际操作需要选择不同的功能命令。

"视图"下拉菜单中坐标系选项实现的功能是当前用户环境下坐标系的相关设置，包括各种坐标系、坐标原点以及视图类型等，如图 20-9 所示。单击"视图"下拉菜单中的环境参数选项，弹出环境参数对话框，环境参数对话框显示当前环境的设置，包括单位、坐标系、机器 CMM 参数、当前测针、基准球、测头文件名等信息，如图 20-10 所示。

此外，MWorks-DMIS 自动版软件还提供了计算器功能对话框，用户可以使用计算器进行相关计算（见图 20-11）。

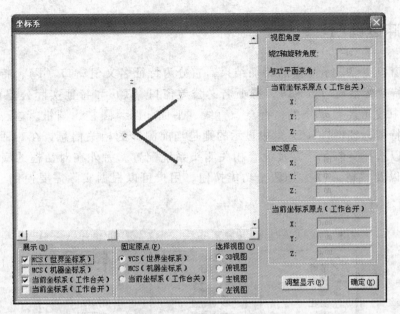

图 20-9  坐标系信息对话框

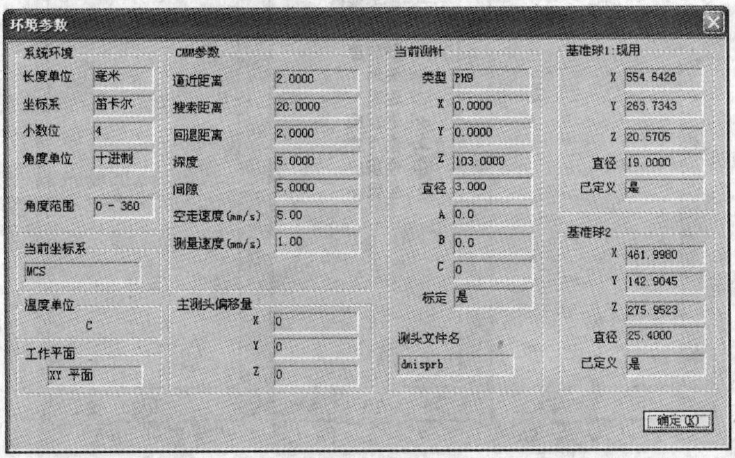

图 20-10  环境参数对话框

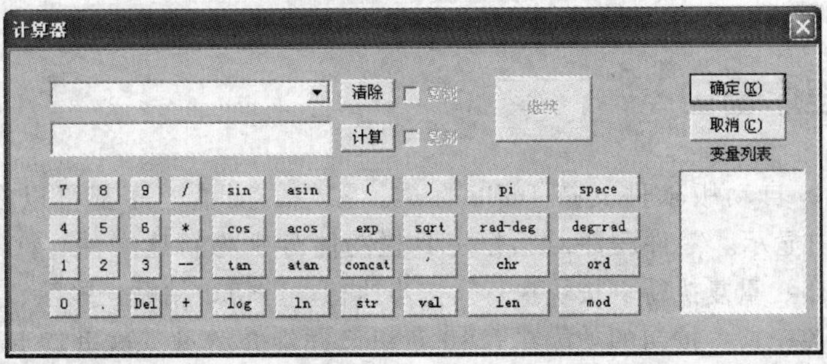

图 20-11  计算器对话框

## 20.3　缓冲区窗口

　　缓冲区窗口主要显示测量的特征结果，它分为特征名义值窗口（F），特征实际值窗口（FA），特征标签窗口（SA），特征名义公差窗口（T）和特征实际公差窗口（TA）。在各个窗口中按元素类型分类，有点、直线、平面、圆、圆柱、圆锥、球、椭圆、曲线和曲面。而特征标签窗口（SA）中显示的则是当前测针的相关信息，在对话框中鼠标右键单击就可以选择当前测针以及设置相关测头系统配置。另外在对话框的底部还有"清空缓冲区"以及"树形收拢"两个功能按钮，用户可以根据实际需要使用，如图 20-12 所示。

图 20-12　缓冲区窗口

## 20.4　测量程序窗口

　　MWorks-DMIS 自动版软件支持 DMIS 标准。零件的测量程序都可以在测量程序窗口（零件程序区）中显示。零件程序对话框工具栏功能分别为新建文件、打开文件、保存文件、另存为、打印、重复执行、按块执行、按步执行、剪切、粘贴、删除、查找、替代、仅插入、仅编辑。关于这些按钮的功能在第 10 章里已详细介绍过，这里就不再赘述。窗口界面如图 20-13 所示。

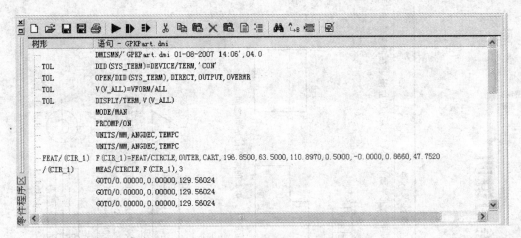

图 20-13　测量程序窗口

## 20.5　测量结果窗口

MWorks-DMIS 自动版软件的测量结果窗口如图 20-14 所示，结果输出区窗口显示测量的结果根据测量元素的不同，显示的内容也不同。它包括元素名称、实际值、名义值、上／下公差带、公差偏差、公差范围内和公差标签。

对话框窗口上的工具从左到右的功能分别为清空、保存、打印、保存结果为一般文档、保存为 HTML 文档、保存为 EXCEL 文档、保存为 WORD 文档和 XML 文档。

| 元素 | 实际值 | 名义值 | 上偏差/公差带 | 下偏差 | 实际偏差/百... | 公差范围内/... | 公差标签/第... | 参考/第二特征 |
|---|---|---|---|---|---|---|---|---|
| ⊟ (PLA_1) | | | | | | | | |
| 坐标X | 110.5668 | 139.7000 | | | | | | |
| 坐标Y | 12.7000 | 12.7000 | | | | | | |
| 坐标Z | 63.5000 | 76.2000 | | | | | | |
| 向量I | 0.0000 | 0.0000 | | | | | | |
| 向量J | -1.0000 | -1.0000 | | | | | | |
| 向量K | 0.0000 | 0.0000 | | | | | | |
| 平面度 | 0.0000 | 0.0000 | 0.0020 | | 0.0000 | ∣ IN ∣ | TFLA0 | |
| ⊟ (CYL_1) | | | | | | | | |
| 坐标X | 101.6000 | 101.6000 | | | | | | |
| 坐标Y | 63.5000 | 63.5000 | | | | | | |
| 坐标Z | 94.1000 | 57.1500 | | | | | | |
| 向量I | -0.0000 | 0.0000 | | | | | | |
| 向量J | 0.0000 | 0.0000 | | | | | | |
| 向量K | 1.0000 | 1.0000 | | | | | | |
| 直径 | 50.8000 | 50.8000 | | | | | | |

图 20-14　测量结果窗口

# 附录 A　国标 GB/T 1182—2008 关于公差的说明

## 表 A-1　直线度公差

| 符号 | 公差带的定义 | 标注及解释 |
|---|---|---|
| — | 公差带为在给定平面内和给定方向上，间距等于公差值 $t$ 的两平行直线所限定的区域。<br><br>$a$ 任一距离。 | 在任一平行于图示投影面的平面内，上平面的提取（实际）线应限定在间距等于 0.1 的两平行直线之间 |
| | 公差带为间距等于公差值 $t$ 的两平行平面所限定的区域 | 提取（实际）的棱边应限定在间距等于 0.1 的两平行平面之间 |
| | 由于公差值前加注了符号 $\phi$，公差带为直径等于公差值 $\phi t$ 的圆柱面所限定的区域 | 外圆柱面的提取（实际）中心线应限定在直径等于 $\phi0.08$ 的圆柱面内 |

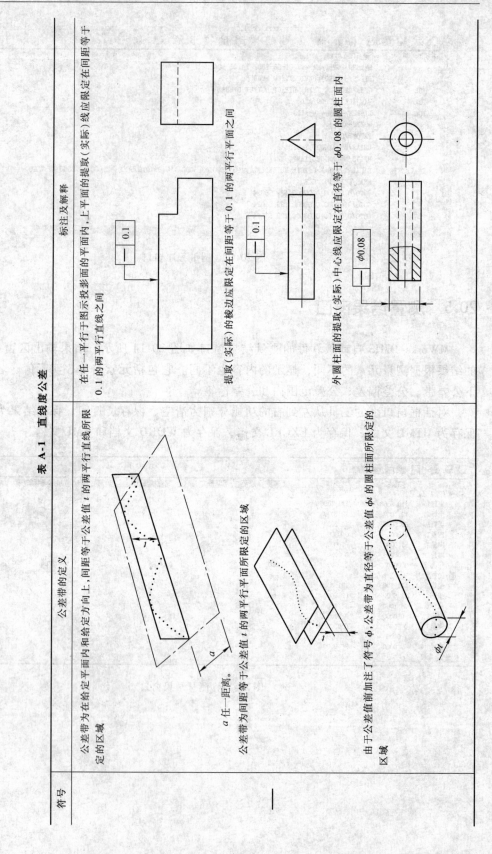

## 表 A-2 平面度公差

| 符号 | 公差带的定义 | 标注及解释 |
|---|---|---|
| ⏥ | 公差带为间距等于公差值 $t$ 的两平行平面所限定的区域 | 提取（实际）表面应限定在间距等于 0.08 的两平行平面之间 ⏥ 0.08 |

## 表 A-3 圆度公差

| 符号 | 公差带的定义 | 标注及解释 |
|---|---|---|
| ○ | 公差带为在给定横截面内、半径差等于公差值 $t$ 的两同心圆所限定的区域<br>a 任一横截面。 | 在圆柱面和圆锥面的任意横截面内，提取（实际）圆周应限定在半径差等于 0.03 的两共面同心圆之间 ○ 0.03<br><br>在圆锥面的任意横截面内，提取（实际）圆周应限定在半径差等于 0.1 的两同心圆之间 ○ 0.1<br><br>注：提取圆周的定义尚未标准化。 |

**表 A-4　圆柱度公差**

| 符号 | 公差带的定义 | 标注及解释 |
|---|---|---|
| ⌀ | 公差带为半径差等于公差值 t 的两同轴圆柱面所限定的区域 | 提取（实际）圆柱面应限定在半径差等于 0.1 的两同轴圆柱面之间 |

**表 A-5　无基准的线轮廓度公差**（见 GB/T 17852—1999）

| 符号 | 公差带的定义 | 标注及解释 |
|---|---|---|
| ⌒ | 公差带为直径等于公差值 t，圆心位于具有理论正确几何形状上的一系列圆的两包络线所限定的区域 | 在任一平行于图示投影面的截面内，提取（实际）轮廓线应限定在直径等于 0.04，圆心位于被测要素理论正确几何形状上的一系列圆的两包络线之间 |

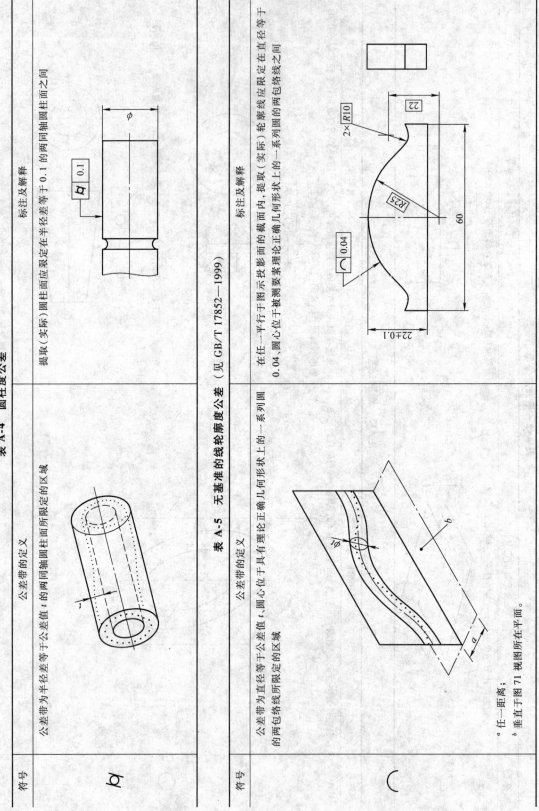

a　任一距离；
b　垂直于图 71 视图所在平面。

**表 A-6 相对于基准体系的线轮廓度公差**（见 GB/T 17852—1999）

| 符号 | 公差带的定义 | 标注及解释 |
| --- | --- | --- |
| ⌒ | 公差带为直径等于公差值 $t$、圆心位于由基准平面 $A$ 和基准平面 $B$ 确定的被测要素理论正确几何形状上的一系列圆的两包络线所限定的区域<br>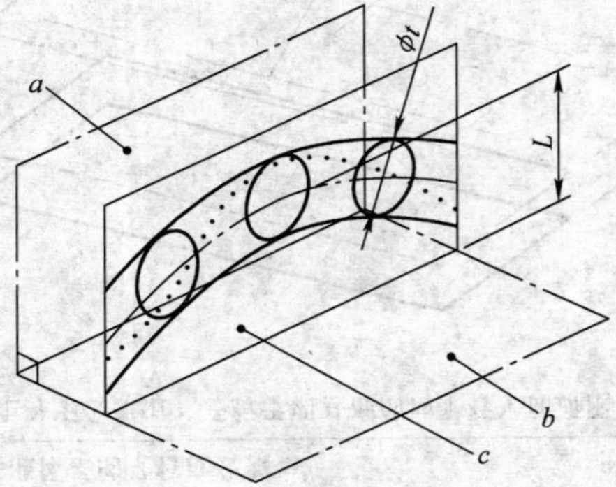<br><br>[a] 基准平面 $A$；<br>[b] 基准平面 $B$；<br>[c] 平行于基准 $A$ 的平面。 | 在任一平行于图示投影平面的截面内，提取（实际）轮廓线应限定在直径等于 0.04、圆心位于由基准平面 $A$ 和基准平面 $B$ 确定的被测要素理论正确几何形状上的一系列圆的两等距包络线之间<br>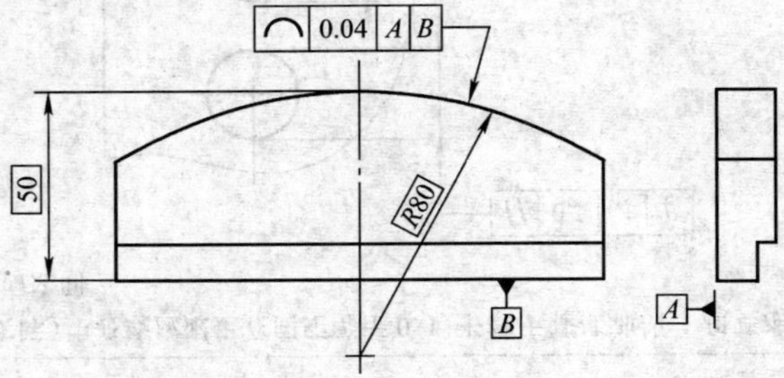<br> |

**表 A-7 无基准的面轮廓度公差**（见 GB/T 17852—1999）

| 符号 | 公差带的定义 | 标注及解释 |
| --- | --- | --- |
| ⌓ | 公差带为直径等于公差值 $t$、球心位于被测要素理论正确形状上的一系列圆球的两包络面所限定的区域<br>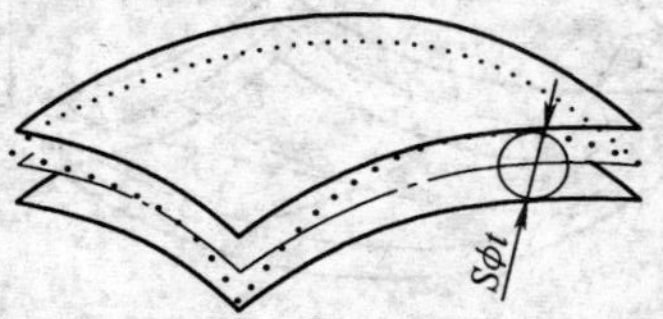<br> | 提取（实际）轮廓面应限定在直径等于 0.02、球心位于被测要素理论正确几何形状上的一系列圆球的两等距包络面之间<br>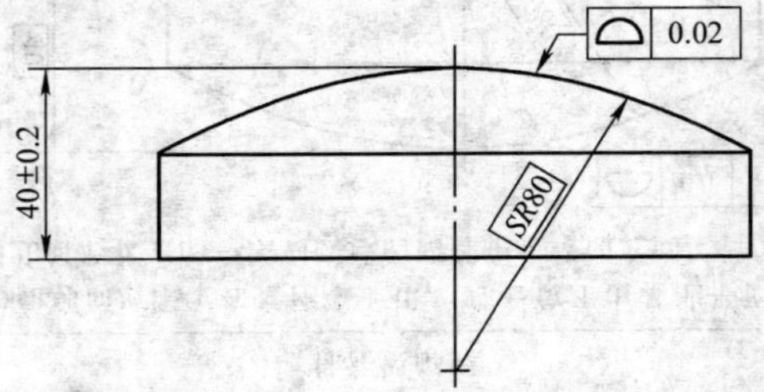<br> |

**表 A-8　相对于基准的面轮廓度公差**（见 GB/T 17852—1999）

| 符号 | 公差带的定义 | 标注及解释 |
|---|---|---|
| ⌓ | 公差带为直径等于公差值 $t$、球心位于由基准平面 A 确定的被测要素理论正确几何形状上的一系列圆球的两包络面所限定的区域<br><br><br>$a$ 基准平面。 | 提取（实际）轮廓面应限定在直径等于 0.1、球心位于由基准平面 A 确定在被测要素理论正确几何形状上的一系列圆球的两等距包络面之间<br><br> |

**表 A-9　平行度公差**

| 符号 | 公差带的定义 | 标注及解释 |
|---|---|---|
| ∥ | 9.1　线对基准体系的平行度公差<br>公差带为间距等于公差值 $t$、平行于两基准的两平行平面所限定的区域<br><br><br>$a$ 基准轴线；<br>$b$ 基准平面。 | 提取（实际）中心线应限定在间距等于 0.1、平行于基准轴线 A 和基准平面 B 的两平行平面之间<br><br> |

（续）

| 符号 | 公差带的定义 | 标注及解释 |
|---|---|---|
| ∥ | **9.1（续）　线对基准体系的平行度公差**<br><br>公差带为间距等于公差值 $t$，平行于基准轴线 $A$ 且垂直于基准平面 $B$ 的两平行平面所限定的区域<br><br><br>ᵃ 基准轴线；<br>ᵇ 基准平面。<br><br>公差带为间距分别等于公差值 $t_1$ 和 $t_2$，且相互垂直的两组平行平面所限定的区域<br><br><br>ᵃ 基准轴线；<br>ᵇ 基准平面。 | 提取（实际）中心线应限定在间距等于 0.1 的两平行平面之间。该两平行平面平行于基准轴线 $A$ 且垂直于基准平面 $B$<br><br><br><br>提取（实际）中心线应限定在平行于基准轴线 $A$ 和平行或垂直于基准平面 $B$，间距分别等于公差值 0.1 和 0.2，且相互垂直的两组平行平面之间<br><br> |

（续）

| 符号 | 公差带的定义 | 标注及解释 |
|---|---|---|

**9.2　线对基准线的平行度公差**

若公差值前加注了符号 φ，公差带为平行于基准轴线、直径等于公差值 φ 的圆柱面所限定的区域

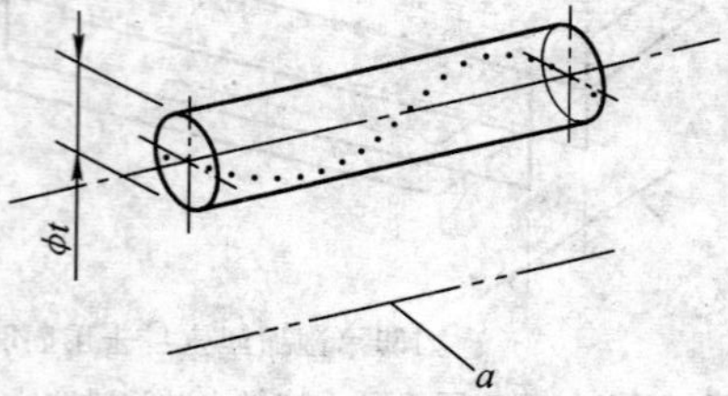

a 基准轴线。

提取（实际）中心线应限定在平行于基准轴线 A、直径等于 φ0.03 的圆柱面内

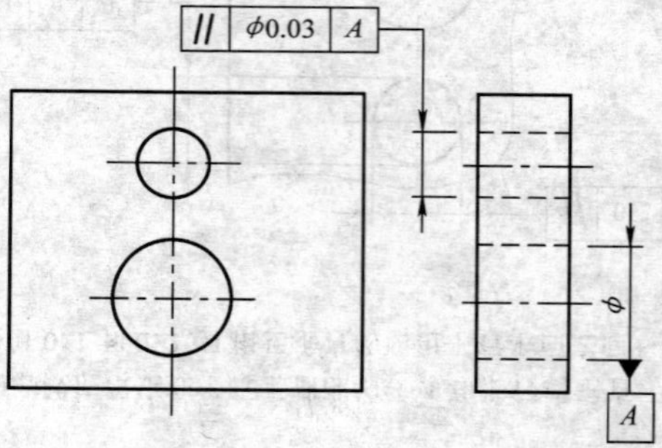

**9.3　线对基准面的平行度公差**

公差带为平行于基准平面、间距等于公差值 t 的两平行平面所限定的区域

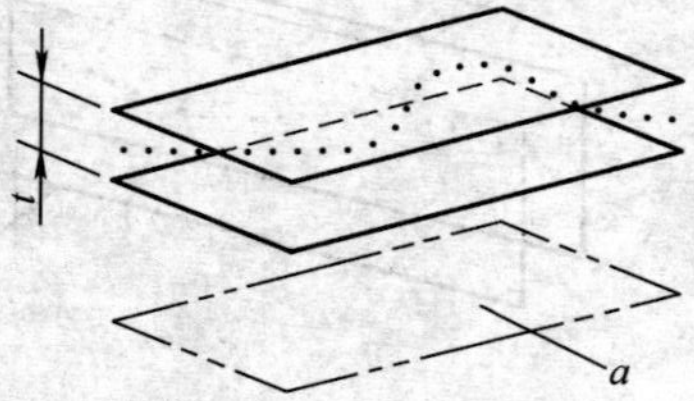

a 基准平面。

提取（实际）中心线应限定在平行于基准平面 B、间距等于 0.01 的两平行平面之间

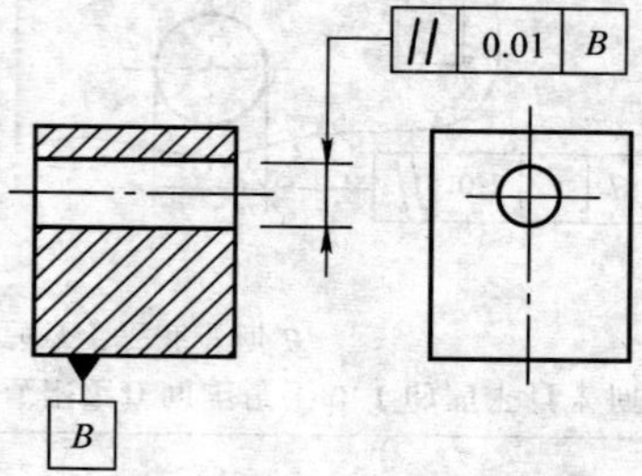

（续）

| 符号 | 公差带的定义 | 标注及解释 |
|---|---|---|
| ∥ | **9.4 线对基准体系的平行度公差**<br><br>公差带为间距等于公差值 *t* 的两平行直线所限定的区域。该两平行直线平行于基准平面 A 且处于平行于基准平面 B 的平面内<br><br>*a* 基准平面 A；<br>*b* 基准平面 B。 | 提取（实际）线应限定在间距等于 0.02 的两平行直线之间。该两平行直线平行于基准平面 A,且处于平行于基准平面 B 的平面内 |
| ∥ | **9.5 面对基准线的平行度公差**<br><br>公差带为间距等于公差值 *t*、平行于基准轴线的两平行平面所限定的区域<br><br>*a* 基准轴线。 | 提取（实际）表面应限定在间距等于 0.1、平行于基准轴线 C 的两平行平面之间 |

（续）

| 符号 | 公差带的定义 | 标注及解释 |
| --- | --- | --- |
| ∥ | 9.6　面对基准面的平行度公差<br>公差带为间距等于公差值 t、平行于基准平面的两平行平面所限定的区域<br><br>a 基准平面。 | 提取（实际）表面应限定在间距等于 0.01，平行于基准 D 的两平行平面之间<br> |

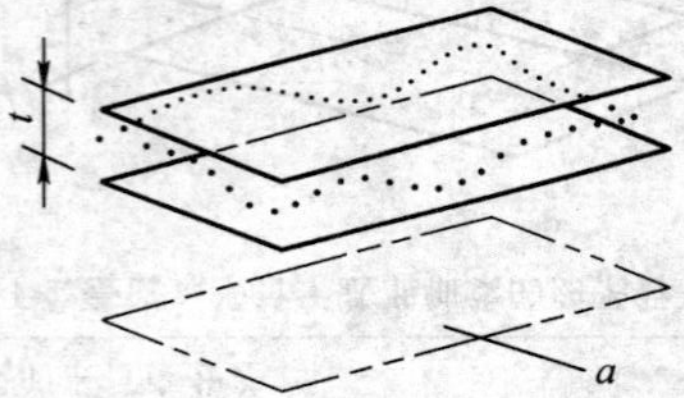

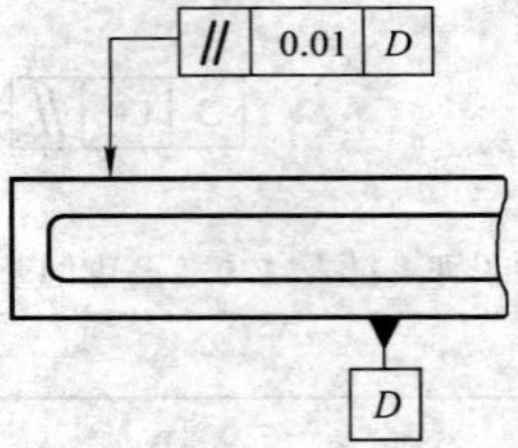

表 A-10　垂直度公差

| 符号 | 公差带的定义 | 标注及解释 |
| --- | --- | --- |
| ⊥ | 10.1　线对基准线的垂直度公差<br>公差带为间距等于公差值 t、垂直于基准线的两平行平面所限定的区域<br><br>a 基准线。 | 提取（实际）中心线应限定在间距等于 0.06、垂直于基准轴线 A 的两平行平面之间<br> |

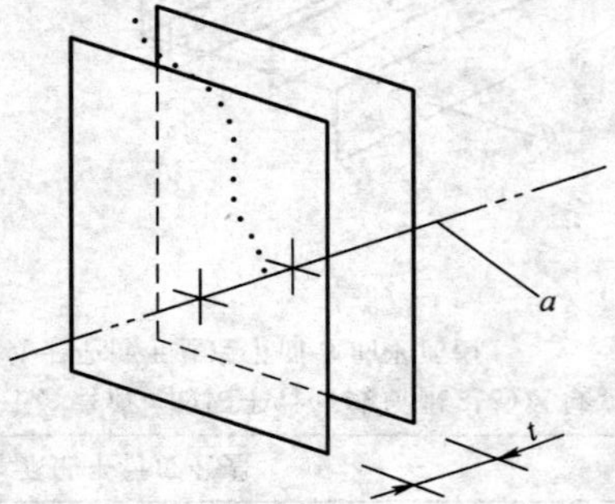

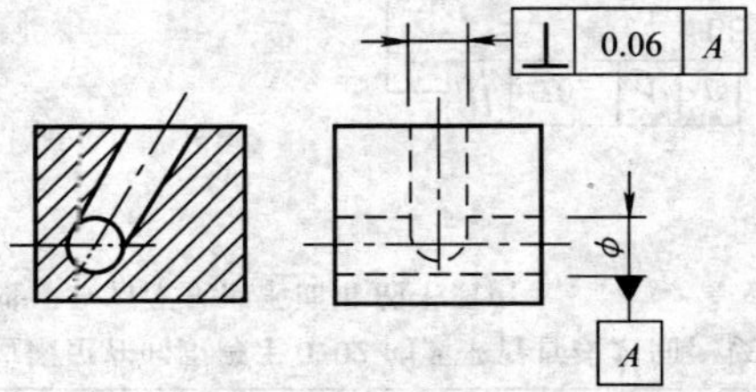

（续）

| 符号 | 公差带的定义 | 标注及解释 |
|---|---|---|
| ⊥ | **10.2 线对基准体系的垂直度公差**<br><br>公差带为间距等于公差值 t 的两平行平面所限定的区域。该两平行平面垂直于基准平面 A,且平行于基准平面 B<br><br><br><br>a 基准平面 A;<br>b 基准平面 B。 | 圆柱面的提取(实际)中心线应限定在间距等于 0.1 的两平行平面之间。该两平行平面垂直于基准平面 A,且平行于基准平面 B<br><br> |

（续）

| 符号 | 公差带的定义 | 标注及解释 |
|---|---|---|
| ⊥ | **10.2（续）线对基准体系的垂直度公差**<br><br>公差带为间距分别等于公差值 $t_1$ 和 $t_2$，且互相垂直的两组平行平面所限定的区域。该两组平行平面都垂直于基准平面 A。其中一组平行平面平行于基准平面 B，另一组平行平面垂直于基准平面 B<br><br><br>a 基准平面 A；<br>b 基准平面 B。<br><br><br>a 基准平面 A；<br>b 基准平面 B。 | 圆柱的提取（实际）中心线应限定在间距分别等于 0.1 和 0.2，且相互垂直的两组平行平面之间。该两组平行平面平行于基准平面 A 且垂直于基准平面 A 垂直平行于基准平面 B 或平行于基准平面 B<br><br> |

（续）

| 符号 | 公差带的定义 | 标注及解释 |
|---|---|---|
| | **10.3　线对基准面的垂直度公差** | |
| | 若公差值前加注符号 φ，公差带为直径等于公差值 φ，轴线垂直于基准平面的圆柱面所限定的区域<br><br>a 基准平面。 | 圆柱面的提取（实际）中心线应限定在直径等于 φ0.01，垂直于基准平面 A 在圆柱面内 |
| ⊥ | **10.4　面对基准线的垂直度公差** | |
| | 公差带为间距等于公差值 t 且垂直于基准轴线的两平行平面所限定的区域<br><br>a 基准轴线。 | 提取（实际）表面应限定在间距等于 0.08 的两平行平面之间。该两平行平面垂直于基准轴线 A |

（续）

| 符号 | 公差带的定义 | 标注及解释 |
|---|---|---|
| ⊥ | **10.5　面对基准平面的垂直度公差**<br><br>公差带为间距等于公差值 $t$，垂直于基准平面的两平行平面所限定的区域<br><br><br>$a$　基准平面。 | 提取（实际）表面应限定在间距等于 0.08，垂直于基准平面 A 的两平行平面之间<br><br>⊥ \| 0.08 \| A<br><br> |

## 表 A-11 倾斜度公差

| 符号 | 公差带的定义 | 标注及解释 |
|---|---|---|
| | 11.1 线对基准线的倾斜度公差<br><br>a) 被测线与基准线在同一平面上<br>公差带为间距等于公差值 t 的两平行平面所限定的区域。该两平行平面按给定角度倾斜于基准轴线<br><br><br>ª 基准轴线。<br><br>b) 被测线与基准线在不同平面内<br>公差带为间距等于公差值 t 的两平行平面所限定的区域。该两平行平面按给定角度倾斜于基准轴线<br><br><br>ª 基准轴线。 | <br>提取(实际)中心线应限定在间距等于 0.08 的两平行平面之间。该两平行平面按理论正确角度 60°倾斜于公共基准轴线 A—B<br><br><br>提取(实际)中心线应限定在间距等于 0.08 的两平行平面之间。该两平行平面按理论正确角度 60°倾斜于公共基准轴线 A—B |

（续）

| 符号 | 公差带的定义 | 标注及解释 |
|---|---|---|
| 11.2　线对基准面的倾斜度公差 | 公差带为间距等于公差值 t 的两平行平面所限定的区域。该两平行平面按给定角度倾斜于基准平面<br><br>ª 基准面。 | 提取（实际）中心线应限定在间距等于 0.08 的两平行平面之间。该两平行平面按理论正确角度 60°倾斜于基准平面 A<br><br>$\angle$ 0.08 A |
| $\angle$ | 公差值前加注符号 φ，公差带为直径等于公差值 φt 的圆柱面所限定的区域。该圆柱面公差带的轴线按给定角度倾斜于给定基准平面 A 且平行于基准平面 B<br><br>ª 基准平面 A；<br>ᵇ 基准平面 B。 | 提取（实际）中心线应限定在直径等于 φ0.1 的圆柱面内。该圆柱面的中心线按理论正确角度 60°倾斜于基准平面 A 且平行于基准平面 B<br><br>$\angle$ φ0.1 A B |

（续）

| 符号 | 公差带的定义 | 标注及解释 |
| --- | --- | --- |
| | **11.3　面对基准线的倾斜度公差** | |
| | 公差带为间距等于公差值 $t$ 的两平行平面所限定的区域。该两平行平面按给定角度倾斜于基准直线 | 提取（实际）表面应限定在间距等于 0.1 的两平行平面之间。该两平行平面按理论正确角度 75°倾斜于基准轴线 A |
| ∠ | | |
| | a 基准直线。 | |
| | **11.4　面对基准面的倾斜度公差** | |
| | 公差带为间距等于公差值 $t$ 的两平行平面所限定的区域。该两平行平面按给定角度倾斜于基准平面 | 提取（实际）表面应限定在间距等于 0.08 的两平行平面之间。该两平行平面按理论正确角度 40°倾斜于基准平面 A |
| | | |
| | a 基准平面。 | |

## 表 A-12　位置度公差

| 符号 | 公差带的定义 | 标注及解释 |
|---|---|---|
| ⊕ | **12.1　点的位置度公差**<br><br>公差值前加注 $S\phi$，公差带为直径等于公差值 $S\phi t$ 的圆球面所限定的区域。该圆球面中心的理论正确位置由基准 $A$、$B$、$C$ 和理论正确尺寸确定<br><br>$S\phi t$<br><br>$a$ 基准平面 $A$；<br>$b$ 基准平面 $B$；<br>$c$ 基准平面 $C$。 | 提取（实际）球心应限定在直径等于 $S\phi0.3$ 的圆球面内。该圆球面的中心由基准平面 $A$、基准平面 $B$、基准中心平面 $C$ 和理论正确尺寸 30、25 确定<br><br>⊕ $S\phi0.3$ $A$ $B$ $C$<br><br>注：提取（实际）球心的定义尚未标准化。 |

（续）

| 符号 | 公差带的定义 | 标注及解释 |
|---|---|---|

12.2　线的位置度公差

给定一个方向的公差时，公差带为间距等于公差值 $t$、对称于线的理论正确位置的两平行平面所限定的区域。线的理论正确位置由基准平面 $A$，$B$ 和理论正确尺寸确定。公差只在一个方向上给定。

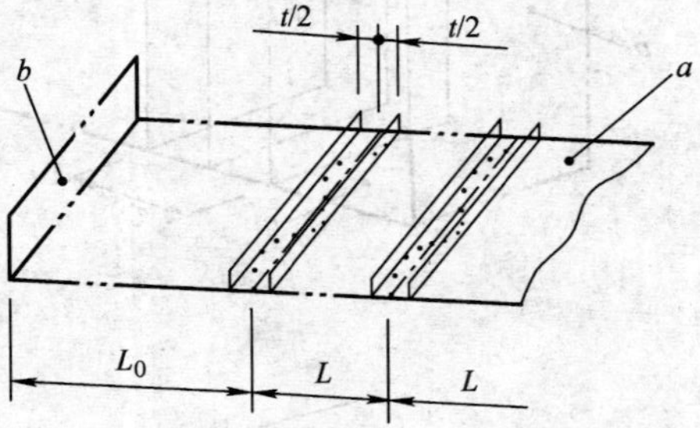

a 基准平面 $A$；
b 基准平面 $B$。

各条刻线的提取（实际）中心线应限定在间距等于 0.1、对称于基准平面 $A$，$B$ 和理论正确位置的理论正确位置确定的两平行平面之间理论正确尺寸 25、10 确定。

$6 \times 0.4$

⊕ | 0.1 | A | B

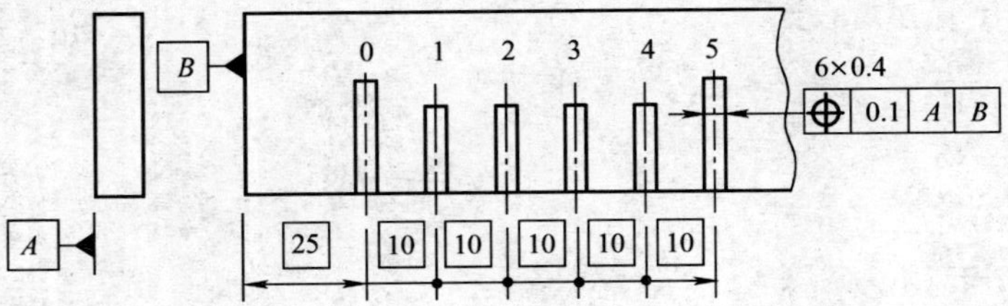

（续）

| 符号 | 公差带的定义 | 标注及解释 |
|---|---|---|
| ⊕ | **12.2（续）　线的位置度公差**<br><br>给定两个方向的公差时，公差带为间距分别等于公差值 $t_1$ 和 $t_2$，对称于线的理论正确（理想）位置的两对相互垂直的平行平面所限定的区域。线的理论正确位置由基准平面 $C$、$A$ 和 $B$ 及理论正确尺寸确定。该公差在基准体系的两个方向上给定 | 各孔的测得（实际）中心线在给定方向上应各自限定在间距分别等于0.05和0.2，且相互垂直的两对平行平面内。每对平行平面对称于由基准平面 $C$、$A$、$B$ 确定的理论正确位置。理论正确位置由基准平面 $C$、$A$ 和 $B$ 和理论正确尺寸20、15、30确定的各孔轴线的理论正确位置 |

a 基准平面 A;
b 基准平面 B;
c 基准平面 C。

（续）

| 符号 | 公差带的定义 | 标注及解释 |
|---|---|---|
| ⊕ | **12.2（续）　线的位置度公差**<br>公差值前加注符号 $\phi$,公差带为直径等于公差值 $\phi t$ 的圆柱面所限定的区域。该圆柱面的轴线的位置由基准平面 $C$、$A$、$B$ 和理论正确尺寸确定<br><br><br>a 基准平面 $A$;<br>b 基准平面 $B$;<br>c 基准平面 $C$。 | 提取（实际）中心线应限定在直径等于 $\phi0.08$ 的圆柱面内。该圆柱面的轴线的位置应处于由基准平面 $C$、$A$、$B$ 和理论正确尺寸 100、68 确定的理论正确位置上<br><br><br><br>各提取（实际）中心线应各自限定在直径等于 $\phi0.1$ 的圆柱面内。该圆柱面的轴线的位置应处于由基准平面 $C$、$A$、$B$ 和理论正确尺寸 20、15、30 确定的各孔轴线的理论正确位置上<br><br> |

（续）

| 符号 | 公差带的定义 | 标注及解释 |
|---|---|---|
| | 12.3　轮廓平面或者中心平面的位置度公差<br><br>公差带为间距等于公差值 $t$，且对称于被测面理论正确位置的两平行平面所限定的区域。面的理论正确位置由基准平面、基准轴线和理论正确尺寸确定<br><br>a 基准平面；<br>b 基准轴线。 | 提取（实际）表面应限定在间距等于 0.05，且对称于被测面理论正确位置的两平行平面之间。该两平行平面对称于由基准平面 $A$，基准轴线 $B$ 和理论正确尺寸 15、105°确定的被测面的理论正确位置<br><br>提取（实际）中心面应限定在间距等于 0.05 的两平行平面之间。该两平行平面对称于由基准轴线 $A$ 和理论正确角度 45°确定的各被测面的理论正确位置<br><br>注：有关 8 个缺口之间理论正确角度的默认规定见 GB/T 13319。 |

## 表 A-13　同心度和同轴度公差

| 符号 | 公差带的定义 | 标注及解释 |
|---|---|---|
| ◎ | **13.1　点的同心度公差**<br><br>公差值前标注符号 $\phi$，公差带为直径等于公差值 $\phi t$ 的圆周所限定的区域。该圆周的圆心与基准点重合<br><br><br><br>$^{a}$ 基准点。 | 在任意横截面内，内圆的提取（实际）中心应限定在直径等于 $\phi 0.1$，以基准点 $A$ 为圆心的圆周内<br><br> |

（续）

| 符号 | 公差带的定义 | 标注及解释 |
|---|---|---|
| ◎ | **13.2　轴线的同轴度公差**<br><br>公差值前标注符号 φ，公差带为直径等于公差值 φt 的圆柱面所限定的区域。<br><br>该圆柱面的轴线与基准轴线重合<br><br><br><br>a 基准轴线。 | 大圆柱面的提取（实际）中心线应限定在直径等于 φ0.08、以公共基准轴线 A—B 为轴线的圆柱面内<br><br><br><br>大圆柱面的提取（实际）中心线应限定在直径等于 φ0.1、以基准轴线 A 为轴线的圆柱面内（见下图左）<br>大圆柱面的提取（实际）中心线应限定在直径等于 φ0.1、以垂直于基准平面 A 的基准轴线 B 为轴线的圆柱面内（见下图右）<br><br> |

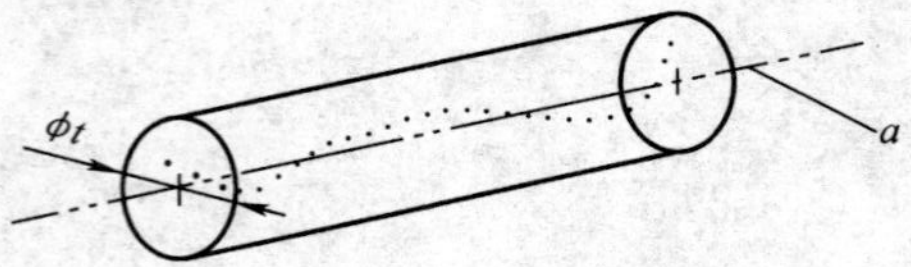

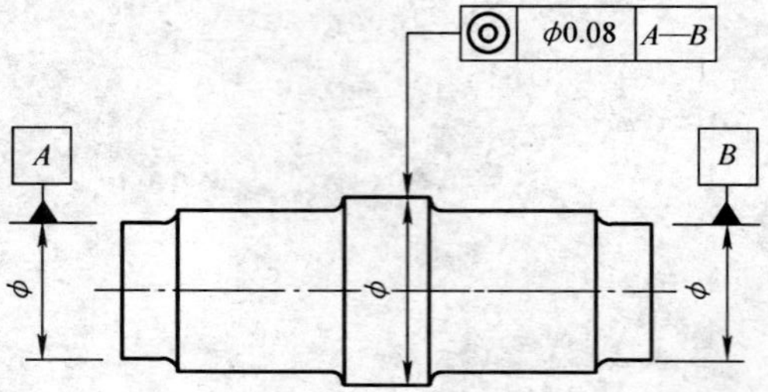

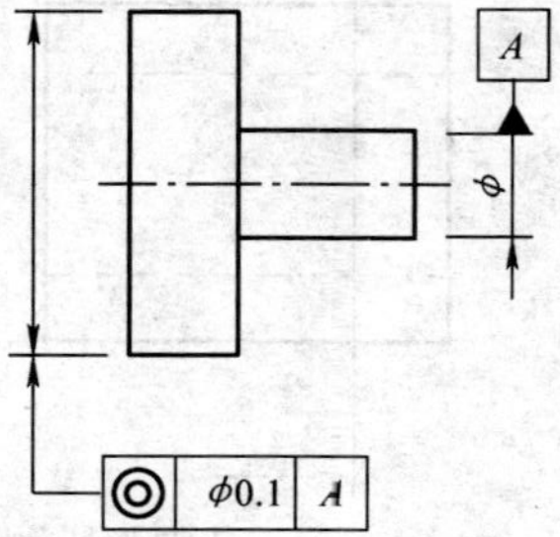

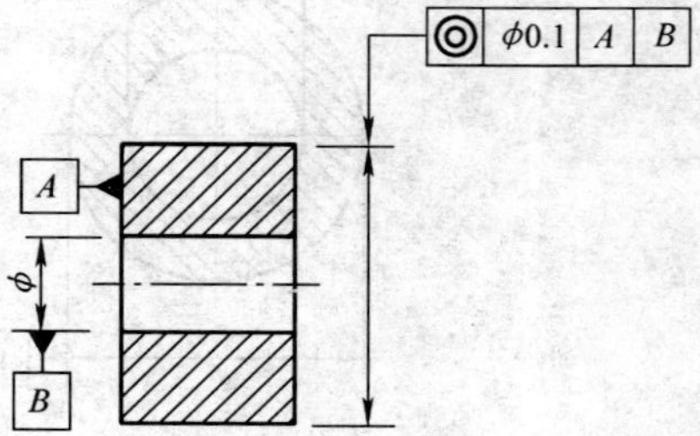

## 表 A-14　对称度公差

| 符号 | 公差带的定义 | 标注及解释 |
|---|---|---|

**14.1　中心平面的对称度公差**

公差带为间距等于公差值 $t$，对称于基准中心平面的两平行平面所限定的区域

a 基准中心平面。

提取（实际）中心平面应限定在间距等于 0.08、对称于基准中心平面 $A$ 的两平行平面之间

提取（实际）中心平面应限定在间距等于 0.08、对称于公共基准中心平面 $A-B$ 的两平行平面之间

# 附录 B　国标公差信息表

**表 B-1　直线度、平面度公差值**（摘自 GB/T 1184—1996）

主参数图例

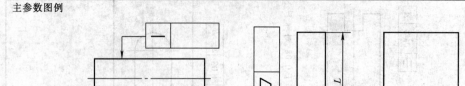

| 主参数 L/mm | 公差 等 级 | | | | | | | | | | | |
|---|---|---|---|---|---|---|---|---|---|---|---|---|
| | 1 | 2 | 3 | 4 | 5 | 6 | 7 | 8 | 9 | 10 | 11 | 12 |
| | 公差值/μm | | | | | | | | | | | |
| ≤10 | 0.2 | 0.4 | 0.8 | 1.2 | 2 | 3 | 5 | 8 | 12 | 20 | 30 | 60 |
| >10~16 | 0.25 | 0.5 | 1 | 1.5 | 2.5 | 4 | 6 | 10 | 15 | 25 | 40 | 80 |
| >16~25 | 0.3 | 0.6 | 1.2 | 2 | 3 | 5 | 8 | 12 | 20 | 30 | 50 | 100 |
| >25~40 | 0.4 | 0.8 | 1.5 | 2.5 | 4 | 6 | 10 | 15 | 25 | 40 | 60 | 120 |
| >40~63 | 0.5 | 1 | 2 | 3 | 5 | 8 | 12 | 20 | 30 | 50 | 80 | 150 |
| >63~100 | 0.6 | 1.2 | 2.5 | 4 | 6 | 10 | 15 | 25 | 40 | 60 | 100 | 200 |
| >100~160 | 0.8 | 1.5 | 3 | 5 | 8 | 12 | 20 | 30 | 50 | 80 | 120 | 250 |

**表 B-2　圆度、圆柱度公差值**（摘自 GB/T 1184—1996）

主参数图例

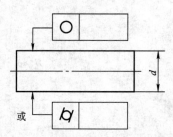

或

| 主参数 d/mm | 公差 等 级 | | | | | | | | | | | | |
|---|---|---|---|---|---|---|---|---|---|---|---|---|---|
| | 0 | 1 | 2 | 3 | 4 | 5 | 6 | 7 | 8 | 9 | 10 | 11 | 12 |
| | 公差值/μm | | | | | | | | | | | | |
| ≤3 | 0.1 | 0.2 | 0.3 | 0.5 | 0.8 | 1.2 | 2 | 3 | 4 | 6 | 10 | 14 | 25 |
| >3~6 | 0.1 | 0.2 | 0.4 | 0.6 | 1 | 1.5 | 2.5 | 4 | 5 | 8 | 12 | 18 | 30 |
| >6~10 | 0.12 | 0.25 | 0.4 | 0.6 | 1 | 1.5 | 2.5 | 4 | 6 | 9 | 15 | 22 | 36 |
| >10~18 | 0.15 | 0.25 | 0.5 | 0.8 | 1.2 | 2 | 3 | 5 | 8 | 11 | 18 | 27 | 43 |
| >18~30 | 0.2 | 0.3 | 0.6 | 1 | 1.5 | 2.5 | 4 | 6 | 9 | 13 | 21 | 33 | 52 |
| >30~50 | 0.25 | 0.4 | 0.6 | 1 | 1.5 | 2.5 | 4 | 7 | 11 | 16 | 25 | 39 | 62 |
| >50~80 | 0.3 | 0.5 | 0.8 | 1.2 | 2 | 3 | 5 | 8 | 13 | 19 | 30 | 46 | 74 |
| >80~120 | 0.4 | 0.6 | 1 | 1.5 | 2.5 | 4 | 6 | 10 | 15 | 22 | 35 | 54 | 87 |

表 B-3　平行度、垂直度、倾斜度公差值（摘自 GB/T 1184—1996）

主参数图例

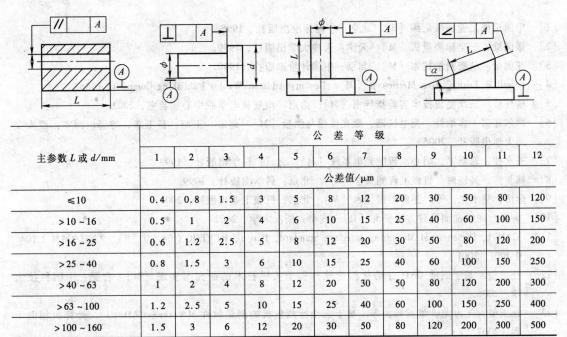

| 主参数 L 或 d/mm | 公差等级 | | | | | | | | | | | |
|---|---|---|---|---|---|---|---|---|---|---|---|---|
| | 1 | 2 | 3 | 4 | 5 | 6 | 7 | 8 | 9 | 10 | 11 | 12 |
| | 公差值/μm | | | | | | | | | | | |
| ≤10 | 0.4 | 0.8 | 1.5 | 3 | 5 | 8 | 12 | 20 | 30 | 50 | 80 | 120 |
| >10~16 | 0.5 | 1 | 2 | 4 | 6 | 10 | 15 | 25 | 40 | 60 | 100 | 150 |
| >16~25 | 0.6 | 1.2 | 2.5 | 5 | 8 | 12 | 20 | 30 | 50 | 80 | 120 | 200 |
| >25~40 | 0.8 | 1.5 | 3 | 6 | 10 | 15 | 25 | 40 | 60 | 100 | 150 | 250 |
| >40~63 | 1 | 2 | 4 | 8 | 12 | 20 | 30 | 50 | 80 | 120 | 200 | 300 |
| >63~100 | 1.2 | 2.5 | 5 | 10 | 15 | 25 | 40 | 60 | 100 | 150 | 250 | 400 |
| >100~160 | 1.5 | 3 | 6 | 12 | 20 | 30 | 50 | 80 | 120 | 200 | 300 | 500 |

表 B-4　同轴度、对称度、圆跳动、全跳动公差值（摘自 GB/T 1184—1996）

主参数图例

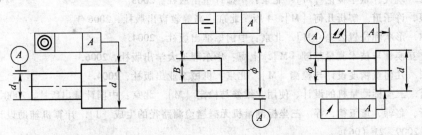

| 主参数 d,B 或 L/mm | 公差等级 | | | | | | | | | | | |
|---|---|---|---|---|---|---|---|---|---|---|---|---|
| | 1 | 2 | 3 | 4 | 5 | 6 | 7 | 8 | 9 | 10 | 11 | 12 |
| | 公差值/μm | | | | | | | | | | | |
| ≤1 | 0.4 | 0.6 | 1 | 1.5 | 2.5 | 4 | 6 | 10 | 15 | 25 | 40 | 60 |
| >1~3 | 0.4 | 0.6 | 1 | 1.5 | 2.5 | 4 | 6 | 10 | 20 | 40 | 60 | 120 |
| >3~6 | 0.5 | 0.8 | 1.2 | 2 | 3 | 5 | 8 | 12 | 25 | 50 | 80 | 150 |
| >6~10 | 0.6 | 1 | 1.5 | 2.5 | 4 | 6 | 10 | 15 | 30 | 60 | 100 | 200 |
| >10~18 | 0.8 | 1.2 | 2 | 3 | 5 | 8 | 12 | 20 | 40 | 80 | 120 | 250 |
| >18~30 | 1 | 1.5 | 2.5 | 4 | 6 | 10 | 15 | 25 | 50 | 100 | 150 | 300 |
| >30~50 | 1.2 | 2 | 3 | 5 | 8 | 12 | 20 | 30 | 60 | 120 | 200 | 400 |
| >50~120 | 1.5 | 2.5 | 4 | 6 | 10 | 15 | 25 | 40 | 80 | 150 | 250 | 500 |

# 参 考 文 献

[1] 中国机械工业标准汇编 [S]. 北京：中国标准出版社，1998.

[2] 张国雄. 三坐标测量机 [M]. 天津：天津大学出版社，1999.

[3] 花国梁. 精密测量技术 [M]. 北京：中国计量出版社，1990.

[4] Lowell W Foster. Geo-Metrics II [M]. Boston：Addison-Wesley Publishing Company，1986.

[5] 杨桂珍. 三维测量技术实验指导书 [M]. 南京：南航机电学院中心实验室，2002.

[6] 西尔瓦诺·多纳特. 光电仪器：激光传感与测量 [M]. 赵宏，王昭，杨玉孝，等译. 西安：西安交通大学出版社，2006.

[7] 王永仲，琚新军，胡心. 智能光电系统 [M]. 北京：科学出版社，1999.

[8] 郑叔芳，吴晓琳. 机械工程测量学 [M]. 北京：科学出版社，1999.

[9] 金涛，童水光，等. 逆向工程技术 [M]. 北京：机械工业出版社，2003.

[10] 钟纲. 曲线曲面重建方法研究 [D]. 杭州：浙江大学，2002.

[11] CAM-I, Dimensional Measuring Interface Standard, Part 1, REVISION 04. 0 [S]. ANSI/CAM-I 104. 0-2001，2001.

[12] 汪玉玺. 基于三维 CAD 自动化测量软件若干关键技术的研究与实现 [M]. 合肥：中国科技大学，2006.

[13] 汪玉玺，王万龙，董玉德，等. 基于三坐标测量机的测量软件 MWorks—CAD [J]. 计算机辅助工程，2007（2）.

[14] 何永熹. 机械精度设计与检测 [M]. 北京：国防工业出版社，2006.

[15] 费业泰. 误差理论与数据处理 [M]. 2 版. 北京：机械工业出版社，2004.

[16] 施昌彦. 现代计量学概论 [M]. 北京：中国计量出版社，2003.

[17] 吕林根，许子道. 解析几何 [M]. 4 版. 北京：高等教育出版社，2006 年.

[18] 刘巽尔. 形状和位置公差 [M]. 北京：中国标准出版社，2004.

[19] 柳晖. 互换性与技术测量基础 [M]. 上海：华东理工大学出版社，2006.

[20] 马海荣. 几何量精度设计与检测 [M]. 北京：机械工业出版社，2004.

[21] 梁荣茗. 三坐标测量机的设计、使用、维修与检定 [M]. 北京：中国计量出版社，2000.

[22] 刘达新，赵韩，董玉德，等. 三坐标测量机无碰撞检测路径的生成 [J]. 计算机辅助设计与图形学学报，2009，21（06）.